디지털 전환과 코로나19가 일으킨 새로운 세상
우리 농업의 변화상을 추적하고 새로운 길을 모색하다

뉴노멀 시대 우리 농업의 길을 묻다

고병기 지음

도서출판 해남

뉴노멀 시대 우리 농업의 길을 묻다

초판1쇄 발행 2021년 2월 5일
초판2쇄 인쇄 2021년 4월 5일
초판2쇄 발행 2021년 4월 9일

저 자 고병기
발행인 노현철
발행처 도서출판 해남

출판등록 1995. 5. 10 제1-1885호
주 소 서울특별시 마포구 마포대로8길 9 영명빌딩 405호
전 화 739-4822 팩스 720-4823
이 메 일 haenamin30@naver.com
홈페이지 www.hpub.co.kr

ISBN 978-89-6238-150-4 03520

| 들어가며 |

세상이 바뀌었다. 새로운 농업으로 성공의 배에 올라타자!

"삶이라는 생존의 번잡함을 보면서 이 무의미한 혼란이 바로 인생이라고 확신하며 인생의 문 앞에서 서성이다 떠나는 것이다." 러시아의 문호 레프 톨스토이의 말이다.

2020년도 말을 기준으로 국내 코로나19(코로나바이러스감염증-19) 환자가 6만 명을 넘어서고, 사망자도 1,000명 가까이 발생하고 있다. 우리만이 아니라 인류 공통의 문제로 공포와 놀라움 속에 살고 있다. 사회적 거리두기에 마스크 쓰기는 기본이다. 대면접촉은 기피 대상이고 비대면이 일상화되고 있다. 학생들도 학교에 가지 못하고 화상으로 공부를 해야 하는 형편이다. 심지어 2020년 11월 15일 체결된 아시아-태평양 지역 15개 나라가 참여해 경제통합을 꾀하는 역내포괄적동반자협정(RCEP)에 각 나라 지도자가 서명했는데, 이마저도 화상회의로 진행되었다. 직장인들은 재택근무, 원격근무가 일상화되고 있다. 코로나19 사태가 10개월을 넘기면서 남대문시장에 있는 100년 전통의 가게도 문을 닫을 수밖에 없었다. 대한민국의 대표적 상권인 서울 명동이나 국내외 젊은이들이 북적대던 신촌의 대학가 주변 상가들도 문을 닫는 곳이 많아 그저 황량할 뿐이다. 폐업한 휴게음식점이 서울에서만 7,000곳이 넘을 것으로 보도되고 있다.[1]

세계 주요 국가의 경제성장률은 마이너스로 떨어졌다. 1997년 IMF 구제금

1 한겨레신문 아시아미래포럼 기사(2020. 11. 25) 참조.

융위기 때, 2008년 금융위기 시기에 졸업한 대학생들은 본의 아니게 취업난에 시달렸는데, 코로나19 사태에 졸업을 앞둔 대학생들도 취업 문턱을 넘기가 버겁다. 기업 실적이 악화되고 미래에 대한 불확실성으로 10곳 중 7곳은 채용계획이 없다. 스펙을 쌓는다고 자격증 시험을 준비하여 보지만 학원도 문 닫고 시험 자체도 연기되었다. 불합격할 기회조차 없다며 원망이 크다. 거기에 모든 분야에서 비대면이 일상화되니 고립무원의 외딴 섬이다. 그뿐이 아니다. 4년마다 열리던 올림픽도 연기되고, 관중의 열광 속에 열리던 단체 스포츠 경기는 관람객 없이 진행되었다. 지역마다 열렸던 농산물 축제도 비대면, 온라인, SNS, 방송으로 바뀌었다. 역사상 처음으로 전 국민(세대)에게 재난기금이 최고 100만 원까지 지급되었다. 지금 세대가 한 번도 살아보지 못한 시대의 한가운데 서 있다.

그런 가운데 또 하나의 쓰나미가 오고 있다. 디지털 전환을 중심으로 하는 '일하는 방식'의 혁신이 속도를 내고 있다. 얼마나 빠르게, 효율적으로 정착시키느냐에 따라 기업의 생존까지 좌우할 수 있기 때문이다. 영상 플랫폼을 통한 디지털 컨텐츠 활용도 많아지고 있다. 디지털 기술은 일상생활에도 깊숙이 파고들고 있다. 일상에서, 비즈니스에서, 심지어 공동체 생활마저 언택트(untact)의 시대이다.

언젠가 일상으로 돌아가겠지 하고 기대해 보지만 전문가들의 의견은 낙관적이지 않다. 알 수 없는 미래다. 기드온 리치필드 MIT 테크놀로지 편집장은 "We're not going back to norm(우리는 정상으로 돌아가지 않는다). 이것은 일시적인 혼돈이 아니라 새로운 삶의 시작"이라며 팬데믹(pandemic) 상태에서 사는 법을 익혀야 한다고 주장한다. 감염병 시대의 새로운 표준을 만들어야 할지 모른다. 선진국을 따라 하면 된다고 생각했는데, 그들이 우왕좌왕하는 모습에 기존의 가치들이 새로운 가치로 대체될 운명에 처해 있다. 철학자인 김재인 경희대학교 교수는 "기후위기와 인공지능(AI), 그리고 코로나19라는 삼각편대는 근대를 산산조각 낸 진정한 다이너마이트다"[2]라며 새로운 가치 목록을 만들 필요가 있다고 했다.

21세기는 예고된 대전환의 시대이다. 코로나19는 그 시작일 뿐이다. 그래서 사라져 가는 것과 남는 것이 극명하게 갈린다. 과거의 방식이나 관성이 가장 좋았던 것으로 착각하지만 익숙한 것은 이제 못하는 시대가 되니 더 좋은 방법을 찾아 나선다. 그것은 인간의 본능이다. 이 관성이 바뀌면 게임 규칙(rule)이 변하고, 규칙이 변하면 주도권이 뒤집혀진다. 언택트는 모두와의 단절이 아니라 끼리끼리의 연결이다. 현실(real)에 없는 것은 가상(virtual)으로 실현할 수 있는 시대이다. 가히 디지털 혁명기이다. 언론계의 노벨상이라는 '퓰리처'상을 3회 수상한 토머스 프리드먼 뉴욕타임스 칼럼니스트는 매일경제신문과의 인터뷰[3]에서 "디지털 혁신이 팬데믹 이면에 숨겨져 있지만, 대폭발이 있을 것"이라며, "그리고 그것은 거대한 창의적 파괴의 시대를 촉발시킬 것"이라고 예측했다.

미국의 대문호 마크 트웨인은 "인간이 곤경에 빠지는 것은 뭔가를 몰라서가 아니다. 뭔가를 확실히 안다는 자기 중심의 착각 때문"이라고 말했다. 공자도 "아는 것을 안다고 하고 모르는 것을 모른다고 하는 것이 바로 아는 것이다"라고 설파했다.

그런데 역사는 우리에게 교훈을 준다. 중세 유럽 인구의 25%를 사망케 한 흑사병(페스트)이 인류에 크나큰 비극이었지만 중세 암흑기를 끝내고 신 중심

---

2 김재인, 《뉴노멀의 철학》, 동아시아, 2020.
3 매일경제신문, 2020. 12. 22.

에서 인간 중심 세계관으로 바뀌는 '르네상스(Renaissance, 14~16세기에 서유럽 문명사에 나타난 문화운동) 시대'를 여는 결정적 계기가 되었다는 사실을 알 것이다.

농업·농촌도 예외가 아니다. 고령화와 노동력 부족은 해소될 기미를 보이지 않고 있다. 기후 온난화 여파로 자연재해가 늘어 쌀을 비롯한 주요 농축산물의 생산은 줄어들고 있다. 가축 전염병 발생도 빈번하다. 게다가 코로나19 대유행 이후 국제 식량공급망이 무너지면서 세계 곡물값이 오르고 있다. 외국인 노동자의 귀국으로 일손 부족이 가중되고 있다. 여행, 관광업이 타격을 받으면서 농촌관광도 어려움을 겪고 있다. 그나마 다행인 것은 국산에 대한 관점이 바뀌면서 우리 농산물 중요성이 강조되고 있다는 것이다.

그런 가운데 스마트팜 도입은 이제 현실이 되고 있다. 농업을 기반으로 하는 스타트업 기업도 속속 등장하고 있다. 의식 있는 젊은이들과 귀농·귀촌인들이 스마트 농업을 기반으로 농업 혁신을 이끌고 있다. 농식품 상표 출원도 급증하고 있다. 생산·유통·소비 분야의 디지털 전환도 가속화되고 있다. 혁신적인 농법들이 구원투수로 나서고 있다. 식품 산업을 기반으로 하는 새로운 유니콘 기업도 탄생하고 있다. 지역공동체 유지를 위한 커뮤니티 비즈니스(주민이 주체가 되어 지역생활 과제를 비즈니스로 해결하려는 것)도 태동하고 있다. 정부는 환경과 공존하는 탄소 제로 농업 시대를 선언하고 있다.

농업의 구체제(앙시앵 레짐, ancien regime)가 물러나고 혁신을 바탕으로 새로운 농업 체제가 등장하고 있다. 시대의 변화에 따라 농업의 표준이 바뀌고 있다. '뉴노멀(new normal) 시대'이다. 체제가 바뀌면 생각이 바뀌고, 생각이 바뀌면 행동이 바뀌고, 행동이 바뀌면 역사가 바뀐다. 그리고 앞으로 오는 미래는 불확실하다. 산업 간 경계가 허물어지는 '빅 블러'(big blur, 빠른 사회적 변화로 인해 기존의 영역과 법칙이 무너지고 산업 간 경계가 모호해지는 현상) 시대이다. 그렇다면 뉴노멀 시대의 농업의 길은 무엇인가. 이 역시 아무도 모른다. 단지 사람들의 생각과 움직임, 세계시장의 동향, 소비자 기호 변화, 기술발전의 방향과 속도, 정부의 정책 변화 등을 세세히 살펴 추측할 뿐이다. 그러나 어떠한 위기가 오더라도 우리는 농업을 포기할 수 없고 항상 준비해야 한다. 그것이 농업의 시대정신이다. 먼저 준비하고 게임 규칙을 만드는 사람이 승자이다. "미래는 이미 와 있다. 다만 널리 퍼져 있지 않았을 뿐이다." 공상과학 소설가 윌리엄 깁슨의 말이다. 세상이 변하면 성공방정식도 변하게 된다. 조류가 바뀌면 뱃머리를 돌려야 하고, 어종이 바뀌면 어선을 바꿔 타야 한다. 변화의 파고에 눌려 사라질 것인가, 아니면 혁신을 도구로 삼아 새로운 모습으로 우뚝 설 것인가. 따라서 이 책은 우리 농업 환경이 어떻게 변하고 있는지 알아보고, 새로운 농업이 대두되고 있음을 확인할 것이다. 무엇을 어떻게 준비해야 하는지, 어떤 생각과 어떤 태도로 어떤 행동을 해야 성공의 배에 올라탈 수 있는지도 짚어볼 것이다.

이 책은 총 6개의 부로 구성되어 있다. 제1부는 뉴노멀 시대의 도래와 농업의 연관성을 알아본다. 제2부는 농업 환경의 주요 변화 상황을 살펴볼 것이다. 제3부는 농업 환경의 변화에 따른 우리 농업의 현상과 문제점에 대해 찾아보고, 제4부는 새로운 농업이 나타나고 있음을 확인할 것이다. 제5부는 그에 따른 새로운 농업정책 방향을 모색해 볼 것이다. 마지막 제6부는 농업은 농업으로 극복해야 한다는 생각으로 뉴노멀 시대 우리가 어떻게 대응해야 할 것인지 질문과 고민을 함께 해 볼 것이다.

이 책은 대한민국 국민의 신성한 먹거리를 생산해 주고 계시는 230만 농업인에게 드리는 감사의 편지이자 응원가이다. 청년 농업인에게 보내는 러브레터이다. 도시민에게 드리는 농업 설명서이기도 하다. 33년간의 청춘을 농협에서 농업인과 함께 보냈지만 늘 모자랐다. 때론 경영체와 운동체로서의 조직 정체성에 괴로워하기도 했다. 농산물 가격이 곤두박질쳐 농업인들이 어려움을 겪을 때나, 자연재해로 한 해 농사를 망쳐 망연자실했을 때도 어떻게 할 수 없는 무력감에 자책하기도 했다. 그래도 농업·농촌 현장의 문제를 풀기 위해 애썼던 일들이 많아 보람으로 남는다. 괴로우나 즐거우나 농업인과 함께 할 수 있었던 것만으로도 행복하다. 4차 산업혁명과 코로나19 사태로 한 치 앞도 내다볼 수 없고 많은 것이 변해버린 뉴노멀 시대이다. 우리 농업인들이 업(業)으로서의 농업의 목표와 방향성을 재정립하고, 존엄성을 굳건히 지키며 매일 성공하고 행복하기를 바란다.

늘 부족한 남편을 묵묵히 내조해 준 아내 김은선, 60년 가까운 세월을 장남이 건강하기를 바라며 기도해 주신 부모님, 아빠로서 깊은 관심은 쏟지는 못했지만 자신의 길에서 운명을 개척해 가고 있는 아들과 딸, 30년이 넘는 농협생활을 직연(職緣)이라는 인연으로 무탈하게 마무리할 수 있도록 이끌어 주고 밀어주신 역대 회장님과 선배님, 동료, 후배님들께 감사드린다.

이 책이 나오기까지 시간을 아끼며 지도해 주시고, 꼼꼼하게 감수해 주신 안양대학교 김동환 교수님께 깊은 감사를 드린다. 아울러 도와준 후배 강석주, 최희명에게도 고마운 인사를 전한다. 이 책의 발간에 힘써 준 노현철 사장님을 비롯한 도서출판 해남의 관계자님께도 감사드린다.

옛 돈의문 근처 안산 자락에서

고 병 기

그해 3월의 자선냄비

왕관처럼 생겼다는 병원체가 세상을 덮었다.
보이지 않아서 더 두려운 게다.
사회적 거리두기에 삶도 일도 삐걱거린다.
학교엔 애들 재잘대는 소리 들리지 않고
예식장엔 신랑 신부 언약 허공에 날린다.
운동회도 동창회도 올 봄엔 볼 길이 없고
국제선 공항엔 이별도 멈춰 선다.
시장의 보이지 않는 손 공포에 파닥거린다.
컴퓨터 모니터는 비문증(飛蚊症)에 시달린다.
마스크 쓴 사람들 뭉크의 절규를 생각하고
또 다른 페이소스를 뿜낸다.
기억 속의 무수한 외로움들
날카롭게 응어리진다.
잔인함 속에도 봄은 가차 없고
빌딩 숲 매화꽃 이제 찬란하게 애처롭다.
적막한 거리에 때 아닌 자선냄비
봄바람에 짠하게 흔들리고
천 원짜리 한 장에
세상 인심은 아지랑이처럼 피어난다.

| 차례 |

제3부 한국농업의 현상과 문제점

제4부 새로운 농업의 대두

제5부 새로운 농업정책 방향

제6부 뉴노멀 시대: 우리의 대응

| 표 차례 |

| 그림 차례 |

제 1 부

뉴노멀 시대의 도래

1. 뉴노멀 시대가 온다

1912년 4월 영국 사우샘프턴을 떠난 타이타닉호는 2,233명의 승객을 태우고 미국 뉴욕항으로 가기 위해 대서양을 항해하고 있었다. 승객 대부분은 영국 등 북유럽에서 미국으로 부푼 꿈을 안고 이민 가는 사람들이었다. 하지만 4월 14일 자정 무렵 보이지 않은 빙산에 부딪혀 두 동강이 나며 침몰하고 말았다. 해난 사고 중 가장 큰 1,514명이 사망하는 인명피해를 입었다. 타이타닉호 침몰 사고는 1997년 제임스 카메론 감독이 비극적 사고에 로맨스를 더한 영화를 만들어 큰 감동을 주었다. 타이타닉호의 사고 원인은 여러 가지 설이 있지만 직접적인 원인은 유빙을 제때 피하지 못했기 때문이다. 수면 위의 빙산은 눈에 보이지만 수면 아래의 더 큰 빙산은 보지 못한다. 자신 앞에 펼쳐진 풍경은 보면서 주변의 변화는 알지 못한다. 세상의 일도 그렇다. 우리가 보이는 것이 전부인 것처럼 인식하지만 착각이다. 보이지 않는 것이 더 크고, 진실이 거기에 숨어 있는 경우가 많다.

얼마 전 제주도 출장을 다녀오면서 비행기에 몸을 실었다. 그날따라 초겨울비가 추적추적 내리고 바람도 제법 세게 불었다. 아니나 다를까. 이륙하는 순간, 마치 비포장 도로를 달리듯 기체가 몹시 흔들렸다. 승객들의 한숨이 몰아쳤다. 기체가 한 20여 분을 그렇게 흔들리며 정상 고도에 겨우 진입하는 순간 승객들은 또 한번 소리 지를 수밖에 없었다. 이번에는 한숨이 아니라 감탄사의 연발이었다. 비구름 위에 하얀 더미구름이 마치 백두산 천지 같기도 하고, 히말라야 설원 같기도 하였다. 너무 아름다운 풍경이라 뛰어들고 싶은 심정이었다. 같은 날의 풍경이지만 전혀 다른 모습이다.

4차 산업혁명과 코로나19가 우리의 삶을 크게 바꿔놓고 있다. 흔히 우리는 뷰카(VUCA)의 시대에 살고 있다고 한다. 뷰카란 변동성(volatility), 불확실성(uncertainty), 복잡성(complexity), 모호성(ambiguity)이 복합적으로 작용해 빠르게 변하고 그 변화를 예측하기 매우 어려운 시대를 일컫는다. 어디로 어떻게 튈지 모르는 럭비공처럼 방향도 속도도 예측 불가능한 변화 속에서 기존의 공룡 기업들이 타이타닉호처럼 침몰하고, 새로운 혁신 기업들이 시장을 장악하고 있다. 일자리는 로봇이나 인공지능(AI) 등 기계에 대체되고, 성장은 정체되고 있다. 그마저도 고용 없는 성장에 부의 양극화는 심화되고 있다.

지금까지 없던 세상이 오고 있는 것이다. 기존 질서가 파괴되고 새로운 질서가 등장하고 있다. 이미 설정된 기준이 파괴되고 이전보다 위험과 기회가 함께 커지는 시대이다. 마치 영웅들이 군웅할거를 하는 춘추전국 시대를 방불케 한다. 이러한 시기에 좌절하는 사람이나 기업도 있지만, 인식의 변화와 담대한 도전을 통해 새로운 왕국을 건설해 가는 개인이나 기업도 그만큼 많다.

이 같은 시대를 뉴노멀(new normal) 시대라고 한다. 벨기에의 미래학자 피터 한센은 "지난 30년 동안 우리의 환경은 계속 디지털화되어 왔고, 여정의 절반을 넘어선 지금부터는 디지털이 표준이 되는 시대가 될 것이다"라면서, 세상의 모든 일이 디지털화될 것이라는 기대 속에서 이루어진다는 공통된 특성을 띠게 되는 '뉴노멀 시대'라고 명명했다.[1] 디지털이 뉴노멀, 즉 '새로운 표준'이

1 피터 한센 저, 이영진 역, 《디지털혁명 제2막의 시작, 뉴노멀》, 흐름출판, 2014.

되는 것이다.

피터 한센의 주장을 빌려 과거의 사고에서 현재의 변화를 비교해 보면 이렇게 요약된다. ① 기술은 새로운 경험이 아니라 일반화된 표준이다. ② 기술은 새 고안품이 아니라 일용품이다. ③ 디지털은 차별화 요소가 아니라 필수 요소이다. ④ 디지털은 형용사가 아니라 일상적이다. ⑤ 기술은 일이 아니라 생활이다. ⑥ 생활의 중심은 직장이 아니라 가정이다. ⑦ 디지털 마케팅은 혁신이 아니라 주류이다. ⑧ 기술은 구축하는 일과 관련된 게 아니라 똑똑하게 사용하는 일과 관련된다. ⑨ 기술은 부수 활동이 아니라 핵심 활동이다.

모든 분야에서 디지털 전환(digital transformation)이 불길처럼 이루어지고 있지만, 거기에 기름을 부은 대사건이 발생했다. 바로 코로나19 감염병의 대유행(pandemic)이다. 전 지구적 감염병 확산으로 국경이 통제되고, 사람 간 대면이 어려워졌다. 학교가 폐쇄되고 결혼식도 연기하는 사례가 빈번하게 발생했다. 심지어 2020년 열릴 예정이었던 도쿄 올림픽이 연기되었다. 국가 대사인 대학수능시험도 연기되어 철통 방역 속에 겨우 치러졌다. 황금알을 낳는다던 백화점과 면세점 매출이 급속히 떨어지고, 여행사와 항공사가 경영위기에 빠졌다. 노래방, 주점, 골목식당 등 자영업이 힘들어졌다. 사상 처음으로 세대 기준으로 전 국민 재난기금이 지급되었다.

2020년 초부터 불어닥친 코로나19는 감염환자가 세계적으로 6,000만 명을 넘어서고, 사망자도 150만 명을 넘겼다. 초유의 대유행 상황으로 정치·경제·사회·문화 등 모든 인간의 라이프사이클(life cycle)을 바꿔놓고 있다. 사회적 거리두기에 비대면 접촉이 일상화되고 있다. 연말 송년회도, 종무식도 랜선 건배사에 온라인 중계로 대신한다. 함께 둘러앉아 밥을 먹고, 서로 손을 맞잡고 자유롭게 길을 걷던 평범한 일상들이 사라졌다. 언택트(untact) 시대[2]이다. 출퇴근 시 발열검사는 필수이고, 비즈니스 미팅도 화상 공간에서 진행된다. 직장 동료들과 화합의 수단으로 여겨 왔던 회식은 언감생심이고, 구내식당도 비접촉 칸막이에 혼밥이 일상화되고 있다. 백신과 치료제를 기대해 보지만 아직 확실하다는 소식은 들리지 않는다. 오히려 전문가들 사이에서는 백신이 나오더라도 전염병 대유행을 끝내지 못할 것이며, 코로나19의 완전 종식은 불가능하다는 의견을 내놓고 있다. 한국은행도 소비에서 온라인, 기업 활동에서 원격회의, 근무 형태에서 재택근무가 코로나19 이후에도 늘어날 것으로 전망했다.[3]

그런 가운데 제조, 금융, 물류, 공공 서비스, 소비 등 인간이 필요로 하는 전 산업 부문에 걸쳐 디지털 기반 스마트화가 매우 빠르게 진행되고 있다. 디지털 컨텐츠 활용도 많아지고 있다. 한국콘텐츠진흥원이 발표한 《코로나19와 컨텐츠 이용 변화와 전망》 보고서[4]에 따르면 코로나19 확산 이후 넷플릭스 등 영상 플랫폼 컨텐츠를 이용하는 비중이 코로나19 전 52%에서 68.7%로 늘었다. 특히 영상 플랫폼뿐만 아니라 웹툰, 웹소설, e북/오디오북, 키즈/교육용 컨텐츠 사용을 위한 비용과 시간도 2배 정도 늘었다.

언젠가 예전의 일상으로 돌아갈까 기대하지만 낙관적이지 않다. 알 수 없는 미래다. 오히려 기존의 민주주의와 자본주의 상태로 돌아가지 못할 것이라는 게 중론이다. 감염병과 디지털 전환 속에 일상과 비즈니스 생태계가 전과는 전혀 다르게 바뀌는 뉴노멀 시대이다.

농업 부문도 마찬가지이다. 예외가 될 수 없다. 농업 인구가 급속히 감소

---

2 '접촉'을 의미하는 'contact'에 반대를 의미하는 접두어 'un'이 결합한 신조어로, 사람과 사람 사이의 만남을 대체해 주는 비대면 기술이 생활 속으로 확산되는 현상을 의미한다.

3 한국은행, 《코로나19 사태로 인한 재택근무 확산, 쟁점과 평가》, 2020. 12.

4 이현우, 〈코로나19와 콘텐츠 이용: 변화와 전망 – 콘텐츠 이용자 조사결과를 중심으로 –〉, 코가포커스 제128호, 2020. 8.

하고 고령화되고 있다. 농촌은 언제 소멸될지 모르는 심각한 위기에 처해 있다. 40세 미만 젊은 농가 경영주 수가 7,000농가 밑으로 떨어졌다. 기후 변화에 따른 자연재해는 급증하고 있다. 수입 농산물은 넘쳐나 대부분 농산물이 공급과잉인 가운데 진작 식량안보는 위협받고 있다. 식품 안전도 항시 불안하다. 유통시장도 급변하고 있다. 소비자의 입맛도 다양하고, 시시각각 변한다. 1인 가구가 급증하고, 택배 등 개별 단위 수요가 많아졌다. 물류 시스템도 온라인으로 급속히 바뀌고 있다.

뉴노멀 시대를 이끄는 기반은 무엇인가. 변화와 혁신이다. 변화는 선택의 문제가 아니라 생존의 문제이다. 그런데 변화의 명분이 생겼다. 바로 코로나19와 디지털 혁명이다. BC 500년경 그리스의 철학자 헤라클레이토스는 말했다. "만물은 유전한다. 그대로 멈춰 있는 것은 아무것도 없다."

뉴노멀 시대의 몇 가지 특징

첫째, 저성장이다. 저물가, 저금리, 저소비의 3저(低) 시대라고도 한다. 경제 규모가 커 가는 정도가 낮은 시대를 말한다. 저출산·고령화의 영향으로 경제성장률이 지속적으로 떨어지는 시대이다. 2008년 글로벌 금융위기 전까지만 해도 국제적 가치공급망(GVC), 즉 중국 등 개발도상국의 싼 임금에 의한 생산기지 역할로 세계 경제는 호황을 누렸다. 그러나 금융위기 이후 미국과 같은 선진국들은 소비를 줄여 나가기 시작했다. 특히 트럼프 미국 대통령은 해외로 나가 있던 미국의 제조업체들을 불러들이고 수입품에 관세를 높이는 보호무역정책을 폈다. 그러자 세계 경제는 침체되고 실질임금이 정체되었다. 이에 따라 소비가 둔화되었다. 또한 국제유가의 하락도 저물가를 더욱 촉진하고 있다.

특히 정규직보다는 계약직 등을 선호하는 인터넷 기반의 플랫폼 기업 또는 공유경제 기업들의 불안전 고용으로 소비는 늘어나기 어려운 실정이다. 특히 금융위기 이후의 불확실성이 확실히 걷히지 않은 상황에서 디지털 혁명과 코로나19 사태 등으로 미래에 대한 불확실성이 커 기업들은 투자를 회피하고 있다.

또한 정부 입장에서는 경제성장이 더디므로 고용률을 높이기 어렵다. 게다가 코로나19의 예상치 못한 충격으로 마이너스 성장 시대가 되자 이를 극복하기 위해 저금리 또는 마이너스 기준금리를 제시하고 있다. EU나 일본은 마이너스 기준금리를, 미국은 0~0.25%, 우리나라는 0.5%의 저금리를 나타내고 있다. 게다가 각국 중앙은행이 돈을 천문학적으로 풀고 있고, 미국 연방준비은행(Fed)의 경우 '평균물가목표제'[5]를 도입해 일정 범위 내에서의 물가 상승을 용인해 보지만 소비자물가지수는 거의 0%대, 심지어 마이너스로 떨어져 최악의 경우 디플레이션 우려마저 나오고 있다. 우리나라도 2020년 8월 이후 소비자물가지수가 거의 0%대다. 거기에 원/달러 환율마저 내려 수입 물가가 하락하고 오히려 디플레이션을 걱정해야 하는 상황이다.

둘째, 글로컬라이제이션(glocalization)이다. 세계화(globalization)와 지방화(localization)의 합친 말이다. UR 협상 이후 비교우위 이론에 의한 세계화는 세계인들에게 장밋빛 청사진을 제시했으나 그에 따른 부작용들이 심각하게 나타나고 있다. 온실가스 과다 배출에 따른 기후 변화, 부의 편중과 양극화, 난개발, 착취 농업과 축산, 칼로리 과소비 등이 해당된다. 이에 대한 반작용으로 지역 생태계의 보정, 슬로푸드 및 로컬 푸드, 토종 종자 보호, 마을 공동체 유지 등 지속 가능한 발전에 초점을 두는 지방화의 중요성이 커지고 있다. 또한 주요

5 일정 기간 인플레 평균이 2% 이상일 때 금리인상을 하겠다는 일종의 기준 목표, 즉 인플레이션을 용인해서라도 소비를 촉진하겠다는 뜻이다.

강대국들이 자국 이기주의에 의한 보호무역주의로 회귀하고 있어 우리 국민과 기업 보호에 대한 중요성은 더욱 커지고 있다. 게다가 코로나19 사태를 거치면서 감염은 세계적이고 방역은 지역적이라는 사실을 실감하고 있다. 지자체 단위의 상상력이 돋보이는 방역 및 경제살리기 정책들로 위기 극복의 모델이 되고 있어 지방화의 중요성은 더욱 커졌다. 따라서 세계적 교역은 활성화하되, 우리의 공동체와 문화를 존중하고 단기적 이익이 아닌 지속 가능 경영을 모색하는 과제를 안고 있다.

비대면이 일상화되면서 국경을 넘어 온라인 토론·화상회의 등으로 지구적으로 생각하고, 지역적으로 교육·연구·실천 프로젝트가 일반화되고 있다. '지구적으로 생각하고, 지역적으로 행동하자'(Think global, Act local)라는 모토가 현실화되고 있는 것이다.

셋째, 잉여의 시대이다. 고도 성장기에는 공급이 수요보다 모자란 때이다. 자본도 희소하고, 기술도 부족했다. 노동력도 모자랐다. 그런데 지구촌 경제에 국경이 없어지면서 무역이 활성화되고, 공급사슬이 잘 연결되면서 자본·기술·인력의 교류가 활성화되었다. 특히 컴퓨터와 인터넷이 급속히 발달하면서 유·무형 자본의 연결과 이동이 상상을 초월할 정도로 빨라졌다. 생산과 물류의 스마트화가 이루어졌다. 코로나19로 미래가 불확실해지면서 투자와 소비를 늘리기도 쉽지 않다. 경기를 활성화시킬 수 있는 유효수요가 부족하다. 공급이 수요를 초과하는 시대가 된 것이다.

넷째, 포노사피엔스(Phono-sapiens), 디지털 커뮤니케이션(digitai communication)이다. 인류는 생물학적으로 생존에 유리한 쪽으로 적응해 왔다. 스마트폰을 오장육부처럼 몸에 달고 다니는 신인류가 출현한 것이다. 그 새로운 인류가 포노사피엔스이며, 젊은 세대는 물론 어쩌면 우리 모두가 여기에 해당된다. 카카오 같은 핀테크 업체들이 스마트 뱅킹으로 금융 혁명을 이루고, 아마존, 네이버, 쿠팡, 알리바바 등 모바일 쇼핑업체들이 유통 혁명을 가져오고 있다. 유튜브 1인 미디어가 미디어 혁명을 가져오고 있다. 국내에서도 비접촉 체험이 늘어나면서, 이를 기회로 삼아 쿠팡, 배달의 민족, 마켓컬리 등이 유니콘 기업[6]으로 성장했다. 개인과 대화, 이동, 비즈니스 회의, 독서, 영화, 만화, 부동산 거래, 레저/여행 등 인간 욕망의 대부분이 스마트폰에서 표현된다고 해도 과언이 아니다. 특히 코로나19 사태를 거치면서 모든 분야에서 디지털 전환은 빠르게 진전되고 있다. 디지털 플랫폼에 킬러 컨텐츠(killer contents)를 담아 팬덤(fandom)을 형성하고 새로운 가치를 창출하며 거대한 부를 형성하고 있다. 이제 그들이 표준이 되고 있다.

김용섭의 《언컨택트》에 따르면 코로나19 이후 여행, 모임, 집회 등 '함께'와 '이동'의 체험은 약해지지만 집콕, 혼밥, 온라인 교육, 화상회의, 음식 배달 등 '홀로'와 '정착'의 비접촉 생활이 커지고 있다. '함께'와 '홀로'를 잇는 것은 '디지털'이고, 이를 연결하는 것이 '플랫폼'이다.

다섯째, 직업 따라가기 시대(job-following)에서 직업 창조 시대(job-creating)이다. 과거에는 공무원, 회사원, 농부, 변호사, 회계사, 교사, 의사 등 직업이 정해져 있고, 그에 따라 자신이 선택해 가면 정년까지 일할 수 있는 시대가 있었다. 그러나 현재는 로봇과 인공지능(AI)이 사람의 일자리를 대체하고, 소셜 네트워크(SNS)를 통해 조직 없는 조직화를 하고, 사회적 변화를 이끌고 있다. 일과 고용의 측면에서도 독립적 프리랜서들이 약진하고 있다. 이들은 고도의 전문성을 갖고 특정 직장에 소속되기보다는 문제 해결과 성과 창출에만 신경 쓰고 자

6 원래 '유니콘'이란 뿔이 하나 달린 말처럼 생긴 전설상의 동물을 말하는데, 기업 가치가 10억 달러(약 1조 원) 이상인 비상장 스타트업 기업을 말한다.

유로운 삶을 즐기길 원한다. 또한 1인 미디어를 통해 연예인 못지않은 대중적 인기를 구가하기도 한다, 개인이건 조직이건 디지털 네트워크라는 지렛대를 활용하여 원하는 결과를 얻는 직업 창조의 시대가 도래한 것이다.

여섯째, 성공과 실패 가능성이 둘 다 높다. 코로나19 팬데믹 상황에서 전통의 제조업들 – 디젤자동차, 조선, 운송, 정유, 화학 – 은 고전을 면치 못하고 있다. 반면에 전기차, 2차전지, 인터넷(특히 비대면 사업·게임 등), 바이오 사업 같은 – 현대자동차, LG화학, 네이버, 카카오, 삼성바이오로직스, 엔씨소프트 등 – BBIG[7] 업종이 주식시장에서 높은 평가를 받으며 휘파람을 불고 있다. 이는 우리나라만의 현상은 아니다. 미국 증권시장도 테슬라, 애플, 아마존, 페이스북, 넷플릭스, 소피파이, 줌 등 인공지능, 인터넷 기반 기업들의 주가가 고공 행진을 하고 있다. 그런가 하면 SK바이오팜과 카카오게임즈, 빅히트의 공모주 시장에서는 31조~58조 원이 넘는 어마어마한 청약금액이 몰려 우리나라 공모시장의 새 역사를 썼다. 그런데 이 기업들의 대부분은 벤처 스타트업 기업들이다. 그렇지만 스타트업 1,000개가 설립된다면, 초대박은 그중에 한 개 정도로 성공 가능성이 매우 희박하다. 대부분 실패하기에 실패가 특이한 게 아니다. 평균이 실패다. 그런데도 많은 젊은이들이 스타트업에 뛰어들고 있다. 업계에서는 역사 이래 가장 활발한 스타트업 생태계를 구축하고 있다고 평가하고 있다. 학교에서 배운 토지, 노동, 자본 등 기존의 제조업 중심이 생산의 3요소가 없어도 스타트업은 사람과 돈으로 돌아가고, 실패할 가능성도 있지만 성공할 경우 천문학적인 보상을 받을 수도 있기 때문이다. 인재, 투자, 시장의 3박자가 갖춰지기 시작한 것이다. 고용 없는 저성장 시대에 정부도 관심이 많아졌고,

---

7 코로나19 이후 주식시장을 주도했던 바이오, 배터리, 인터넷, 게임 섹터를 말한다.

클라우드펀드·벤처캐피탈·모험자본(LP) 등 투자금 조달도 수월해졌다. 어떤 문제에 대한 해결책을 제시하는 반복성과 확장성을 갖춘 아이디어만으로 도전해 유니콘 기업으로 성공하는 꿈을 꿀 수 있는 길이 많아진 것이다. 이때의 성공은 몇 10%의 성장이 아니라 몇 100배, 몇 1,000배의 새로운 세계가 열리는 것이다. 에베레스트산 정상으로 올라가는 베이스캠프가 그만큼 높아진 것이다.

거창한 스타트업이 아니라도 좋다. 국민소득이 높아지고 SNS가 발달하면서 개인이나 소수가 몰입해 시행착오를 거쳐 음식 맛, 커피 맛을 차별화해 대박을 치는 식당과 카페가 있는가 하면, 수년의 무명 가수 생활의 인고를 뒤로 하고 노래경연대회에 나가 축적된 실력으로 하루아침에 스타가 되는 경우도 쉽게 볼 수 있다. 자신의 취향에 맞는 옷이나 화장품을 SNS상에 재미삼아 홍보하다 우연한 기회에 비즈니스 모델로 선택되어 성공시킨 사례도 있다. 30여 년 애지중지 키운 애기동백나무 농장을 개화기인 겨울철에 개방해 하루 수천 명의 관광객을 불러 모으고 있는 농업인도 있다. 은퇴 후 농촌에 정착해 철저한 과학영농으로 소비자의 사랑을 한몸에 받는 귀농인도 많아졌다. 모든 게 일하는 방식, 생활양식의 변화, 디지털 전환과 함께 이루어지고 있다. 거기에 고객경험을 중시한다. 시장은 오늘도 빠르게 변한다. 그만큼 성공과 실패는 동전의 양면처럼, 양쪽 다 가능성의 기회가 많아졌다고 할 수 있다.

일곱째, 롱테일 법칙(long-tail law)이다. 흔히 80 : 20 법칙이라고 하는 '파레토 법칙'에 대해 많이 들어보았을 것이다. 전체 결과의 80%가 전체 원인의 20%에서 일어나는 현상을 말한다. 어느 기업의 20%의 고객이 80%의 수익을 가져다준다든지, 상위 20%의 주류 제품이 전체 매출액의 80%를 발생시키는 등의 법칙이다. 역파레토 법칙이라고 불리는 롱테일 법칙은, 2004년 미국의 유명 전문

잡지 《와이어드》의 편집장이었던 크리스 앤더슨이 인터넷 플랫폼 업체의 매출을 분석하다가 특정 기업이 판매하는 상품들을 많이 팔리는 순서대로 나열해 놓았을 때, 적게 팔리는 상품들은 공룡의 꼬리처럼 낮고 길게 연결된다는 점을 발견했다. 이러한 꼬리 같은 판매 모형은 많이 팔리는, 즉 인기 상품의 총 판매량이 압도한다는 것이다. 아마존과 넷플릭스, 유튜브 등의 매출이 대표적인 사례이다. 물류, 영상, 공유경제 등 진입장벽이 무너지면서 유통 채널이 무한대로 확장되어 롱테일 마켓이 만들어지고, 소비자 선택권 역시 무한대로 늘어나면서 각 분야의 블록버스터[8]들이 만들어지고 있다. 소비자 시대에서 이용자 시대로, 제조업 시대에서 서비스업 시대로, 오프라인 시대에서 온라인 시대로, 구입경제에서 구독경제로 급변하면서 수확체감이 아닌 수확체증의 롱테일 법칙이 대세를 이룰 것이다.

여덟째, '여명기냐, 황혼기냐?' 양극화의 심화이다. 디지털 시대는 싱귤래리티(singularity)[9] 시대이다. 직업을 쫓아가는 시대가 아닌 직업을 창조하는 시대이다. 아침에 습득한 지식이 저녁이면 쓸모없어지는 급변하는 시대이다. 디지털 혁명은 지식 접근성의 비용이 거의 0에 가깝다. 그러다 보니 자신 스스로 적응하고 변화하느냐에 따라 여명기를 맞을 수도 있고, 눈 깜짝할 사이에 사그라드는 황혼기에 접어들 수도 있다. 그래서 양극화는 더 심해지고 있다. 특히 코로나19 이후 전혀 예상하지 못했던 언택트 시대가 갑작스럽게 도래하면서 업종별, 직종별 양극화는 더욱 심해지고 있다. 새로운 여명기를 여는 사람들

8 영화계에서 막대한 매출로 큰 흥행 수입을 올린 영화를 일컫는 말로, 요즘은 여러 분야에 응용해 쓰인다.

9 기술적 특이점(技術的特異點, technological singularity)을 말하며, 보통 인공지능(AI)의 발전이 가속화되어 모든 인류의 지성을 합친 것보다 더 뛰어난 초인공지능이 출현하는 시점을 말한다. 즉, 미래에 기술 변화의 속도가 급속히 변함으로써 그 영향이 넓어져 인간의 생활이 되돌릴 수 없도록 변화되는 기점을 뜻한다. 미국의 수학자 존 폰 노이만, 영국의 컴퓨터 과학자 앨런 튜닝 등이 이 개념을 주창해 왔고, 최근 구글의 기술 책임자인 레이먼드 커즈와일이 다수의 저서를 통해 '싱귤래리티'의 개념을 발전시켜 오고 있다.

은 다들 어려운 가운데서도 틈새시장을 노린다. 농업 분야에서도 기후 변화에 대응한 작물을 대체하거나 스마트팜 도입으로 새로운 여명기를 만들어 가는 사람들이 있다. 여명기로 시작하느냐, 황혼기로 끝내느냐는 각자 자신의 선택에 달려 있다.

2.

뉴노멀 시대에도 농업은 필요한가?

농업(農業, agriculture) 또는 농경(農耕)은 흙이나 토지를 이용하여 인간에게 유익(유용)한 식물(곡물, 채소, 과일, 화훼, 약재, 섬유 등)의 재배와 생산 그리고 가축들의 생산 및 품질 관리에 관계되는 온갖 활동과 연구를 일컫는다. 가축이나 농작물 등 생물을 대상으로 이루어지며, 경제적 잉여 개념을 창출하면서 인류가 부락을 이루는 정착 생활을 시작하는 데에 막중한 역할을 한 산업이다.[10] 10만 년 전부터 야생 곡물을 수확한 흔적이 있으며, 약 1만 1,000년 전 초기 농부들이 나타나 작물을 경작하기 시작했다. 소, 염소, 양 등의 가축은 대체로 1만 년 전에 가축화된 것으로 보고 있다.

20세기 들어 대규모 단작과 기계화를 바탕으로 한 대규모 집약농업이 이루어지고 있지만, 현재까지도 많은 농가들이 가족농 또는 자급농업을 생업으로 삼고 있다. 우리나라는 예로부터 '농자천하지대본야'(農者天下之大本也)라고 하여 농업을 인간 생활의 기반으로 높이 평가해 왔다. 하지만 산업의 변화가 생기고, 세계화가 진전되면서 농업은 상대적으로 사양산업으로 치부되어 왔다. 1998년 국가 총인구 대비 농가 인구가 9.5%를 차지했으나 2019년 4.3%로 떨어졌다. 같은 기간 국가 총부가가치 비중도 4.2%에서 1.6%로 낮아졌다.[11]

---

10 위키백과.
11 ⓔ-나라지표.

그렇지만 농업은 생명 유지를 위한 에너지, 보금자리, 쉼터 제공의 기능을 여전히 유지하고 있다. 그렇다면 디지털 기반의 4차 산업혁명과 코로나19 대유행으로 인한 인간의 삶의 방식이 완전히 바뀐 뉴노멀 시대에도 '농업은 필요한 것인가?' 라는 의문을 가지게 한다.

우선 수요 측면을 보면 세계 인구 증가에 따른 식량과 에너지 수요는 급증하고 있다. 세계 인구는 2020년 현재 78억 명 수준이다. 매년 1.1% 증가한다. 대략 남북한 인구를 합친 만큼 매년 증가한다고 보면 된다. 2030년 중반까지 86억, 2050년 중반까지 98억, 2100년까지 112억으로 늘어날 것으로 예상된다. 인구가 많은 중국·인도와 같은 국가에서 소득이 증가하면서 소비 패턴도 변하고 있다. 곡물 중심에서 육류, 가공식품 소비가 급증하고 있다. 그러다 보니 축산업을 늘려야 하고, 대량의 사료곡물이 필요하다. 선진국은 선진국대로 위생, 안전, 웰빙, 인간의 존엄 유지 등의 이유로, 후진국은 후진국대로 절대 생존을 위해 식량 확보에 매달릴 수밖에 없다. 그들의 생사여탈권은 여전히 어느 나라 농민이 쥐고 있을 것이다.

반면 공급 측면에서 기후 변화는 식량 공급의 위협 요인이 되고 있다. 지진, 가뭄, 홍수, 산불, 태풍 등이 수시로 발생한다. 대부분의 경작 가능한 땅은 이미 농경지로 사용되고 있고, 농경지로 사용되는 땅은 오히려 도시건설 등으로 조금씩 줄어드는 추세이다. 우리나라도 예외 없이 도시화가 진행되면서 농지는 급속히 잠식되고 있다. 초등학교 시절 곡창지대로 배웠던 김포·김해·나주 평야는 공단과 혁신도시 등이 들어서면서 많은 농지가 사라졌다.

농업 기술의 발전에 따른 대량 생산으로 식량 공급의 미래를 어느 정도 밝게 하고 있다. 그런데도 증가하는 인구와 점점 커지는 식욕을 감당할 만큼 충분한 식량 생산이 가능하냐는 우려가 끊임없이 제기되고 있다.

코로나19 사태가 길어지면서 세계 식량 공급체인에 차질을 빚을 수 있다는 걱정들이 나오고 있다. 특히 2020년 6월 이후 세계 식량가격지수가 반등하고, 국제 쌀 선물가격이 폭등하는 시장 불확실성이 확대되고 있다. 코로나19 사태로 인해 쌀 사재기가 있는가 하면 집밥 수요가 증가하고, 쌀 수출국의 수출 제한 및 지연 등으로 공급에 차질이 발생하고 있다. 이에 따라 코로나 확산 대응 G20 정상회의(2020. 3. 26), FAO · WHO · WTO 공동성명(2020. 3. 31)을 통해 세계적 식량 부족 발생 가능성을 경고했다. 유엔 식량농업기구(FAO)는 코로나19 사태가 장기화되면서 전 세계 1억 8,300만 명이 식량 부족 사태를 겪을 수 있다는 전망도 내놓았다.[12] 더 큰 문제는 주요 식량 수출국들이 수출물량 제한과 중단 조치 등 '식량민족주의'[13]를 노골화하고 있다는 것이다. 이에 따라 농산물 공급 측면에서 농업의 중요성은 더욱 커지고 있다고 보아야 한다. 더구나 우리나라는 곡물자급률이 30%도 안 되는 세계 5대 식량수입국이 아닌가.

식량위기와 수요·공급의 변화는 주기적으로 발생한다. 그런데 국제적으로든 국내적으로든 농산물 가격이 폭등해 애그플레이션은 발생할 수 있지만 다른 소비침체에도 농산물 소비는 오히려 늘어나고 있다는 것이다.

또 하나 생각해 볼 일은 기술의 농업 대체 가능성에 관한 것이다. 지금까지 인류에게 영양과 에너지를 주는 수단으로서 농업이 가장 큰 역할을 해왔다. 그렇다면 농업을 대체할 수 있는 그 무엇이 있는가?

최근 생명과학의 발달로 주요 단백질 고급원인 소고기나 돼지고기를 대체할 수 있는 대체육 생산에 뛰어든 벤처기업들이 있다. 2015년 설립된 미국

---

12 FAO, *Addressing the impacts of COVID-19 in food crises*, 2020년 5월호.
13 자국의 풍부한 식량을 무기로 삼아 식량이 부족한 국가에 영향력을 행사하는 것으로, 수출관세 인상, 쿼터제 시행, 수출 금지 등을 예로 들 수 있다.

크레비푸즈(Crevi Foods)사는 '생명을 다치지 않고 동물 생산물을 수확하는 세상'을 꿈꾸며, 세포에서 동물성 고기를 배양해 키우는 대체 축산에 뛰어들었다. 멤피스미트(Memphis Meats) 등도 배양육 생산에 도전하고, 빌 게이츠, 잭 웰치, 리처드 브랜슨 같은 억만장자들도 투자하고 있다. 대체 축산이 성공하면 수십억 마리의 동물들을 공장식 사육에서 해방시킬 수 있을 것이다. 그러나 대체육에 대한 이상과는 달리 소비자들의 반응은 아직 썩 좋은 편이 아니다. '자연스럽지 않다'거나 '혐오스럽다'는 반응이 많다. 또한 생산단가가 아직은 천문학적으로 들어가 상용화까지의 시간이 멀어 보인다. 따라서 대체육 정착은 쉽지 않다. 더구나 식물성 농산물의 대체 가능성은 경제성도 떨어지고 더욱 희박하다. 그래서 현 인류가 살아 있는 동안은 대체농업이 지속적인 도전은 있겠지만 현 농업 시스템에 위협을 줄 정도의 완전 대체는 쉽지 않을 것이다.

반면에 4차 산업혁명이 농업과 결합하면서 농업의 경쟁력은 높아지고, 고부가가치 산업, 미래 첨단 산업으로 진화하고 있다. 네덜란드 와게닝겐 대학의 조지 비어스 IoF2020[14] 프로젝트 매니저는 "4차 산업 기술이 농업에 접목되면서 지금까지 경험해 보지 못한 규모과 속도로 새로운 비즈니스 모델이 만들어질 것으로 예상된다"[15]면서 세계 농업은 지금 새로운 파워게임이 시작되고 있다고 주장한다.

한편, 우리나라 국민들은 국민경제에서 농업이 앞으로도 중요하다고 인식하고 있다. 한국농촌경제연구원이 2019년 조사한 농업·농촌 국민의식 조사[16]에 따르면 '농업이 앞으로 중요하다'는 인식이 농업인 73.8%, 도시민 78.0%로

14 유럽 Internet of Food&Farm 2020 프로젝트: 유럽 전역 농식품 전 분야에 디지털 네트워크를 구축하고, 농업의 패러다임을 변화시키는 것을 목표로 하는 프로젝트.

15 민승규, 〈농업의 미래, 인류의 미래〉, 강의자료, 2019년 9월.

16 한국농촌경제연구원, 〈2019 농업·농촌에 대한 국민의식 조사〉, KREI 농정포커스, 제185호, 2019.

국민 대부분이 여전히 농업이 앞으로도 중요하다는 인식을 하고 있다. 특히 코로나19 사태를 겪으면서 식량안보와 식품 안전에 대한 국민의 관심은 더욱 높아졌다. 한국농촌경제연구원이 최근 발표한 '2020년 식품소비행태조사' 결과에 따르면 식량안보에 대한 관심이 '증가한 편', '매우 증가한 편'이라고 응답한 비율이 31.3%를 차지했다. 또한 식품 안전성에 대한 관심도가 5점 만점에 4.28점으로 2016~2019년의 3점대에 비해 크게 높아졌다.

따라서 뉴노멀 시대에도 농업의 중요성은 더 커지고 지속될 것이다. 단지 과거에 경험하지 못한 여러 가지 복잡한 사정과 변화는 폭풍처럼 몰려올 것이다. 따라서 이제 농업을 새롭게 정의하고, 새로운 수요를 창출해야 한다. 농업·농촌의 근본을 철저히 지키면서 고부가가치 산업으로 혁신시켜야 지속 가능한 미래 성장 산업이 될 것이다.

제2부

농업 환경의 변화

3.
시대별 농업의 변화

저자는 세대로 보아서는 전형적인 586세대이다. 1960년대에 태어나 1980년대에 대학을 다니고 30여 년간 직장생활을 하고 있는 50대 후반이다. 우리나라가 급격한 변화를 겪다 보니 그 속의 한 개인으로서, 조직인으로서 그 변화의 역사를 고스란히 경험해 오고 있다.

1960~1980년대는 배고픈 시대였다. 농업정책도 녹색 혁명과 식량 증산에 초점을 맞추었다. 공판장, 연쇄점 등 근대적 유통 개념이 도입되고, 국가 주도의 경제발전에 전 국민이 동원되었다. 우리 삼촌·형님·누님들이 도시의 공장으로, 중동의 공사 현장으로 뛰어들었다. 자신도 먹고 살고, 가족도 먹여 살려야 했다. 겨우 해외원조와 자급자족 경제에서 벗어나 식량작물 중심의 대량 생산이 이루어지고 농업을 통해 비로소 돈을 만질 수 있었다. 도시의 슈퍼마켓과 농촌의 오일장은 식료품과 생활물자를 사려는 사람들로 북적댔다. 밀·전분 등의 식량원조에서 제분·제당·밀 등 식품 및 공업 원료로 농산물 수입이 확대되었다. 일제 '구보다'(kubota) 경운기가 수입되고, 이어서 국산 농기계가 개발되면서 소를 이용한 밭갈이 풍경은 더 이상 볼 수 없게 되었다. 일본산 양파 종자 및 과수 묘목 등이 들어와 새로운 작물 재배가 시작되었다.

1990년 들어 생산과잉과 환경 문제들이 농정의 이슈로 등장하고 국토 자원으로서의 농지, 환경 보전 등의 중요성이 인식되기 시작했다. 급속한 경제

성장으로 주식인 쌀 위주에서 고기와 채소·과일의 소비가 증가하였다. 1980년 1인당 연간 132.7kg이었던 쌀 소비는 2019년 59.2kg으로 지속적으로 줄고, 같은 기간 육류 소비는 11.3kg에서 54kg으로 4.7배 늘었다. 1993년 최초의 대형 할인매장(마트)인 이마트가 서울시 창동에 들어서 유통시장에 일대 회오리를 일으켰다. 그로부터 3년 후 농협 유통 양재점이 문을 열어 농산물도 프리미엄 시장이 등장하고, 농협도 대형 유통업체와 경쟁체제에 돌입했다. 패밀리마트, GS25 등 대기업의 중소형 마트 및 편의점도 속속 문을 열어 골목상권을 잠식해 갔다. 전 세계시장의 예외 없는 관세화와 보조금 감축을 목표로 하는 우루과이라운드 협상이 타결되어 세계무역기구(WTO) 체제가 출현하고, 우리나라는 개발도상국 지위는 유지했지만, 우리 농업은 수입 개방의 태풍 앞에 고스란히 노출되고 말았다.

2000년대 들어 우리 농업은 또 다른 변화를 맞게 되었다. WTO 체제가 유지되는 가운데 세계화는 가속화되고 양국 간 자유무역협정(FTA)이 급속하게 확대되었다. 마치 FTA가 안 되면 국가 경제가 망할 것처럼 언론은 떠들어 댔고, 국가는 농업 강대국들과 협상을 서둘렀다. 2004년 한·칠레 FTA로 오렌지, 포도, 키위, 포도주 등이 싼값에 들어왔다. 2007년 한·아세안(ASEAN), 2012년 한·미, 2015년 한·중 및 한·EU 등을 상대로 FTA가 속속 체결되었다. 이는 우리나라 농·축산업에 많은 고통을 주었지만, 한편으로는 체질을 개선하는 계기도 되었다. 특히 UR 협상에서 개도국 지위를 끝까지 지켰던 쌀 관세화 문제가 1995년부터 20년간의 저율 관세(TRQ)에 의한 의무 수입 물량이 감당할 수 없을 만큼 늘어나면서, 급기야 2014년 관세화로 전환하고 5년간의 검증 기간을 거쳐 2019년 513%의 관세 부과 수입으로 완전히 전환되었다. 우리나라 농업 역사에 하나의 큰 전환 포인트라 할 수 있다.

시설하우스 농업이 급증하고, 스마트팜이 등장하기 시작했다. 단순한 생산이 아닌 생산과 가공·체험 등 농업과 관광이 융합한 6차 산업이 선풍을 일으켰다. 2002년 월드컵 개최, 2008년 금융위기를 지나면서 건강·안전·웰빙·환경에 대한 관심이 높아지고, 농업정책도 농업·농촌의 다원적 가치와 지속 가능한 농업을 추구하는 방향으로 바뀌기 시작했다. 무엇보다도 2000년대 들어 가장 큰 변화는 홈쇼핑과 인터넷·모바일 쇼핑의 등장이다. 특히 디지털 기반의 인터넷 플랫폼 기업들이 농산물 유통을 좌우하는 시대가 온 것이다. 네이버·카카오 등 빅테크 기업은 물론 쿠팡·마켓컬리 등이 빅데이터를 이용한 소비자의 니즈를 선도하고 로켓배송·새벽배송 등 소비자의 가성비를 넘어 가심비[1] 개념을 창출하면서 농산물 유통시장을 흔들고 있다. 또 하나의 변화는 가치·윤리 소비의 등장이다. 농·축산업이 탄소 배출과 지구 온난화의 원인으로 지목되면서, 친환경 농업·동물복지 등 농정에 새로운 전기를 맞고 있다.

코로나19와 디지털, 또 다른 변환기에 서 있다

21세기 새로운 10년을 힘차게 출발하는 2020년 1월 21일 중국 우한(武漢)발 코로나19 확진자가 처음 발생했다는 정부의 발표가 있었다. 그 후 국경이 봉쇄되고 사회적 거리두기 조치 등이 있었지만 세계적인 대유행은 현재 진행형이다. 이어서 세계적 공급 체인이 붕괴되고, 소비는 침체로 이어져 선진국·개발도상국 구분할 것 없이 경제성장률은 마이너스를 기록하고 있다. 각 국가마다, 지방자치단체마다 최악의 시나리오를 설정하여 대비를 시작했다. 코로나19

1 '가성비'란 가격 대비 성능의 준말로 소비자가 지급한 가격에 비해 제품 성능이 소비자에게 얼마나 큰 효용을 주는지를 나타낸다. 이에 비해 '가심비'는 가격 대비 마음의 만족도를 뜻한다.

상황에서 3대 경제주체인 정부·기업·가계 모두가 어려움을 겪으면서도 부문별로는 분명한 차이가 있는가 하면, 사회 시스템 전체의 변화는 불가피하게 다가오고 있다.

그동안 논란의 중심이 되었던 비대면 무인 시스템, 온라인 쇼핑, 플랫폼 기업, 간편결제 서비스, 유연근무제 등이 거부감 없이 빠르게 정착되고 있다. 생산·소비·투자의 '트리플 감소'로 경제 충격이 현실화되고 있음에도 온라인 소비가 늘며, 소매상의 종말을 재촉할지 모른다는 우려의 목소리도 들린다. 코로나19는 산업 지도마저 바꿔 놓을 기세다.

전자금융 기업 효성FMS는 최근 코로나19 이후 달라진 소비 트렌드로 다섯 가지를 제시하고 있다.

첫째, 언택트(untact): 접촉하지 않고 연결하는 디지털 기술 – 언택트 소비

온라인으로 상품을 주문해 배달받는 언택트 소비가 급증하고, 이는 편리함과 비대면을 선호하는 소비자들의 변화된 소비 심리로 인해 앞으로도 지속적인 성장이 예상된다.

둘째, 홈코노미(homeconomy): 집콕 생활을 위한 신개념 라이프 스타일 – DIY(do it yourself) 소비

집에서 지내는 시간이 늘면서 스마트폰을 통한 모바일 TV나 동영상 스트리밍 시청 등 미디어 접속시간이 확연하게 늘어난 것이다. 이와 함께 배달음식이나 신선식품 등의 판매량이 증가했으며, 집콕 생활이 놀이문화로 발전하면서 홈쿡이나 홈캠핑, 홈트레이닝, 홈카페 등과 관련된 다양한 상품에 대한 관심도 커지고 있다. 'Do it yourself'(스스로 해요) 문화다.

셋째, 로컬리즘(localism): 편안한 단절, 거리두기로 안전하게! – 동네 소비

코로나19로 멀리 나가기보다는 집 근처 마트나 편의점에서 그때그때 꼭

필요한 소비만 하는 변화된 소비 패턴을 엿볼 수 있다. 이동과 대면을 줄이는 근거리 소비 방식은 앞으로도 더욱 확산될 것으로 보인다.

넷째, 세이프티(safety): 불안을 다독이는 나만의 헬스케어 – 안심 소비

소비자들이 최우선으로 여기는 가치는 건강과 안전이 되었다. 이에 따라 마스크나 손 소독제 등의 위생용품, 일상생활 속에서 건강을 지킬 수 있는 스마트 가전제품도 인기를 끌고 있다. 휴대가 간편한 마스크 걸이용 목걸이, 손 소독제로 활용할 수 있는 물티슈 등 이젠 생활필수품으로 자리 잡은 위생 제품과 관련된 다양한 아이디어 상품까지 출시되고 있다. 건강한 삶에 대한 소비자들의 관심을 비대면 소비문화로 연결해 새로운 가치를 만들어 내고 있는 것이다.

다섯째, 플렉스(flex): 코로나 블루를 극복하는 '코로나 플렉스' – 가심비 소비

바이러스를 피하기 위한 '생존 소비'와 나를 위한 정서적 만족을 추구하는 '가심비 소비'가 새로운 소비 흐름으로 나타나고 있다. 생필품은 되도록 싼 가격에 구매하고 싶어 하지만, 나만의 작은 행복을 추구하는 취미나 체험 등에는 돈을 아끼지 않는 소비자들의 심리 변화를 보여 주고 있다.

코로나19는 사회·경제 ·문화 모든 부분에 큰 충격을 주었고, 그 충격이 모든 것을 변하게 만들었다. 실내에서 각종 경제 활동을 즐기는 '홈코노미'(home+economy) 시장이 급부상하며, 화상회의, 온라인 교육, 콘텐츠, e커머스(전자상거래), 클라우드 서비스 등 언택트 문화 관련 산업과 헬스케어 산업의 급성장이 예상된다. 인터넷에 기반한 온라인 경제, 비대면에 기반한 언택트 경제, 디지털 경제, 온라인 경제로의 대전환이 가속화될 것으로 보인다.

종합해 보면, 코로나 시대와 디지털 대전환 시대를 묶어 BC(before COVID-19)

와 BD(before digital) 시대, AC(after COVID-19)와 AD(after digital) 시대로 구분지어 볼 수 있다. BC&BD 시대의 주요 키워드는 ▲ 대면주의 ▲ 수직/중앙집권적 ▲ 생산자 중심 ▲ 효율성 ▲ 확실한 경계 구분 ▲ 산업 간 구분 ▲ 집단화/획일화 등이라면, AC&AD 시대는 ▲ 언택트 ▲ 자율/분권 ▲ 고객 중심 ▲ 민첩성 ▲ 경계 초월 ▲ 산업 간 융·복합 ▲ 개인화/협업화 등으로 바뀌고 있다. 그것은 일상적인 변화가 아니라 거대한 변화, 빅 체인지(big change) 시대가 온 것이다. 빅 체인지 시대를 맞이하여 다양한 예측은 할 수 있겠지만, 예측은 예측일 뿐이고 사실 아무도 모른다. 앞으로 세계 경제의 패권, 선진국의 기준, 기업의 시가총액 순위, 개인의 부 향방, 농업인의 위상, 직장인의 평가, 심지어 행복의 기준까지도 어떻게 뒤바뀔지 모르는 뉴노멀 시대인 것이다. 문명이 바뀌고 있다. 시대의 변화, 빅 체인지를 잘 예측해 먼저 움직이는 자가 승자가 될 가능성이 크다. 농업이라고 예외가 있겠는가. 어차피 역사는 '도전과 응전'이다.

4.
농업에 대한 새로운 관점

AC&AD 시대 농업·농촌도 어디로 흘러갈지 아무도 모른다. 하지만 농업·농촌에 대한 관점도 많이 바뀌고 있다. 농업·농촌을 둘러싼 부정적인 현상들도 많지만 긍정의 목소리도 들린다. 이럴 때는 긍정의 목소리를 희망가 삼아 부정적인 현상들을 창조적 파괴를 통해 혁신해 나가면 된다. 그러면 농업·농촌에 대한 새로운 철학적·정치적·경제적·사회문화적 관점들을 하나씩 들여다보자.

철학적 관점

김철규 고려대학교 사회학과 교수[2]는 "농업과 농촌을 그 자체만으로 좁게 볼 것이 아니라 한국 사회의 지속 가능성과 사람의 질 향상, 대안적 삶의 방식으로서 의미가 더욱 강화되어야 한다"라고 주장하며, 산업화와 도시화로 불행의 막다른 골목에 처한 한국 사회를 구해 낼 수 있는 지속 가능성의 핵심으로서 농업·농촌을 보고 있다. 김 교수는 "농업을 보호하고 지속 가능한 농촌을 만드는 것은 농민이라는 특정 계층을 위한 것이 아니라 그것이 한국 사회의 지

2 본 내용은 한국농업인신문, 농민신문 등 농업 전문지의 인터뷰 내용을 저자가 엮은 것이다.

속 가능성을 살리는 길"이라면서, 그런 의미에서 농업과 농촌을 농업과 농촌만의 문제로 '협애화'(狹隘化)해서는 안 된다는 것이다.

김 교수는 특히 "한국 사회 혹은 세계사적 발전의 패러다임이 바뀌어야 하는 시점"이라며 기존의 고정관념인 산업화·도시화 발전 담론을 되돌아보고, 성찰하고 비판해야 한다는 것이다. 지금까지 산업화와 도시화가 너무나 당연하게 진보나 발전의 요소인 것처럼 여겨져 왔지만, 삶의 질, 생태적 조화, 이런 것들이 진정한 발전이라는 주장이다. 산업혁명 이후 서구와 전 세계에 보편적이고 유일한 것으로 여겨졌던 산업화·도시화의 패러다임, 즉 탈농민화(de-peasantization)의 위기에 대해 가차 없이 비판한다. 그래서 삶의 질, 생태적 조화, 행복 등의 질적인, 새로운 발전이 중요하고 그 중심에는 재농민화(re-peasantization), 재농업화(re-agrarianization), 탈도시화(de-urbanization)가 있다는 생각이다. 그런 의미에서 한국인 전체의 삶의 질 향상을 위해 농업·농촌의 중요성을 헌법을 통해 부각시키고, 사회적으로 교육시켜야 한다는 것이다. 김 교수는 실제로 고려대 학생 동아리로 시작해 도시 농업을 하고 텃밭학교를 운영하면서 '씨앗들협동조합'으로 발전시키고 있다.

김 교수는 또한 농업에 대한 정부의 무관심, 국민들의 관심도가 낮아진 현상에 대해 재벌을 비롯한 '성장 동맹'의 득세 때문이며, 먹거리 시장을 생산자와 소비자가 아닌 자본이 지배함으로써 환경 문제, 농민의 빈곤, 정치적 자주권 상실, 소비자의 식량권 위축, 먹거리 불평등 심화, 각종 성인병 증가 등의 문제를 낳고 있다고 분석한다. 김 교수는 그러면서 '먹거리 시민'(food citizen)을 통한 시민성 향상과 조직화에 기대를 걸고 있다. 먹거리 시민이란 먹거리에 대한 관심·의식·행동·연대 등을 고려하는 이들을 말한다. 먹거리 관련 프로그램의 수혜자이자 프로그램을 성공적으로 추진할 수 있는 주체자이다. 지속 가능한 먹거리 체계를 안정화, 제도화시키기 위해서는 현실적으로 정책이 먹거리 시민, 조직, 문화의 3가지를 뒷받침해야 하는데, 서울시의 '먹거리 조례'도 있지만 중앙정부와 지자체가 함께 움직여야 한다고 강조한다. 김 교수는 아울러 식해력(食解力)의 중요성을 강조한다. 식해력은 기본적인 영양 정보에 대한 이해, 간단한 조리 방법 습득, 식재료 보관법 같은 기능적 지식을 기본으로 음식의 제철 여부 및 원산지 확인, 환경적 영향에 대한 관심, 생산자에 대한 배려 등 성찰적인 지식까지 포함한다. 지속 가능한 먹거리 체계를 만들기 위해서는 음식에 관한 기본적인 역량을 함양함으로써 나쁜 음식을 구별해 내고 좋은 음식을 선택할 수 있어야 비로소 먹거리 시민으로 거듭날 수 있다는 것이다.

"가정의 밥상은 부모가 차리지만, 온 사회의 밥상은 농민이 차립니다. 농민이 주변화되고 가치 없는 노동을 하는 게 아니라, 사회적으로 존중받고 기본적으로 생계가 보장되는 시스템을 만드는 것이 바람직한 미래입니다." 강수돌 고려대 경영학부 교수의 말이다.

강 교수는 문재인 대통령의 2017년 6월항쟁 30주년 기념사 중 "민주주의가 밥이고, 밥이 민주주의가 되어야 한다"는 말에 적극 공감하면서 정작 밥을 만드는 농민, 농촌에 대한 사회적 위기감이 높지 않음을 우려하고 있다. 그는 "현재 우리나라의 곡물자급률은 23% 수준인데, 그나마 석유로 짓는 농사이고, 쌀을 제외한 실제 자급률은 5%도 안 되는, 핵전쟁만큼이나 고도위험 수준"이라며 "식량자급은 자주 국방, 그 이상으로 중요한 만큼 대통령에서부터 일반 시민까지 모든 구성원이 식량자급률을 높이는 데 동참해야 한다"고 강조했다. 강 교수는 특히 국가 장학금으로 유기농업 일꾼들을 길러 내는 유기농 중심의 농업학교가 사회적 지원 아래 왕성하게 나와야 하고, 유기농업 공무원 제도를 도입해야 한다고 주장한다. 농업인들을 초중고 교사들처럼, 정책적으로 공농업(公農業)으로 인정해야만 식량자급률이 23%가 아니라 70~80% 이상으로 끌어올려 미국이나 중국 눈치 안 보고 우리가 할 말 하고 살 수 있다는 것이다. 강 교수는 또 농업의 가치를 헌법에 반영하자는 운동에 적극적으로 동의하면서 남미 에콰도르와 볼리비아의 '부엔 비비르'(Buen vivir)처럼 헌법에 자연 내지 생명의 가치를 명시해야 한다는 바람을 가지고 있다. '부엔 비비르'란 "좋은 삶과 자연의 권리"라는 뜻으로 신자유주의, 경제성장 지상주의 대신 자연과의 조화와 균형을 중시하는 사상이다. 그는 현행 헌법의 경자유전 원칙과 관련하여 "땅을 투자와 재산 증식을 위한 '부동산'으로 보는 시각을 지양하지 않는 한 '민주주의는 밥'이란 명제가 설립할 수 없다"며, 반드시 지키고 강화되어야 할 원칙이라고 못 박았다.

재야 경제학자인 현재욱은 그의 저서《보이지 않는 경제학》에서 현대인의 식탁을 '석유가 차린 밥상'이라고 말한다. 식품 가격에서 석유가 차지하는 비중이 70%가 넘는 것으로 추정되고 있기 때문이다. 그도 그럴 것이 극소수의 자연농업 실천 농업인을 빼면 대부분 기계로 밭을 갈고, 기계로 이랑을 만들고, 기계로 비닐을 씌운다. 파종하고 비료 주고 농약 치고 수확하고 도정하는 과정에 기계가 없이는 이루어지지 않는다. 기계를 움직이는 것은 석유이고, 비닐·플라스틱·비료·농약의 원료도 석유이다. 시설농업이 증가하면서 면세유 등 석유 에너지는 더 투입된다. 식량의 운송과 보관에도 석유 에너지는 예외 없이 소비된다. 수입 농산물이 들어오면 엄청난 양의 석유가 들어간다. 소·돼지를 키우는 축산 사료는 절반이 수입 옥수수이다. 그러다보니 유가가 오르면 식량 생산 비용이 오를 수밖에 없는 구조이다. 그는 쌀을 제외한 밀·옥수수·콩 등의 자급률이 매우 낮아 우리 식생활 자체가 수입 농산물에 철저히 종속되어 있어서 "우리는 사실상 걸어 다니는 옥수수이자, 석유를 먹고 사는 존재다"라고 말한다. 그래서 그는 "식량은 상품이라기보다 공공재에 가깝다"면서 국가는 식량의 안정적 수급 구조를 유지하고 관리할 책무가 있다고 강조한다. 특히 "자기 밥그릇은 자기 손으로 받들고 있어야 하는 것은 치국(治國)의 기본 개념"이라는 말로 식량안보의 중요성을 제시하고 있다.

정치적 관점

농업·농촌에 대한 다원적 기능에 대한 논의가 활발하다. 농업은 시장에서 거래되는 농산물을 생산하기도 하지만 동시에 시장에서 거래되지는 않는 유익한 경관과 청정 환경, 식량안보 등 농업의 다원적 기능을 제공하는 공공재를 동시에 생산한다. 따라서 이에 대한 공적 대가를 지불해야 한다는 것이다. 유럽과 미국 등 선진국에서는 이미 농업의 공익적 가치를 인정하고 다양한 지원정책을 펴고 있다. 대표적인 것이 공익형 직접지불제이다.

양승룡 고려대학교 교수는 "식량안보, 환경 보전, 지역경제 발전, 문화 같은 농업의 다원적 기능은 공공재로서 시장에서 문제를 해결하지 못하는 '시장실패'가 나타나는 만큼, 국민들에게 이를 원활하게 공급하려면 국방이나 치안처럼 국가가 개입해야 한다"고 강조한다. 그는 특히 "헌법 개정을 통해 농업조항을 독립시켜 권위와 국가 책임성을 높여야 한다"며, "현행 헌법에는 제123조에 농업 조항이 지역경제, 중소기업 보호 육성 조항과 함께 규정되어 있는데, 새 헌법에는 농업 조항을 독립시켜 식량안보와 공익적 기능을 규정해야 한다"[3]는 입장이다.

---

3 한국농어민신문, 2017. 12. 29 인터뷰 재구성.

고성보 제주대학교 교수도 "농업의 다원적 기능의 혜택은 불특정 다수가 누리지만 생산은 특정 소수인 농가가 하면서 항상 사회적으로 필요한 양보다 적게 생산될 가능성이 높아 시장실패 우려가 크다"며, "다원적 기능의 공공재를 농업 생산 과정에서 사회가 필요로 하는 만큼 생산하기 위해서는 이에 대한 정당한 대가를 지불하는 직불제가 필요하다"고 주장한다. 고 교수는 구체적으로 농업 경관 및 환경 보전 직불제 도입과 농작물 재해보험 지원 확대, 환경친화적 농법 확대, 자원순환형 친환경 경축농업 기반 구축, 농산물의 안전·안심 생산 및 유통 시스템 도입 등을 제안하고 있다.

도올 김용옥 교수는 농민을 '국토공무원'으로 여겨야 하고, 국토를 지키는 공무원으로서 공무원 수당을 주어야 한다고 주장한다.[4] 농민 수당도 지자체만의 사업이 아닌 국가사업으로, 중앙정부에서 지원하는 사업으로서 확대해야 한다는 것이다. 또한 농촌 문제를 해결해야 남북 화해와 경제 민주화 문제 해결로 나아갈 수 있다고 한다. 농촌은 지금 우리 사회에서 가장 힘없고 가장 선거에 영향을 끼칠 수 없는 곳인 양 인식되고 있지만, 농촌은 국가의 기본이자 존재 자체가 국민의 권리이며 식량 공급의 장인데다 국토를 보전하기 위한 우리 민족의 가장 중요한 자산이라는 것이다. 그러니 농촌을 풍요롭게 만드는 일은 우리 역사의 시발점이자 종착점이라서 이 문제를 해결하지 못하면 우리나라는 결코 건강한 나라가 될 수 없다고 한다. 그는 특히 "농촌은 우리 마음의 고향이자 정신사적인 모든 가치를 담보하고 있는 가치 체계이다"라면서 "우리가 미래 사회를 그릴 때 빈부격차 해소, 자연과의 공생, 공동체적 삶 등 모든 미래적 가치의 모델도 농촌일 수밖에 없다"고 강조한다. 결국 농촌은 한

4 한국농정신문, 2019. 11. 3 인터뷰 재구성.

국 역사에서 출발이자 영원한 종착지라는 것이다. 국민들이 농촌 문제에 대해 너무 모르기 때문에 국회에서 농민 비례대표 수를 최소한 3자리는 확보해야 하고, 농촌 문제에 대한 바른 인식을 주는 캠페인 내용을 중·고등학교 교과서에 실어야 한다고 주장한다. 아울러 젊은이들이 농촌에서 보람찬 삶을 살도록 국가적으로 장려해야 한다는 점을 강조한다.

문재인 대통령은 2017년 6월항쟁 30주년 기념 행사에서 "민주주의가 밥이고, 밥이 민주주의가 되어야 한다"고 주장했다. 소득과 부의 극심한 불평등과 일자리 위기가 민주주의를 위협하고 있다면서 경제 민주주의를 강조하면서 한 말이다. 정작 '밥'을 만드는 농민이나 농촌에 대한 구체적 언급이 없어 아쉬웠지만, 유항산(有恒産) 유항심(有恒心)이요, 쌀독에서 인심이 난다는 원칙을 밝혔다는 점에서 인식의 큰 전환이라 할 수 있다.

농업·농촌에 대한 문재인 대통령의 생각을 들을 길이 없어 농업인들의 아쉬움은 있었는데, 2020년 제25회 농업인의 날에 행사를 직접 주관함으로써 완전히 해소해 주었다. 문 대통령은 대통령으로서는 17년 만에 참석한 농업인의 날 기념사를 통해 "농업은 생명 산업이자 국가 기간 산업이며, 농촌은 우리 민족공동체의 터전"이라고 강조했다. 문대통령은 또 "코로나19 위기 속에서 자연생태계의 중요성을 더욱 절실히 느꼈고, 삶의 터전으로서 농촌이 가지고 있는 거대한 잠재력에 주목하게 되었다"면서 국가식량계획과 농촌공간계획을 수립하여 농촌이 한국판 뉴딜의 핵심 공간이 되도록 하겠다고 말했다. 또한 연간 1,600명의 청년 농업인을 양성하고, 스마트팜 7,000ha 확대 보급, 전동·자율주행 농기계 보급, 식량자급률 확대, 자율적 수급 관리, 온라인 도매 거래 확대 등을 약속했다.

국민의 정부 초대 농림부 장관과 상지대 총장을 지낸 김성훈 교수는 그의 저서《농은 생명이고 밥이 민주주의다》에서 "농업을 살리는 일이 생명을 살리는 일이요, 밥상의 안전을 지키는 것이 민주주의를 지키는 일이다"라고 강조한다. 민주 국가에서 최소한 굶는 사람은 없어야 하며, 먹더라도 안전한 식품을 먹어야 한다는 뜻이다.

《88만 원 세대》의 저자 우석훈 박사는 농업·농촌의 공적인 의미를 매우 강하게 부여하는 학자이다. 농업·농촌은 공공재이며, 농민은 국토관리사라는 입장이다. 또한 그는 "농지는 사람이 살기 위한 녹지 생태와 보전 역할을 하는 공유지인데, 그것을 일방적으로 풀어서 거대한 공장이 된다면 국토 균형이 깨지는 것"이라고 설명한다. 특히 우리나라 농정이 칼로리 중심에서 채소·과일에 대한 공적 의미를 부여하는 방향으로 바뀌어야 한다고 주장한다. "대학에 정부가 지원하는 '과일방' 같은 것을 만들어 가난한 대학생이라도 학교에서 최소한 자기가 과일은 깎아 먹을 수 있도록 해야 하고, 각 지자체의 최근 '푸드플랜'을 통한 지역 차원에서의 농업정책들이 중앙정부와 연계되면서 안전하고 괜찮은 음식을 제공하는 쪽으로 가야 한다"[5]고 제안한다.

역사적으로 자본주의는 농업과 서로 상생하지 못하는 편이었다. 농업이 화폐경제에 편입되는 순간 무한경쟁에 돌입하게 되고, 생산성이 낮은 소농들은 농업 노동자로 전락하기 십상이다. 농업의 다원적 기능이 국가가 농업을 보호하는 근거가 되지만 이 역시 수익성과 효율성을 추구하는 기업농과 양립하기 어렵다. 거기에 농업 인구 감소와 낮은 국민소득 기여도는 농업의 역할과 존재감에 부정적인 인식을 가져오고, 예산 감소와 정치력 배려 축소로 이어진다. 최근의 농업 예산 축소와 국회의원 선거구 조정, 비례대표 후보 등 철저히

---

5 한국농어민신문, 2018. 3. 9 인터뷰 재구성.

소외되고 있다. 농업의 정치력은 외부에서 누가 거저 가져다주지 않는다. 농업계 자체가 힘을 모아야 하는 이유이다.

경제적 관점

2015년 12월 4일 한국을 방문한 세계적 투자가인 짐 로저스 회장은 서울대 경영대학에서 '내가 보는 오늘의 세상'을 주제로 강연을 하였다. 로저스 회장은 당시 대다수 MBA 과정인 학생들을 상대로 "MBA가 무슨 필요 있나. 당장 농대로 가라"고 주장해 큰 반향을 일으켰다. 현재의 청년들이 은퇴하는 20~30년 후 식량과 농경지 부족이 심해져 농업이 수익을 가장 많이 낼 수 있는 유망한 산업이라는 것이다. 로저스는 "모든 사람이 농업을 등한시하고 도시로 몰려나올 때 역으로 농부가 되는 발상의 전환이 필요하다"며 청년들의 도전을 주문했다.

그로부터 3년 후 다시 한국을 찾은 짐 로저스는 농민신문 주최 '미농포럼'에 참석해 1998년부터 자신이 직접 운용 중인 '로저스국제상품지수'(RICI)를 보여 주며 "최근 20년 동안 농산물지수가 38%나 떨어질 정도로 농업이 심각한 위기를 겪고 있지만, 그렇다고 사람들이 음식이나 의복도 없이 지낼 수는 없다"며, "조만간 농산물 수요량이 생산량을 넘어서면서 농산물 가격도 반등할 것"이라고 분석했다. 무인 트랙터 같은 자동화 기술이 농업에 호재가 될 수 있고, 이를 활용할 수 있는 많은 똑똑한 젊은 농업인이 필요하다고 전망했다. 그는 또 한국 농업이 개선해야 할 점으로 '규모의 영세성'을 꼽고, 농가별 평균 경작 규모가 1.2ha에 불과한 한국 농업인들이 5,000ha에 이르는 호주·캐나다 농가와 경쟁하기는 어렵지만 진취적이면서 똑똑한 선도 농업인들이 경작 규모를 확대한다면 분명 성공 기회는 늘어날 것이라고 분석했다. 짐 로저스는 특히 한반도 통일 농업의 가능성을 힘주어 강조했다. "통일 한국은 8,000만 명에 이르는 인구와 세계 최고의 근면성, 국경을 접하고 있는 중국 등으로 인해 세계에서 가장 매력적인 투자처가 될 것"이라며, "농업은 통일 한국의 단초를 제공하는 차원에 머물지 않고 통일 한국의 미래를 밝게 해 줄 분야"라고 역설했다. 남한의 자본과 기술에 북한의 잘 훈련된 노동력이 결합할 통일 농업은 한국은 물론 세계 투자자들에게 엄청난 기회를 제공할 것이라고 내다봤다.

미국의 경제전문지 《포브스》(*Forbes*)는 향후 10년간 가장 유망한 6개 투자 분야의 하나로 농업을 꼽았다. 미래학자 토마스 프레이 역시 "미래 농업은 기술 혁신과 융합되면서 가장 멋진 직업이 될 것"이라고 예견했다. 2017년 세계경제포럼(World Economic Forum, WEF)[6]에서도 과거 노동집약적 농업도 4차 산업혁명과의 만남으로 미래 성장 산업으로 변모할 것이라고 전망했다.

특히 2019년 세계경제포럼의 이슈 중 하나는 '식량위기'(against the grain)이다. 기후 변화로 세계 식량 생산 시스템에 부담이 가중되고, 국제적인 긴장이 고조되고 있는 상황에서 지정학적인 이유로 식량 공급 시스템의 붕괴 위험이 증가하고 있다. 특히 무역전쟁이 악화되면 식량이나 농산물 공급을 저해하여 큰 위험에 처할 수 있고, 공급사슬에 영향을 미치는 갈등은 국내와 국경을 넘어 식량의 유입을 방해할 수 있다는 것이다. 이에 따라 가장 큰 현안은 2050년까지 지구를 파괴하지 않으면서 약 100억 명에 달하는 인류에게 영양가 높은 식품을 제공할 수 있는 해결책을 마련하는 것으로 보고 있다. 그런데도 농업은 기술, 정책, 비즈니스 모델 혁신 등에서 타 산업에 많이 뒤처져 있고, 사업 투

6 독일 경영학자인 클라우스 슈밥이 1971년 창설한 상설 비영리단체로, 세계 경제에 대한 토론과 연구 활동을 수행하며, 본부는 스위스 제네바에 있다. 흔히 다보스포럼이라고 한다.

자 유치에 관심을 받지 못하는 상황이라는 것이다.

세계경제포럼은 이에 지속 가능한 세계 식량 시스템 구축을 위한 조치로 3개 분야 12개 혁신 농업 기술을 제시하고 있다.[7] 첫째, '수요 형태의 전환 기술'로 ▲ 대체 단백질 ▲ 식품 감지 기술 ▲ 영양학 부문의 혁신 농업 기술이다. 이 기술들은 환경 부담 감소와 식품 낭비 축소, 과도한 영양 섭취 방지 등에 중점을 두며, 식량 생산의 지속 가능성 확대를 지향하고 있다. 미래에는 더 안정하고 저렴하며, 지속 가능한 단백질 공급이 중요하다는 것이다. 둘째, '가치 사슬의 연계 촉진 기술'로 ▲ 모바일 서비스 제공 ▲ 빅데이터 및 응용 분석 ▲ 실시간 공급망 투명성과 추적성을 위한 사물인터넷 ▲ 추적 가능 블록체인 등을 활용할 것을 제안하고 있다. 셋째, '효과적인 생산 시스템 개발 기술' 로 ▲ 투입 자원과 물 사용 최적화를 위한 정밀 농업 ▲ 종자 개량용 유전자 편집 기술 ▲ 농작물 복원 향상을 위한 미생물 기술 ▲ 토양 관리를 위한 생물 기반 농작물 보호 및 미세영양제 기술 ▲ 오프그리드(off-grid)[8] 재생 에너지 생성 및 전기 이용을 위한 저장 기술 등을 제안하고 있다.

세계의 석학, 연구기관, 투자가들의 관점에서도 농업은 미래 인류의 삶에 가장 중요한 해결책이며, 그 중요성이 더욱 커지고 있다는 것이다.

사회문화적 관점

문화와 농업은 연관성이 매우 높다. 식량은 인간 활동의 모든 측면에서 궁극적인 에너지원이다. 식량이 없다면 언어, 놀이, 요리, 도시, 교향곡, 미술품,

7 김창호·김용렬, 〈세계경제포럼의 농업 부문 주요 이슈와 시사점〉, KREI 현안분석, 제59호, 2019.
8 외부로부터 공공수도나 전력 따위를 공급받지 아니하고 독립적으로 에너지를 만들어 쓰는 방식.

소설, 시, 연극 등 인간이 다른 종과 뚜렷이 구분되는 특징들은 존재하지 않았을 것이다. 이처럼 식량은 언제나 문명의 원동력이었고, 그 기반은 농업이다. 농업은 자연과 인간의 창의성이 결합된 산물이다. 자연과 함께 창의성을 발휘해 온 유구한 역사는 오늘날에도 농업·농촌 유산으로 남아 있다. 자연과 공존하며 살아온 선조들의 지혜의 산물이자, 농업의 미래를 여는 자원이 되고 있다. 유엔식량농업기구(FAO)는 2002년부터 세계 각지의 독창적인 농업 문화의 보전과 미래에 넘겨주기 위해 '세계중요농업유산' 제도를 운영하고 있다. 우리나라는 2014년 청산도 '구들장논'과 제주 '밭담'이, 2017년에는 하동 '전통차농업'이 세계중요농업유산으로 등재되었다. 우리 정부도 2013년부터 농업 전통과 문화적 가치가 크고 국가적인 대표성이 있는 농업 자원을 국가농업유산으로 지정해 체계적으로 관리하고 있다. 자세한 내용은 중요 농업유산 편에서 설명하고 있다.

생물 다양성 보호에 관한 관심도 높아져 우리 농산물의 토종 종자에 대한 중요성도 그만큼 커지고 있다. 농업에 있어서 작물·가축 등 유전 자원의 중요성은 오래전부터 인정되었으나, 농업 생태계가 기능을 하는 데에 총체적인 농업 생물 다양성이 중요하다는 점을 지구 공동체가 인식하게 된 것은 불과 최근 수십 년에 불과하다. 국제 정책 무대에서는 1996년 생물다양성협약(Convention on Biological Diversity, CBD) 당사국 회의에서 처음으로 농업 생물 다양성이 깊이 있게 다루어졌다. 이같이 농업 생물 다양성에 대해 새롭게 조명하게 된 것은 세계적으로 농업 생물 다양성의 소실 속도가 계속 올라가고 있다는 인식이 널리 퍼진 데 따른 반응이다. 세계 가축 다양성 감시 대상 목록에서 추산한 바에 따르면 포유류 종 35%와 조류 종 63%가 멸종위기에 처해 있으며 매주 한 종씩 사라지고 있다고 한다. 보다 잘 정량화해야 할 필요에 따라 최근 몇 년간 농업

생물 다양성 관리에 대한 국제적·국가적·지역적인 활동들이 점차 증가하게 되었다. 국제식물유전자원연구소(IPGRI)의 세계 농지 보존 프로젝트, 인간·토지 관리·환경 변화(PLEC) 프로젝트, 지역사회 생물 다양성 개발 보존 프로그램(CBDC), 국제열대농업연구센터(CIAT) 및 열대 토양 생물학 및 비옥도 연구소(TSBF), 지구 환경 시설 지하 생물 다양성(BGBD) 프로젝트, FAO가 지원하는 지구화분 매개체 프로젝트, 농업 생물 다양성 운용 프로그램 및 지구환경기금(GEF)이 지원하는 프로젝트 등이 두드러진 활동 사례이다.[9]

생물유전 자원에 대한 해외 의존도가 높은 우리나라는 2017년 8월에 생물유전 자원을 활용해 얻은 이익을 자원제공국과 공유하는 '나고야 의정서' 당사국이 된다. 나고야 의정서는 특정 국가의 생물 자원을 수입할 때 로열티를 내야 하는 국제협약으로, 자국의 고유 종을 확보해야 국가경쟁력이 생기는 '종자전쟁'인 것이다. 이미 2013년부터 국제식물신품종보호동맹(International Union for the Protection of New Varieties of Plants, UPOV)이 지적재산권 보호 품종을 전 품목으로 확대하면서 식물 종자 확보를 위한 경쟁이 치열해지고 있다. 우리나라도 종자전쟁에서 살아남기 위해 토종 자원을 발굴하여 보호하고 고유한 신품종 육성에 힘을 쏟고 있다. 나고야 의정서에 대응하기 위하여 해외 종자 산업 동향과 정보 제공, 토종 자원의 정당한 대우를 보장하는 정책 등 여러 가지 방안도 마련하고 있다. 유럽이나 쿠바 등 유기농업을 중시하는 국가들은 자국의 종자를 지키기 위한 다양한 정책을 펼치고 있으며 농가, 지역단체들은 고유 품종을 자가 채종하여 지키고 교환하는 '지역 종자 네트워크'를 조직함으로써 종자지킴이 역할을 하고 있다. 미국의 비영리단체 '씨앗을 지키고 나누

---

9 D. I. Jarvis, C. Padoch, and H. D. Cooper, *Managing Biodiversity in Agricultural Ecosystems*(국립농업과학원 편역, 《농업생태계 다양성의 보존과 활용》), 2010.

는 사람들'(Seed Savers Exchange)은 1만 명이 넘는 회원들이 씨앗을 증식시키고 교환하는 활동을 하며 토종 식물 보전에 기여하고 있다. 1975년부터 시작된 작은 활동이 40여 년의 종자지킴이 역사가 되었고, 약 2만 5천 품종을 보유한 미국 최대의 비정부 종자은행 중 하나로 발전하게 되었다.

우리나라는 세계에서 두 번째, 아시아에서는 처음 지정된 종자은행인 국립농업과학원 농업유전자원센터가 있으며, 2020년 6월 현재 총 1만 1,310종의 32만 8,290자원(동식물, 곤충, 미생물 포함)을 보유하고 있다. 경남, 전남, 제주, 강원에서는 토종 씨앗 보존 지원 조례가 만들어져 토종 씨앗 보전 운동에 탄력을 받고 있다. 이같이 생물 다양성에 대한 인식이 높아지면서 토종 종자의 가치에 대한 공감대가 형성되고 이를 체계적으로 보전하려는 운동이 국가적으로 또는 민간 중심으로 불을 붙이고 있다.

우리 농업의 전통 가치를 높이는 일은 슬로푸드·슬로시티 운동에서도 잘 나타나고 있다. 현대 사회를 나타내는 키워드 중 하나는 '속도'이다. 자본주의의 확산으로 자본가의 이해관계가 작동하면서 시장에서 경쟁에서 이기기 위해 빨리빨리를 중시하고 있다. 속도 문화가 경제 부문은 물론 나아가 사회의 전 분야에 확대되고 있다. 현대 사회에서는 빠른 속도가 가치를 인정받는 상품이 되고 있다. 공산품으로는 컴퓨터, 자동차, 고속철도, 초음속 비행기 등을 예로 들 수 있다. 가축의 사육 기간도 성장촉진제 이용, 고급 사료 등으로 인해 단축되고 있다. 식생활에서도 속도가 중시되고, 확산되고 있다. 빠른 조리가 가능한 인스턴트 및 가공식품이 식탁을 채우고, 자동차에서 내리지 않고 음식을 주문할 수 있는 드라이브 스루가 생겨났다. 사회의 거의 모든 부문에서 속도에 대한 추구는 많은 문제를 야기하고 있음에도 불구하고, 효율적이라는 이유에서 정당화되고 있다. 사회학자 조지 리처(George Ritzer)는 음식을 효율적으로 빨리 공급하고, 식사비용과 시간과 맛을 예측할 수 있고, 식사비용 등을 계산 가능하게 하며, 노동을 자동화하는 패스트푸드점의 원리가 사회의 전 영역에 나타나는 현상을 사회의 맥도널드화(McDonaldization of society)라고 지칭했다. 맥도널드화는 패스트푸드점의 원리가 미국 사회를 비롯해서 전 세계의 더 많은 부문(교육, 노동, 의료, 여행, 여가, 다이어트, 정치, 가정)들을 지배하게 되는 과정을 말한다. 우리나라도 예외가 아니다. 자본주의가 확산되면서 전 분야에서 빠른 것이 선호되고, 속도 문화가 현대인의 생활을 지배하게 되었다.

현대의 속도 문화에 반기를 들고, 슬로 문화를 지향하는 슬로푸드 운동이 생겨났다. 슬로푸드 운동은 1986년에 이탈리아에서 시작되었다. 이 운동을 시작한 카를로 페트리니(Carlo Petrini)와 그의 동료들은 패스트푸드업계의 대명사인 맥도널드가 로마의 스페인 광장에 진출하자 음식을 표준화하고 전통 음식을 소멸시키는 것을 대항하여, 식사, 미각의 즐거움, 전통 음식의 보존 등의 기치를 내걸었다. 슬로푸드 운동은 1989년에 파리에서 선언문이 발표되면서 국제적인 운동이 된다. 이 운동은 영국에서 광우병이 발병하면서 더욱 촉진되었다. 초식동물인 소에게 동물의 내장을 먹여 생긴 광우병도 소를 빨리 키우기 위한 속도 문화의 산물이라 할 수 있다.

슬로푸드 운동은 생물 다양성의 보호, 지역 미각의 보호, 지역 전통 음식의 보전, 유전자 조작 반대, 생산자와 소비자의 연결 등에 관심을 기울이고 있다. 전 세계적인 운동이 된 슬로시티 운동도 슬로푸드 운동에서 파생되었다. 오늘날 슬로푸드 운동은 전 세계에 180여 개 회원국, 10만여 명의 회원, 1,300개의 지부(convivium)가 설치되어 있는 국제적 운동이 되었다. 2000년에 우리나라에 처음 소개된 슬로푸드 운동은 현재 10개가 넘는 지부가 설치되어 활동하고 있고, 사단법인 슬로푸드문화원은 슬로푸드 국가위원회에 준하는 자격을 인정받아 이 운동의 확산에 힘쓰고 있다.

지리적 표시제(geographical indication)도 지역농산물의 가치를 차별화하는 역할을 하고 있다. 지리적 표시제란 농수산물 또는 농수산 가공품의 명성·품질 기타 특징이 본질적으로 특정 지역의 지리적 특성에 기인하는 경우 그 특정 지역에서 생산된 특산품임을 표시하는 것을 말한다. 지리적 표시제는 1995년 WTO의 무역관련지적재산권협정(TRIPs)으로 국제적인 지리적 표시 보호 움직임이 있는데다, 우수한 지리적 특성을 가진 농산물 및 가공품의 지리적 표시를 등록·보호함으로써 지리적 특산품의 품질 향상과 지역특화 산업으로 육성하고자 하는 목적으로 도입된 것이다. 또한 지리적 특산품 생산자를 보호하여 우리 농산물 및 가공품의 경쟁력을 강화하고, 소비자에게 충분한 제품 구매 정보를 제공함으로써 소비자의 알 권리를 충족시키고자 하는 취지도 있다. 1999년 농산물품질관리법에 지리적 표시 등록제 시행 근거 규정을 마련하고, 2002년 '보성녹차'가 제1호로 최초 등록된 후 2020년 8월 현재 102건이 등록되어 있다.

지리적 표시제와 함께 브랜드 커뮤니케이션에 따라서 시장가치에 차이가 나는 경우가 많다. 예를 들어 보자. 경기도 안성천을 사이에 두고 경기도 안성·평택시는 충청남도 천안시가 경계를 이루어 토질이 비슷하지만 안성·평택 쌀은 경기미로 상대적으로 비싸게 팔린다. 경기도 여주시와 강원도 원주시도 남한강과 섬강을 경계를 이루어 인접하고 있지만 지역 브랜드 차이로 쌀값 역시 차이가 있다. 오대미의 중심지인 강원도 철원 쌀은 한탄강을 경계로 인접한 경기 포천 쌀보다 좋은 가격을 받는다.

5. 기후 변화와 자연재해

2018년 농협중앙회 제주지역본부장으로 재직 시 8~9월은 잊을 수가 없다. 8월은 대표적 월동채소인 당근 파종기인데다, 콩 개화기로 제주 농업에 중요한 시기인데 가뭄이 매우 심해 물 대기에 여념이 없었다. 많은 농사를 짓는 대농가나 젊은 농업인들은 물 대기에 동분서주했지만 70% 이상의 당근 재배 농가들은 어떻게 할 수가 없어 손을 놓고 있었다. 구좌읍 상도리 들녘 3천여 평의 농지를 임대해 콩 농사를 짓던 한 할머니는 말라죽어 가는 콩밭을 매며 무심한 몇 점의 구름만 쳐다보곤 한숨을 크게 내쉬고 있었다.

행정과 농협이 80여 개의 물백을 실어 나르고, APC(Agricultural Product Processing Center, 농산물산지유통센터)의 관정을 무료로 개방했다. 양수기를 공급하고, 예산과 무이자 자금을 긴급 투입하는 등 농가와 함께 가뭄 극복에 최선을 다한 결과 다행히 가뭄은 극복이 되고 그해 당근값은 좋은 가격을 받았다. 그러나 연이은 태풍과 국지성 폭우, 겨울철 폭설과 한파 등은 제주 농업에 큰 피해를 주고, 우리나라 겨울철 채소류 및 감귤 공급에도 위협을 주고 있다.

이처럼 최근 들어 태풍·폭우·가뭄·폭염·냉해 등 농업재해가 급증하고 있으며, 주요 농작물의 주산지도 눈에 띄게 북상하고 있다. 외래종 야생 동·식물이 번창하고, 병충해 발생도 증가하여 농업 분야 및 농촌지역이 곤란을 겪고 있다. 가축 질병 발생도 빈번해지고 있다. 세계적인 미래학자 제러미 리프

킨은 "기후 변화로 인한 모든 결과가 팬데믹을 낳았다"라고 설파하고, 기후 변화가 인간의 욕망에 의한 생태계 교란을 경고하고 있다.

국회 입법조사처가 최근 발간한 〈농업 분야 기후변화 영향 및 온실가스 배출현황과 시사점〉을 다룬 보고서[10]에 의하면 1988~2018년 지난 30년 기간을 비교한 결과 연평균 기온은 12.1℃에서 12.9℃로 0.8℃ 증가했으며, 연평균 강수량도 901.6mm에서 1,451mm로 549.4mm 증가한 것으로 나타났다.

미래를 예측하는 것은 어렵다. 변수가 많아졌기 때문이다. 또 복잡해졌다. 미래 예측의 수요자들은 더욱 영민해지고 예민해졌다. 그런 상황 속에서 판단하고 결정을 내려야 한다. 일기예보도 마찬가지이다. 기상청에서 슈퍼컴퓨터 등 첨단 장비를 동원해 예측해 보지만 변화무쌍한 기후를 소비자의 입맛에 맞게 예보한다는 것은 사실상 불가능하다고 여겨진다. 기상청 예보국장을 지낸 이우진 이화여대 초빙교수는 한 언론과의 인터뷰에서 "우리나라는 과거와 달리 여름철이 길어지고, 온도도 높아졌다. 폭염기간도 긴데, 습도가 높아 푹푹 찌는 날이 많아졌다. 강수량도 예전보다 단기간에 거칠게 내리는 경향을 보인다. 과거에 나타났던 기상과는 다른 패턴으로 가고 있는 것 같다"면서 "기후위기로 갈수록 대기가 불안해지고 있어 그동안 축적해 온 기후 노멀(normal)에 균열이 갔다. 기본 정보가 흔들리니 예보가 어려워지는 것"이라고 말한다.[11]

2020년 54일간의 초장기 장마철이 이어지면서 섬진강 둑이 무너지는 등 인명과 재산피해가 엄청나게 컸다. 특히 댐 방류로 많은 농경지가 물에 잠겼다. 지구 온난화로 열대 해양의 수온이 상승하고, 이에 따른 수증기 증발량도 늘어났기 때문이라는 게 전문가들의 분석이다. 논은 물론 축사, 시설하우스

10 장영주·편지은, 〈농업 분야 기후변화 영향 및 온실가스 배출현황과 시사점〉, NARS 지표로 보는 이슈, 제159호, 2020. 8.

11 http://omn.kr/1oq6v.

등 많은 농업 시설이 피해를 입으면서 상추, 오이 등 과채류 값이 일시에 가격이 상승했다. 홍수에 휩쓸린 소가 50km 떨어진 남해안 섬에서 발견되고 20일간 야산에서 사투를 벌이다 구조되는 경우도 있었다.

2019년에는 일곱 번의 태풍이 한반도를 덮쳤다. 특히 제13호 태풍 '링링'은 김포, 강화도 쪽의 농경지에 많은 피해를 주었다. 특히 인삼밭의 해가림 시설을 초토화시켜 몇 년간 정성을 다했던 인삼농사가 하루아침에 허공에 날려버리는 피해가 발생했다. 저자도 당시 강화군 교동도로 태풍피해 복구 일손돕기를 갔었는데, 먹먹한 감정에 연신 하늘만 쳐다보는 피해 농업인의 모습이 지금도 선하다.

기후 변화는 축산 분야에도 위협적 요인이다. 기후 변화에 의한 폭염·한파·홍수·가뭄과 같은 기상재해는 사료작물 및 축산물 수확량 감소와 동물에서의 전염병 등 질병 증가를 초래하고 있기 때문이다. 유엔식량농업기구(FAO)와 세계보건기구(WHO) 등의 보고에 따르면, 기후 변화로 인한 기온 상승, 물 부족, 공기 및 토양의 오염과 같은 생태 환경 변화가 사료 중 마이코톡신 발생, 동물에 대한 고온 스트레스 및 곤충(모기, 진드기 등) 매개 질병 또는 해충 스트레스 증가의 원인이 되어 동물은 물론 사람의 건강에 영향을 미친다. 또한 기온 상승 등의 영향으로 미생물, 해충, 야생조류, 설치류, 파충류, 양서류 노출의 변화를 초래하고 있다. 이는 예전에 통제 가능했던 미생물이 재등장하여 신종 질병 증가와 확산을 초래하고, 축산물 공급 불확실성 및 인수공통전염병의 발생을 증가시켜 인간의 건강 문제를 더욱 위협할 수 있는 요인이 될 것으로 보고 있다.[12]

---

12 문진산, 〈기후변화가 동물 질병과 축산물 공급에 미치는 영향 및 이에 대한 대응방안〉, 《한국환경농학회 춘계 워크숍 자료집》, 2010.

이제 우리 농업에 있어서 자연재해는 변수가 아닌 항시 발생하는 상수인지도 모른다. 앞으로 정부나 정치권은 기후 변화에 어떻게 대처하느냐가 국민의 신뢰와 선택을 받는 변수가 될 것이다. 마침 한국형 뉴딜정책을 시행하면서 태풍·홍수·가뭄·폭설·혹한·지진 등 모든 가능성 있는 자연재해에 대해 빅데이터에 의한 매뉴얼을 갖추고, 농업인들에 대한 홍보와 교육을 강화해야 한다. 또한 농작물 재해보험도 꼼꼼히 들여다보고 현실에 맞게 재정비해 농업인이면 작물에 관계없이 가입할 수 있도록 상품개발과 홍보에 힘써야 할 것이다.

한라산과 지리산의 구상나무는 떼죽음을 당하고 있다. 전문가들은 온난화와 태풍 등 기후 변화가 이들의 성장을 방해하고 더 이상 살 수 없는 생태 환경을 만들고 있다는 것이다. 세계 최대의 섬 그린란드의 빙하는 20년 전보다 7배나 빠른 속도로 녹고 있다. 그린란드 빙하가 녹으면 전 세계 해수면이 상승해 홍수, 침수 등의 재앙으로 이어진다고 한다. 이래저래 기후위기는 우리의 일상적인 삶에 위태롭게 다가오고 있어 이에 대응할 즉각적인 행동이 요구되고 있다.

6.
4차 산업혁명과 농업의 융·복합

최근 스마트팜 보급이 확산되고, 애그테크, 푸드테크 산업이 빠르게 성장하고 있다. 농업 분야에 4차 산업혁명의 물결이 이제 거스를 수 없이 스며들고 있다. 스마트 농업은 시간과 공간을 거의 초월해서 응용되고 있다. 하우스 시설이나 유리온실, 심지어 컨테이너까지 활용하여 사계절 밤낮 없는 농사를 가능케 하고 있다. 24/7법칙[13]이 농업에도 적용되고 있는 것이다. 장소도 농촌에서 도시로, 농장에서 지하철 역사, 사막, 남극 세종기지까지 다양하다.

4차 산업혁명은 1760~1840년경에 걸쳐 일어난 철도·증기 등 기계에 의한 1차 산업혁명, 19세기 말에서 20세기 초까지 이어진 전기·생산 조립 라인에 의한 대량 생산의 2차 산업혁명, 1960~1990년 전자 기술·컴퓨터 및 인터넷 출현에 의한 제3차 디지털 혁명에 상대적 개념으로 불리고 있다. 4차 산업혁명은 '현실과 가상이 인간을 중심으로 융합하는 혁명'이라고도 하며, 인공지능을 중심으로 빅데이터, 사물인터넷, 클라우드, 위치 기반 기술, 소셜 네트워크, 생체인터넷 등 3차 산업혁명이 창출한 디지털 기술과 서비스 디자인, 3D프린터, 로봇, 증강 및 가상현실, 블록체인, 모바일, 핀테크, 게임화, 플랫폼 등 기술 동인(動因)들이 다양하게 합쳐지고 상호 소통 체계를 구축하여 지금까지 없던 혁

13 연중무휴, 하루 24시간, 한 주 7일간 모두 문을 연다는 뜻으로 디지털 기술에 의한 연속적 운영을 말한다.

신 수단이 등장하고, 생산성과 효율성이 획기적으로 증가하는 대변화를 말한다. 4차 산업혁명이라는 말을 주창한 독일의 경제학자 클라우스 슈밥은《포린 에페어스》(*Foreign Affairs*) 기고문에서 "4차 산업혁명은 세계와 기존의 물리적·생물학적 영역 사이의 경계를 허무는 기술 융합에 의해 전개될 것이며, 속도와 파급효과, 변화의 폭과 깊이가 모든 생산·경영·거버넌스 체계의 파괴적 변혁을 요구할 것"이라고 예측했다.

생산성과 효율성이 장기간 획기적으로 향상됨에 따라 미래에는 공급 측면에서 기술혁신이 기적을 불러올 것이라는 예측이 많다. 수송비용과 통신비용이 절감되고, 물류와 공급사슬이 더 효율적으로 운영되며, 특히 거래비용이 줄어들 것이다. 또 한편으로는 투명성 증대, 고객몰입, 소비자 행동의 새로운 유형 등으로 인해 수요 측면에서도 많은 변화가 예상되고 있다.

4차 산업혁명은 디지털 전환을 기반으로 하여 비대면화, 초맞춤화, 실시간화, 초실감화로 표준이 바뀌는 것이다. 이때 가장 중요한 것이 고객 중심의 사고와 고객과의 공감 능력이다. 세상을 자신의 눈에 비추는 것이 아니라 다른 사람의 눈으로 보는 것이다.

농업 분야에서도 4차 산업혁명 기술과 융·복합으로 생산성과 부가가치는 높아지고, 원가 및 자원 투입은 훨씬 낮출 수 있다. 또한 농업 생산·유통 과정에서 발생하는 문제들을 혁신적으로 해결하고 새로운 차원의 비즈니스 모델이 폭발적으로 창출될 것이다. 스마트 농업이 현실화되어 온실이나 축사 환경을 휴대전화로 제어하는 시대가 되었다. 드론·로봇·자율주행 농기계를 이용하고, 온라인 경매·무인상점·GPS[14] 물류 시스템 등으로 농산물 유통 변화도

---

14 GPS(global position system)는 인공위성에서 발사한 전파를 수신하여 위치를 파악하는 자동 위치 추적 시스템이다. 세계 어느 곳에 있든 자신의 위치를 정확하게 알 수 있다.

촉진하고 있다. 특히 스마트 농업에 대한 청년들의 관심이 높고, 실제로 스마트팜을 운영을 통해 농업을 혁신하는 청년들이 늘고 있다는 소식이다. 결국 농업 분야의 4차 산업혁명이 청년층을 농업으로 이끄는 강력한 유인책이 되고 있는 것이다.

생산성 향상도 주목해야 할 점이다. 농림축산식품부 조사에 의하면 스마트팜을 도입한 농가들은 도입 후 농산물 생산량과 상품(上品) 비율은 물론 소득이 30%가량 늘었다고 한다. 이는 4차 산업혁명이 노령화와 인구 감소로 노동력 부족과 낮은 소득에 어려움을 겪고 있는 농업의 구조적인 문제를 해결해 줄 단서를 제공하고 있다. 또한 4차 산업혁명 기술은 사람들 간 상호 연결이 쉽고, 정보도 끊임없이 전달되며, 멀리 떨어져 있어도 개인과 마을 공동체를 이어주는 데 효율적이어서 농촌 공동체 유지에도 큰 도움을 준다.

앞으로 4차 산업혁명 기술이 그동안 계속해서 제기되어 왔던 농업 현안 문제들을 해결하고, 더 나아가 바람직한 미래 농업의 디딤돌을 놓을 수 있을 것이다. 4차 산업혁명의 핵심 기술은 사물인터넷(IoT)과 각종 센서를 이용하여 데이터를 수집한 뒤에 그 데이터를 인공지능(AI), 딥러닝, 머신러닝 기술로 분석하여 클라우드 컴퓨팅에 탑재하는 것으로, 이를 응용한 기술이 농업과 연계되었을 경우 농업은 또 다른 차원의 혁신농업으로 도약할 수 있다. 농업 현장에서 농업인이 직접 이용할 수 있는 응용기술은 하드웨어(자율주행 농기계, 드론, 로봇 등)와 소프트웨어(환경, 시설, 생육, 출하, 입출고, 수·발주, 물류, 소비 트렌드, 경영성과, 의사결정)이다. 이를 이용하여 우리 농업의 당면 문제들인 노동력 부족, 고령화, 식량자급률 저하, 기후 변화, 자연재해, 농가소득 정체, 도·농 양극화, 심지어 복지 문제까지 해결할 수 있다.

4차 산업혁명 시대의 우리 농업의 지향점은 산업 간 융·복합과 민간 혁신

역량 강화를 통한 새로운 부가가치 창출 및 농업의 지속적 성장이다. 앞으로 우리 농업은 경쟁력을 갖춘 농산업 벤처와 협력하여 스타트업을 활성화하고 스마트팜 혁신밸리[15]와 같은 활용성과 신뢰성이 높은 데이터 공유 플랫폼 구축을 확대해 나가야 한다. 농업 환경과 기술 변화에 대응하는 법·제도·규제를 정비하여 무인 농기계 허용, 농가의 데이터 수집·가공·이용 가이드라인 등을 명확히 해야 한다. 특히 국가 차원의 날씨, 종자, 토양 등 빅 데이터 보유기관 간 연계를 잘하여 농업인들에게 도움이 되는 방향으로 활용할 필요가 있다. 특히 전문연구개발 인력을 포함하여 기술 활용 및 유통인력 양성과 현장에서 스마트팜 및 정밀농업을 이행해야 하는 농업인에 대한 교육을 강화해야 한다.

최근 전동(electric vehicle, EV)·자율주행(autonomous vehicle, AV) 자동차가 4차 산업혁명 시대 총아로 떠오르면서 자연스럽게 EV·AV 농기계에 대한 관심도 높아지고 있다. 전동 농기계의 경우 적은 비용으로 농업인의 노동 부담을 줄여줄 수 있는 등 긍정적인 면이 많다. 석유연료보다 전기연료 요금이 훨씬 싸고, 지구 온난화의 원인인 탄소배출을 줄이는 데도 효과가 있기 때문이다. 차현록 한국생산기술연구원 수석연구원에 따르면 일반 과수원에서 주로 활용되는 28마력 트랙터의 경우 면세유는 142만 원(연 230시간 기준) 소요되지만, 같은 시간을 전동 트랙터로 전환하고 농사용 전기를 사용하면 14만 2,000원 정도로 10배가량 싸다.[16] 다만 농기계 자체 가격이 비싸고, 충전 시설 등 인프라가 아직 갖추어지지 않아 농업인들이 상용화하기까지는 어느 정도의 시간이 걸릴 것으로 보고 있다. 그렇다고 방향은 거스를 수 없다. 이미 존디어, FENDT 등 외국

15 스마트팜 집적화, 청년창업, 기술혁신 등 생산·교육·연구 기능이 집약된 첨단 융·복합 클러스터의 개념이다. 농식품부는 2018년 사업 대상 시·도를 선정, 2021년까지 4개 거점별 핵심 시설(청년창업 보육센터, 임대형 스마트팜, 실증단지)을 구축할 예정이다.

16 〈스마트 농기계 산업동향〉, '한국 전동·자율주행 농기계 정책포럼' 주제발표 자료, 2020. 2.

표 2-1 농업과 융합이 가능한 4차 산업혁명 기술 예시

기술	예
로봇	파종, 방제, 수확, 상품화 작업 대행
자율주행	무인 전동 농기계, e-모빌리티, 드론
스마트기기	스마트팜, 전자(이미지) 경매, 웨어러블 슈트
5G 빅뱅	VR·AR로 고객 농장체험, 무인경작, 원격의료
빅데이터	수급 예측, 소비자 행동 해석, 병해충 및 자연재해 예방
블록체인	농산물 이력 시스템, 계약투명성, 가상화폐
바이오 테크놀로지	동식물 종자 혁명, 농산물 부가가치 혁신
소프트웨어	GPS 농지 정보, 온라인 공판장, SaaS
신소재	농자재 혁신, 스마트 농장
2차 전지	전동·자율주행 농기계 등 석유연료 대체
3D 프린팅	농기구, 공구, 시설 기자재 등 맞춤형 제작
자연에너지	탄소 제로, 에너지 독립, 태양광 농사
클라우드 펀드	농업 스토리 마케팅, 농기업 스타트업 투자

주: 위 기술 외에 다양한 기술들이 수없이 많으며, 이들 기술이 상호 융합, 응용하면 더 많은 시너지를 낼 수 있다.
자료: 저자 정리.

기업은 물론 대동공업, 동양물산, LS엠트론 등 국내 기업들도 전기 트랙터나 전동 동력운반차(utility task vehicle, UTV)를 생산하고 있다. 자율주행 농기계의 경우, 외국은 유인 자율주행은 상용화 단계이며, 무인 자율주행은 연구가 활발히 진행 중이다. 국내에서도 자동조향 및 자율주행 핵심 기술 연구가 한참 진행 중이며, 직진형 자율주행 이앙기는 이미 출시하고 있다.

전혀 관계가 없어 보였던 농업과 4차 산업혁명 기술들이 메디치 효과[17]를 발휘해 농업의 새로운 르네상스를 일으키리라 확신한다.

17 서로 관련이 없을 것 같은 이질적인 아이디어와 지식이 결합해 혁신이 일어나는 현상을 말한다. 15C 이탈리아 피렌체의 메디치 가문은 예술가, 철학자, 과학자, 상인 등 여러 방면의 다양한 전문가들을 후원했는데, 이들의 자연스러운 교류로 시너지 효과가 발생하며 르네상스 시대를 맞이했다.

그림 2-1 전동 · 자율 농기계

자율주행 트랙터(대동공업사)

RTK급 GPS를 이용하여 포장지 내 정밀지도를 생성 후 생성된 지도 기반으로 차량 조향 제어 디스플레이 모듈을 통해 생성된 경로 및 추종되는 실시간 운행 상황을 표시

[자율주행 시스템 구성]

[자율주행 트랙터 형상 및 동작 원리]

동작원리
① 수cm급 정밀도를 가진 RTX급 GPS로 작업지 최외곽 절대죄표(위도, 경도) 입력
② 입력된 포장지의 최외곽부 좌표를 기준으로 최적 작업방법 및 경로 생성
③ 생성된 경로에 따라 조향 제어를 통해 트랙터 작업 수행

[자율주행 조작 방법]

1. 작업지 인식

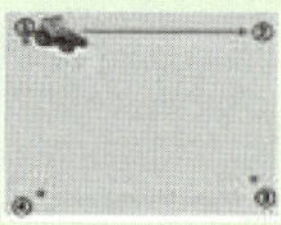

• 작업기 외주 주행을 통한 4지정 영역 설정버튼 입력

2. 경로 생성

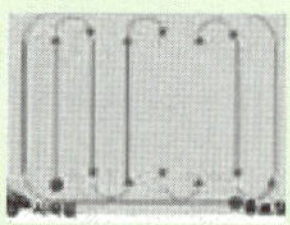

• 설정된 작업지를 매핑하여 최적화된 주행 및 작업경로 생성(직진, 선회, 회경 구간)

3. 경로 추종

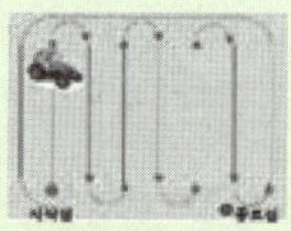

• 시작점으로 차량 이동 후 자율주행 시작
• 작업 시나리오에 따라 작업부 자동 동작

4. 자율주행/작업 완료

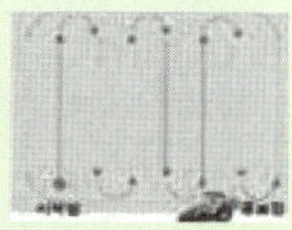

• 자율주행 경로 추종 완료 후 기대 정지

수확로봇(케임브리지대학 연구팀)

잡초제거로봇(딥필드로보틱스사)

주: 그림 및 사진 자료는 각사 홈페이지 참조.

7.
소비시장, 소비 행태 변화

선택은 소비자의 손에 넘어갔다. 농산물 소비시장도 예외는 아니다. 농산물도 소비자의 맛, 감성에 부응해야 잘 팔린다. 곡물 수입에 그쳤던 수입 농산물이 축산물, 과일, 가공식품 할 것 없이 물밀듯이 들어온다. 신토불이 농산물에 대한 소비자들의 충성심도 약해지고 있다. 오렌지 정도에 그쳤던 수입 과일 역시 체리, 블루베리, 망고, 파인애플 등으로 종류가 다양해지고 수입량도 크게 늘고 있다. 대형 마트에는 계절에 상관없이 다양한 수입 과일이 넘쳐난다. 로켓배송·새벽배송·친환경 농산물 배송·온라인 공판장 운영 등 도·소매시장의 혁명이 일어나고 있다. 네이버·카카오 등 빅테크 기업도 농산물 유통에 뛰어들었다. 디지털 혁명과 푸드테크의 등장으로 유통시장도 급변하고 있다. 게다가 1인 가구의 증가, MZ세대[18] 및 OPAL세대[19]의 신소비층 등장, 도시농부의 농산물 프로슈머화[20] 등은 소비시장을 흔들고 있다. 코로나19 상황은 또 다른 소비 변화를 촉진하고 있다. 식품안전성이 부각되면서 로컬 푸드 매장의 매출이 증가하고, 신토불이 가치가 재발견되고 있다.

---

18 MZ세대란 1980년부터 2004년생까지를 일컫는 밀레니얼 세대와 1995년부터 2004년 출생자를 뜻하는 Z세대를 합쳐 일컫는 말이다.

19 Old People with Active Lives의 약자로 나이는 많지만 경제력을 갖고 활기차게 사는 고령층을 의미한다.

20 앨빈 토플러 등 미래학자들이 예견한 기업의 생산자(producer)와 소비자(consumer)를 합성한 말이다. 소비자가 소비는 물론 제품개발, 유통 과정에까지 직접 참여하는 '생산적 소비자'로 거듭나는 의미이다.

2010년부터 소비자들의 농식품 구매 정보를 수집하고 축적하여 오고 있는 농촌진흥청의 '2020년 농식품 소비 트렌드 발표대회'에 따르면 지난 10년간 소비 트렌드 변화의 키워드는 젊은 소비, 간편한 소비, 건강 중시, 먹거리 및 구매 장소 다양화로 요약할 수 있다. 연령별로 보면 젊은 층의 소비가 뚜렷하게 증가하였다. 20대의 농식품 구매액은 지난 10년간 68%, 30대는 30% 증가하였다. 특히 축산물과 가공식품의 구매액이 높아지면서 젊은 층이 새로운 농식품 구매의 주체로 등장하고 있다.

최근 간편소비에 대한 소비자의 관심도 커지고 있다. 즉석밥의 구매가 2배 이상 증가하였고, 특히 2030세대를 중심으로 반찬류, 시판 김치의 구매액이 큰 폭으로 증가하고 있다. 건강 중시의 소비 변화도 두드러진다. 농식품 구매 시 고려사항 변화를 분석해 본 결과 안전하고 몸에 좋은 농식품, 영양 등 건강을 중시하는 소비 패턴이 뚜렷하다. 소비자의 니즈가 다양해지면서 당도 선별이라든지, 앞다리살 등 기존에는 관심을 가지지 않았던 정보 또는 품목에 대한 수요가 늘고 있다. 온라인이라는 새로운 구매장소가 확장되면서 정보 및 선택의 폭이 넓어지고 소비가 다변화하는 현상도 보인다.

가공식품 구매도 변화하고 있다. 2019년 기준 소비자의 농식품 구매 중 가공식품이 차지하는 비중은 48%에 달한다. 구매액으로 살펴보면 2015년 가구당 월 14만 5,000원에서 2019년 월 17만 5,000원으로 약 20% 성장하였다. 품목별로 보면 과일의 경우 음료 형태로, 채소류는 반찬류로, 곡류는 간식류 형태로 구매가 늘고 있다. 배추김치의 경우 시판 김치 구매액이 2015년 가구당 6,000원 수준에서 2019년 1만 2,500원 수준으로 약 2배 이상 늘었다. 쌀빵, 쌀떡, 쌀과자 등 쌀 간식류의 구입액의 경우 2015년 가구당 4만 2,000원에서 5만 원 수준으로 증가하였다. 밥쌀 소비가 매년 줄고 있는데, 가공식으로 많이 대체되고 있는 것이다. 다만 채소류의 경우 민감한 가격변동성, 저장방법 등의 한계로 다양한 형태의 가공식품 개발이 아직은 더딘 편이다.

한편, 코로나19 사태가 장기화되면서 그로 인한 소비 패턴의 변화도 심하게 있었다. 농촌진흥청이 운영하는 소비자 패널 1,500명을 대상으로 총 3차례에 걸쳐 설문조사를 실시한 결과 코로나19 발생 후 동네 슈퍼마켓과 온라인 구매가 증가하였고, 소비자들이 비대면 혹은 근거리 매장을 이용하는 비중이 높아졌다. 더욱이 집안에서 식사하는 경우가 많아져 손쉽게 집밥을 해결할 수 있는 농식품과 저장기간이 확보된 상품의 수요가 높아지는 것을 확인하였다. 또 하나의 변화는 수입 농산물의 안전에 대한 염려가 높아져 국산 농산물 선호가 오히려 증가하고 있다는 것이다.

신소비 인류의 출현

소비시장의 새로운 주도권은 두 세대의 경쟁이다. 바로 MZ세대와 OPAL세대이다. 통계청에 따르면 MZ세대는 2019년 기준 약 1,700만 명으로 국내 인구의 약 34%를 차지한다. 유통업계에서는 주 소비층으로 떠오른 MZ세대의 관심을 끌기 위해 독창적인 상품과 서비스를 내놓거나 브랜드 간 이색 합작을 활발하게 진행하고 있다. 최경준 한국능률협회(KMA) 컨설턴트는 요즘 젊은 세대의 특징을 5가지로 설명하고 있다. 여기서 ME는 '나는 곧 나예요'라고 자신을 설명하곤 하는, 내가 발견되고 가장 나다운 삶을 지향하는 '나 세대'(Me generation)로 대표되는 그들의 특징에 초점을 맞춘 것이다.

① 모든 요소에서 재미를 추구하고, 노잼을 피하고 보는 Entertain ME

② 경험과 지금 이 순간에 초점을 맞추는 Now ME

③ 기술을 능숙하게 다루는 디지털 원주민 Tech ME

④ 온라인의 느슨한 연대를 통해 영향력을 확산시키는 Enlarge ME

⑤ 가치와 의미를 중요하게 생각하는 Inspire ME

국내 최초이자 유일의 20대 전문 연구기관으로 지난 2011년부터 20대가 선호하는 트렌드를 분석해 '트렌드 리포트'를 발간해 온 대학내일20대연구소는 《트렌드 MZ 2019》에서 '밀레니얼-Z세대'의 트렌드 키워드 5가지를 ▲ 마이싸이더 ▲ 실감세대 ▲ 팔로인 ▲ 가취관 ▲ 소피커로 제시하고 있다.

첫째, '마이싸이더'는 MY(나의)+Side(~를 중심으로 한)+er(사람)의 단어 조합으로, "내 안의 기준을 따르고 세우고 사는 사람"을 뜻한다. MZ세대는 다른 사람의 기준이 중요한 게 아니라 내 앞의 소확행(소소하지만 확실한 행복)을 즐길 뿐이다. 고정관념에 반기를 들고 실패에도 관대하다. 진정한 성공과 행복한 삶에 대해 근본적인 고민을 하기 시작한 세대를 '마이싸이더'라고 칭한다.

둘째, '실감세대'는 "오감을 만족시키는 현실 같은 감각에 끌리는 세대"를 의미한다. '실제로 체험하는 느낌'이라는 뜻이다. 밀레니얼 세대는 '실감'할 수 있는 무언가에 지갑을 열기 시작한다. 카메라만 덩그러니 놓인 스튜디오에서 전문가의 도움 없이 직접 사진을 찍기도 하고, 많은 세월과 이야기를 품고 있는 것처럼 보이는 빈티지 소품들을 사들이기도 한다. 모든 것을 나만의 개성과 취미에 맞춰 실제 경험하고 인증하는 걸로 행복을 느낀다.

셋째, '팔로인'은 Follow(따르다)+人(사람)의 조합어로, "검색보다 신뢰할 수 있는 사람을 따르다"란 의미이다. 스마트폰과 SNS가 대중화되면서 MZ세대는 손가락 터치만으로 손쉽게 다양한 정보를 얻을 수 있게 되었다. 정보가 너무 많아지다 보니 '어떻게 정보를 얻을 것인가?'에서 이제는 '정보를 어떻게 판별할 것인가?'에 대한 고민이 시작되었다. MZ세대는 굳이 유명인만 신뢰하는 것이 아니라 공감할 수 있는 정보를 주는 사람을 믿고 팔로우한다.

넷째, '가취관'은 '가벼운+취향 위주의+관계'의 조합어이다. 즉, "가볍게 취향을 중심으로 모이다"라는 뜻이다. 대부분 MZ세대는 학연·지연의 관계를 불편하게 생각한다. 왜 굳이 취향도 맞지 않는 사람들과 불편한 시간을 보내야 하는지 이해하지 못한다. MZ세대는 취향이 맞아야 말이 통하고, 취향으로 모였지만 끈적거리는 건 사절이다.

다섯째, '소피커'는 所(바 소)+小(작을 소)+Speaker(말하는 사람)의 조합어로, "나의 소신을 거리낌 없이 말하다"란 뜻이다. 이전 세대에서 '다른 생각'은 조심스럽게 다뤄야 하는 날카로운 무기와 같았다. 모난 돌이 정 맞는다는 격언이 진리처럼 통용되었다. 그러나 오늘날 MZ세대에게 자신의 생각을 말하는 것은 일상적인 것이 되었다. MZ세대는 '정 맞을라. 조심하라'는 걱정에 '정 좀 맞으면 어때요?'라고 반문한다. "모난 돌 운운하는 사람이 오히려 정 맞는다"는 분위기다.

'우리'를 더 중시했던 기성세대와는 다르게 자기애가 더욱 강한 MZ세대는, 스스로의 만족을 중시하며, 자신이 좋아하는 것에 투입하는 돈이나 시간을 아끼지 않는 성향을 가지고 있다. 이들은 생산과 소비 능력이 가장 좋은 세대로서 모든 서비스와 재화의 주요 이용 주체가 되고 있다. 이런 MZ세대가 사회에 미치는 힘은 생각보다 강하고, MZ세대 사이에서 발생된 트렌드가 사회 주류 문화로 자리 잡는 데까지는 약 1년 정도밖에 걸리지 않는다고 한다.

그래서 대다수의 기업들은 MZ세대를 상당히 중요한 소비자 타깃층으로 구분하고 있다. 이제는 MZ세대의 마음을 사로잡는 것이 무엇보다 중요해진 때이다. 이런 흐름을 놓치지 않기 위해서는 그들이 좋아하는 것은 무엇인지, 추구하는 가치관과 생각은 어떠한지 알 수 있어야 한다. 향후 20년 우리 사회의 트렌드 주도층이기 때문에 기업도 정치권도, 심지어 농업·농촌도 MZ세대에 구애할 수밖에 없다.

다음은 OPAL세대이다. 나이는 많지만 경제력을 갖고 활기차게 사는 고령층을 의미한다. 김난도 서울대 교수가 주도하는 서울대 소비트렌드분석센터는 OPAL세대를 '활기찬 인생을 살아가는 옛사람들'(old people with active lives)의 약자로 풀고, 1958년생 개띠를 뜻하는 58세대를 확장하고 의미를 부여했다. 이들이 소비시장에서의 영향력도 갈수록 막강해지고 있다는 평가이다. NH투자증권 100세시대연구소가 한국·일본·영국의 5060세대의 경제 활동 참가율을 분석한 바에 따르면 3개 국가 모두 매년 증가하고 있으며, 특히 한국은 먼저 고령화가 진전된 일본보다 훨씬 활발하게 경제 활동에 참여하는 것으로 분석되었다.

과거 고령층과 달리 OPAL세대는 자신을 가꾸는 일에도 적극적이다. 명품이나 화장품 등에 돈을 아끼지 않고 다양한 취미 생활도 즐긴다. 온라인 유통채널, 의료, 건강, 보석 등에서 OPAL세대의 약진이 두드러지고 있다. 컨텐츠 시장의 큰손으로 자리매김하고 있다. 1970~1980년대 전 세계를 휩쓴 록밴드 '퀸'의 일대기를 다루며 흥행 열풍을 일으켰던 영화 〈보헤미안 랩소디〉의 흥행, 트로트 예능 프로그램의 성공 뒤에는 OPAL세대인 중·장년층의 향수와 추억이 자리 잡고 있다. 또한 젊은 층의 전유물처럼 보였던 '유튜브' 등의 1인 미디어 시장도 경치·경제·사회·문화 등 다양한 방면에서 5060의 활약이 급속하게 늘어나는 추세이다.

그림 2-2 55~64세 경제 활동 참가율 추이

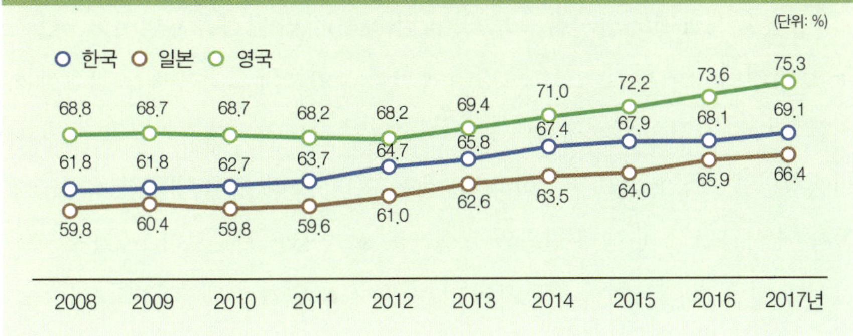

자료: NH투자증권 100세시대연구소.

소비 행태도 변한다

2000년도 들어 농식품의 소비 행태가 급속하게 변하고 있다. 이에 식품 기업들도 소비 트렌드에 맞추어 신제품을 개발·출시하는 데 애를 먹고 있다. 특히 최근 10년 사이 공중파 TV는 물론 온라인 매체에서 다양한 '먹방' 프로그램 편성과 SNS를 통한 '맛집' 인증 등의 영향으로 농식품의 소비 행태에 큰 변화를 가져오고 있다. 거기에 1인 가구의 급증은 혼밥·집밥·가성비·간편식·소확행 등의 트렌드를 이끌어 내고, 식품 기업들도 이에 맞추어 가정간편식(HMR),[21] 즉석 조리 기반의 밀 키트(meal kit), 편의점 도시락 등을 차례로 시장에 내놓고 있다. 거기에 신선한 식재료나 이색적인 음식 등 소비자의 니즈에 맞는 식품 및 식재료를 적시에 받아 볼 수 있는 '새벽배송'이 새롭게 인기를 끌고

21 HMR(home meal replacement): 바로 또는 간단히 섭취할 수 있도록 가정 외에서 판매되는 가정식 스타일의 완전·반조리 형태의 제품을 의미한다.

있다.

최근 저성장에도 불구하고 1인당 국민소득이 3만 달러를 넘어서고, 1인 가구 및 맞벌이 가구가 지속적으로 증가에 따른 농심품의 소비 행태도 관심사다. 또한 모바일 쇼핑이 급성장하여 쇼핑 채널의 주류로 자리매김하고 있다. 농협 미래경영연구소가 발표한 '2018년도 유통 환경·소비 행태 변화와 유통업계 동향'에 따르면 소비 행태 변화의 트렌드로 ▲ 다양한 가치보다 1~2가지 핵심 가치에 집중 ▲ 가족이나 집단보다 개인 중시 ▲ 원거리 대량 구매보다 거주 인근 소량 구매 선호 ▲ 단순 구매보다 경험과 체험 중요시 등을 꼽고 있다.

한국농촌경제연구원이 SNS상의 빅데이터를 이용하여 분석한 '2019 식품 소비 트렌드 빅데이터 분석'을 발표한 바 있다.[22] 그 조사에 따르면 소비 경향, 소비 제품, 소비 채널, 소비 주체 등 식품 소비 트렌드를 구성하는 4개 부문별로 최근 주목도가 높아지고 있는 각각의 키워드를 선정했는데, 소비 경향에는 홀로식사 문화·채식주의, 소비 제품은 밀 키트·도시락·다이어트 제품을, 소비 채널에는 온라인·편의점을, 소비 주체는 밀레니얼 세대·1인 가구 등 9개 키워드가 선정되었다. 이와 같은 키워드를 종합해 보면 미니·간편·건강·근접 매장으로 정리해 볼 수 있다. 농협 하나로유통이 최근 3년치 농산물 판매액을 분석한 결과에도 10kg들이 사과, 10kg 수박, 양념채소류 및 엽경채소류는 24.7~36% 감소한 반면, 2kg들이 봉지사과, 애플수박 같은 미니과일, 가공채소, 가정간편식(HMR)은 48.9~91.9%까지 크게 늘었다.[23] 김치도 원재료 매출은 크게 감소하고, 절임배추·포장김치 매출은 급성장하고 있다. 축산물을 전문으로 취급하는 농협 안심한우, 안심한돈의 경우도 200~500g 단위 소포장 판매를 늘

22 식품외식정보웹진, 2020년 2월호.
23 농민신문, 2019. 10. 14.

리고 있다.

가정간편식의 성장도 두드러진다. 농식품부 및 농수산물유통공사(aT)에 따르면 2017년 출하액 기준 가정간편식의 국내시장 규모는 2조 7,421억 원으로 2016년 2조 2,682억 원보다 20.9% 증가하였다. 2022년에는 시장 규모가 5조 원을 넘어설 것으로 예측된다. 2017년 출하액 기준으로 가장 큰 비중을 차지하고 있는 품목은 도시락 등 즉석섭취식품(52.1%)이며, 즉석조리식품(42.0%), 신선편의식품(5.9%) 순으로 차지하였다. 가정간편식의 성장은 제조사의 기술력 향상과 '가성비'와 '가심비'를 추구하는 소비 트렌드의 변화뿐만 아니라, 온 식구가 함께하던 식사 문화에서 혼자 식사하는 혼밥 문화로의 변화가 다인 가구까지 아우르며 시장 확대에 영향을 미친 것으로 분석하고 있다.

최근 들어서는 2030세대, 1~2인 가구 중심이었던 HMR 소비가 전 연령층에 이르는 '국민 식문화'로 자리잡고 있다. 더구나 코로나19 사태가 일상에 많은 변화를 가져오면서 가정의 식탁도, 산업 지형도 변화시키고 있다. 아빠의 장기 재택근무와 아이들의 재택 온라인 강의에 주부들은 매일 삼시세끼 준비라는 전쟁을 치르고 있다. HMR이 주부들의 해결사 역할을 담당하며 엄마 손맛을 대신하고 있다. HMR이 혼밥의 대명사에서 식탁의 주류로 부상하고 있다.

농협 하나로유통도 프리미엄 HMR PB브랜드 'OK! COOK'을 내세워 국내산 원재료를 사용해 안전하고 믿을 수 있는 상품을 출시하고, 간편한 한 끼 식사에서 현대인의 건강까지 생각하는 식문화를 제공하고 있다.

최근에는 또 건강 관리가 화두로 떠오르면서 당·지방·나트륨 등 자극적 성분을 덜어내고 재료 본연의 맛을 살린 로우푸드(low food) 제품이 주목받고 있다. 온라인 유통업체 위메프가 2020년 7월 5일부터 10월 4일까지 저당 식품 판매액을 분석한 결과 전년 동기 대비 233% 증가한 것으로 했다. 판매상품 수

그림 2-3 가정간편식 시장 규모

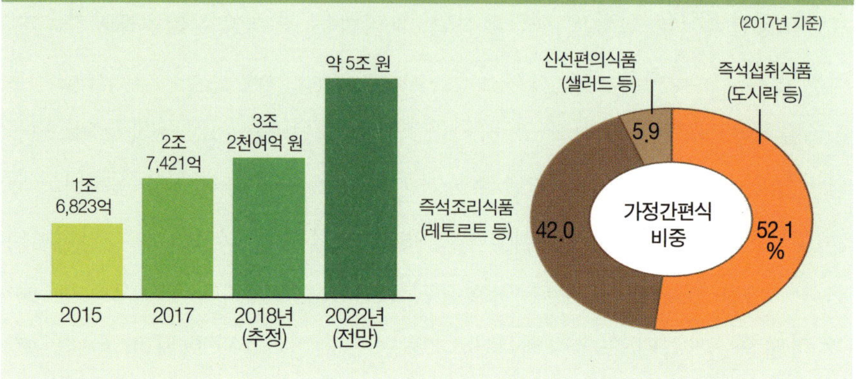

자료: 농림축산식품부, 한국농어촌유통공사.

는 15배 늘었다. 당 성분이 높은 탄산음료 대신 탄산수(70%)를 마시거나, 설탕 대신 열량이 낮은 '알룰로스'와 같은 대체감미료를 이용하는 사람들이 많아졌다. 두유 카테고리에서도 무첨가 두유가 두 배 많이 팔렸다. 이 밖에도 저지방·무염 식품이나 '글루텐 프리' 식품도 각광받고 있다. 곤약면·곤약쌀·옥수수면·면두부 등도 매출이 크게 늘었다. 좋지 않은 성분은 최소화하면서 맛과 영양을 겸비한 로우푸드 제품이 계속해서 인기를 끌 것으로 예상된다.

농산물에도 프리미엄이 있다

"아직 안 먹은 사람은 있어도 한번만 먹은 사람은 없다." 최근 판매량이 급증하며 '핫'한 과일로 떠오른 '샤인머스켓'을 판매하는 한 대형 마트 관계자의 말이다. '샤인머스켓'은 외관은 청포도와 비슷하나 씨가 없고 껍질째 먹는 포도로 아삭한 식감이 특징이다. 특히 당도가 우수해 '망고 포도'라고 불리고,

SNS상에서 유명세를 떨치고 있다. '샤인머스켓' 먹방 유튜브 동영상 조회수가 500만 회를 넘는다. 그러다 보니 일반 포도에 비해 가격이 3배 이상 비싸지만 판매량이 급증하고 있다. 더구나 코로나19 이후 초중고생들이 가정에서 식사하는 횟수가 늘면서 부모들이 '샤인머스켓' 구매를 늘리고 있다. 최근에는 중국·동남아시아 등에 '샤인머스켓' 수출까지 하고 있다니 프리미엄 가격에, 과일 한류까지 선도할 기세이다.

일부 쇼핑에서는 깨끗한 환경에서 자란 닭이 낳은 '동물복지 달걀'이 일반 달걀과 비교해 2배 이상 비싸지만 판매량과 성장률이 크게 늘고 있다. 동물복지에 사회적 관심이 높아지면서 건강한 달걀을 찾는 수요가 증가하고 있어서다. 동물복지 달걀은 농림축산식품부의 산란계 동물복지 인증을 받은 것을 말한다. 1m²당 9마리 이하로 사육밀도를 유지하는 것을 포함해 140여 개 심사 기준을 통과한 것이다.

대형 마트에서는 명품 농산물을 생산하는 농업인을 명인으로 모셔 다양한 이벤트를 제공해 주고, 그들이 생산한 농·축산물을 프리미엄 가격으로 판매해 주고 있다. 이마트는 '국산의 힘 프로젝트'를 통해 국산 농산물 육성 및 우수 농업인을 지원하기 위해 매장 확보, 홍보, 해외연수 등을 지원하고 있다. 농협은 '명인명작 프로젝트' 농산물을 발굴하여 수입 농산물과 경쟁에서 당당히 앞서 나갈 수 있도록 특별기획전을 여는 등 프리미엄 농산물 및 생산농가를 띄우고 있다. 롯데마트는 최근 '대한민국 산지 뚝심 프로젝트'를 통해 깐깐한 자격심사를 통과한 지역 우수 생산자를 '산지뚝심'으로 인증해 주고 대금 조기 지급, 판로 및 마케팅, 홍보 등을 전방위로 지원하고 있다.

'황제의 과일'이라는 일본 홋카이도 유바리 멜론은 다른 멜론과 비교해 과육이 오렌지 빛을 내며 과즙이 매우 달아 대부분 고급 선물용으로 비싸게 팔린다고 한다. 2016년도에는 경매시장에서 2개들이 한 상자에 300만 엔, 한화로 약 3,200만 원에 낙찰되기도 했다.

제주 위미농협 하우스감귤 명품 브랜드인 '싱귤생귤'은 매년 도매시장에서 인기를 독차지한다. 깐깐한 품질 관리로 소비자 신뢰가 높기 때문이다. 2018년 5월 7일~9월 21일까지 시장에 출하한 120일 가운데 100일간 최고 시세를 기록한 바 있다. 매년 최고의 인기에 가격 수준도 압도적으로 높다. 농·축산물 시장에 보석이나 자동차·가전제품처럼 프리미엄 시장이 형성되고 있는 것이다.

최근 젊은이들 사이에서 '과시하다'의 의미로 사용되고 있는 플렉스(flex) 문화라는 게 있다. ▲ 남들보다 빨리 신상품을 획득하고 ▲ 우대 서비스로 플렉스하는 기분을 더 즐기면서 ▲ 인증 사진도 남기려는 것이다. 농식품시장에서도 비싸더라도 내가 사고 싶은 것을 사고, 내가 먹고 싶은 것을 먹어야 직성이 풀리는 플렉스 문화가 자연스럽게 형성되고 있다.

8.
생산자·소비자와 비대면·양방향 소통

코로나19 이후 농업·농촌에도 '언택트'(untact, 비대면) 바람은 예외 없이 거세게 불고 있다. SNS·유튜브 등의 새로운 미디어를 통해 농사 현장을 보여 주고 소비자에게 친근감과 신뢰감을 주는가 하면, 농산물 비대면 판매도 급증하고 있다. 지역특산물 축제가 열리지 못한 아쉬움을 온라인 농산물 축제나 드라이브 스루(drive-through) 등으로 해소하는 판매 방식도 늘고 있다. 농산물 언택트 바람에 우리 농업·농촌의 미래는 우리의 상상을 뛰어넘을 수도 있다.

경기도 안성의 소년 농부 한태웅 군은 유튜브를 통해 할아버지와 농사짓는 모습을 직접 동영상을 찍어 소비자들에게 중계방송하고, 농업·농촌의 현장을 실감 있게 소개하고 있는데 조회 수가 20만 회를 넘겼다. 농작업 현장, 농촌 생활 현장, 태풍피해 현장 등 농촌의 애환을 있는 그대로 보여 주어 도시민들에게 농촌을 제대로 이해하는 데 도움을 주고 재미와 흥겨움마저 전달하고 있다. 대표적인 농튜버(농사+유튜버)이다.

새로운 판매 경로인 라이브커머스의 가능성에 주목하는 농업인들도 있다. 페이스북 라이브 온라인 등을 통해 효과적으로 농산물을 판매할 수 있어서다. 판매 비결은 소비자와의 '소통'이다. 실시간 댓글을 통해 소비자들과 소통하다보니 마치 오프라인에서 물건을 구매하듯 소비자들의 질문에 바로바로 응답해 줄 수 있다. 예를 들어, 소비자가 당도를 물으면 당도측정기를 이용해

당도를 보여 주고, 크기를 궁금해 하면 주먹이나 알만한 물건 등을 옆에 두고 크기를 비교해 주는 식이다. 소비자와 소통하는 재미는 물론 바로 수익을 낼 수 있는 구조라 활용가치가 높다.

전북 김제 청하농원 이은주 대표도 사과·배농사의 개화기, 열매솎기, 봉지씌우기, 생육 과정, 수확 및 선별 상황 등을 페이스북 라이브 방송을 진행한다. 꽃 사이로 날아다니는 벌들의 모습을 생생하게 담기도 하고 배가 어떻게 생산되는지 자세하게 설명한다. 또한 소소한 일상과 지역소식 등을 블로그와 책쓰기 등을 통해 소개하면서 소비자와 직간접적으로 소통하기 위해 노력한다. 특히 코로나19 상황이 장기화되면서 거의 매일 라이브 방송을 운용한 결과 2020년 생산한 사과 80톤을 한 달 만에 완판하는 놀라운 성과를 가져왔다. 이 대표는 이에 자신감을 얻고, 아예 지역농업인들과 라이브 방송 모임체를 만들고 함께 성장하는 농업·농촌을 그리고 있다.

제주 서귀포에서 공심채농업회사법인을 경영하는 홍창욱 대표도 '라이브 커머스'의 대표주자이다. 그는 지역의 결혼이주여성 등과 함께 공심채·고수·바질 등 아열대 채소를 키우는 농민이다. 2009년 서울에서 제주로 이주한 그는 마을기업을 운영하다 2018년 공심채를 창업하면서 본격적으로 농업에 뛰어들었다. 코로나19 사태로 언택트(비대면) 거래가 일상화된 상황에서 생산자와 소비자를 직접 연결하는 것이 무엇보다 중요하다고 판단하고, 스마트폰을 이용해 CJ올리브네트웍스, 네이버 쇼핑라이브 등 라이브 커머스 채널을 이용해 제주의 유기농 풋귤을 판매하는가 하면, 라이브 방송을 상생상회(서울시가 지역과 서울시의 상생을 목표로 지역 중소농 판로를 지원하기 위해 세운 매장)와 함께 진행하기도 한다. 그는 "코로나19 위기 상황에서도 '어떻게 하면 농장의 이야기(정보)를 식탁(소비자)에 제대로 전달할 수 있을까', '어떻게 하면 식탁에 둘러

않은 소비자들의 마음을 읽어낼 수 있을까'에 대해 늘 고민하다가 그 해결책의 하나로 생산자와 소비자가 온라인 공간을 통해 만날 수 있는 라이브 커머스를 선택한 것이다.

지역농협 차원에서 라이브 커머스를 이용하는 사례도 있다. 포도 주산지인 충남 천안시 입장농협은 서울시가 지역과 상생을 목표로 운영하는 '상생상회'와 네이버 '쇼핑라이브'의 후원을 받아 '샤인머스켓' 포도 홍보를 라이브 커머스를 통해 진행해 인기리에 판매한다.

라이브 커머스는 소셜미디어 포털사이트에서 제공하는 온라인 생방송 채널을 통해 고객과 양방향으로 소통하며 실시간으로 제품을 소개하고 판매하는 방식이다. 모바일을 통해 라이브 방송으로 상품을 소개하고 판매하는 방식을 농업에 활용하는 것이다. 소비자들이 방송을 시청하며 채팅창에 댓글을 남기면 실시간으로 소통할 수 있다. 주로 페이스북이나 인스타그램 등 사회관계망 서비스(SNS)의 생방송 스트리밍 서비스를 활용한다. 최근에는 아예 생산자와 소비자를 직접 연결하는 플랫폼도 늘고 있다. 실시간 동영상 판매 플랫폼인 '그립'이 대표적이다. 그립의 '산지체험' 카테고리는 농민들이 산지나 농장에서 직접 찍는 라이브 방송으로 운영된다. 농장 내부를 촬영하며 표고버섯의 작황 상태를 소개하고 대추방울토마토 수확 현장을 생동감 있게 보여 주면서 농산물을 판매하는 식이다. 네이버와 카카오도 라이브 커머스에 뛰어들었다. 네이버 쇼핑라이브, 카카오톡 라이브톡은 카메라 없이 스마트폰으로 실시간 채팅하며 판매자와 소통하기 때문에 상품에 대한 고객 반응을 시시각각 확인할 수 있고, 고객도 상품 실물에 대한 현장감과 오락성을 동시에 느낄 수 있어 몰입도가 높아진다는 분석이다. 카카오 커머스는 출시 6개월 만에 누적 시청횟수 1,000만 명을 돌파했다. 1회 평균 시청횟수 11만 건으로 카카오톡에 익숙한 사용자 경험(user experience, UX)을 라이브 방송으로 끌어들인다는 전략과 온라인 영역에서 직접 소통하는 상호작용(interaction) 영역을 구축했기 때문이다.

라이브 커머스는 소비자 만족도도 높다는 평가다. 직접 영상으로 생산 현장을 확인하니 신뢰도가 높아지고 농민의 생생한 이야기를 듣는 '재미'까지 있어서다. 판매자의 비용 부담도 적다. 별다른 장비 없이 스마트폰과 거치대 등 부수 장비만 있으면 방송이 가능하기 때문이다. 또한 해당 영상을 재편집해 SNS나 유튜브에 올릴 수 있어 활용도가 높다. 라이브 방송을 통해 농산물을 판매하면 소비자가 영상을 통해 직접 보고, 궁금한 것도 물어본 뒤에 구매할 수 있어 진정한 의미의 직거래라 할 수 있다.

농산물 비대면 거래가 농산물 유통의 새로운 채널로 주목을 받으면서 유튜브나 라이브 커머스를 배우려는 농가들이 크게 늘고 있다. SNS가 직거래 농민들의 주된 도구였지만 이제 영상을 다룰 줄 알아야 다양한 판로를 확보할 수 있다는 인식이 퍼지면서 동영상 편집 기술을 배워 라이브 방송 영상을 유튜브에 재편집해 올리는 농업인들이 많아진 것이다. 거기에는 지자체별로 시·군 농업기술센터를 통해 다양한 동영상 관련 교육 프로그램을 진행하고 있는 것도 한몫하고 있다. SNS를 통해 라이브 방송하는 방법이나 동영상 편집 기술까지 교육 내용도 다채롭다.

온라인이라는 매체를 통해 자신의 취향을 동시에 많은 사람에게, 무궁무진하게 전파할 수 있는 세상이다. 농사일과 농촌의 생활, 그리고 온라인을 통해 얻은 경험을 기반으로 자신의 취향을 추려내고, 차별화하고, 이를 바탕으로 전문성까지 얻을 수 있다면 그 자체가 새로운 시장이 되고 새로운 자본으로 성장할 수 있는 것이다.

코로나19 사태가 오히려 우리 국민들에게 국산 농산물의 가치를 다시 인식하게 하는 계기가 되고 있어 농민들에게 코로나19는 위기이자 동시에 새로운 기회가 될 수 있다는 시사점을 준다.

9.
지방자치단체 간 농산물 생산 및 판매 경쟁 심화

우리나라는 국토면적이 좁고 경지면적이 부족해 농산물의 주산지를 딱히 구분하기는 쉽지 않다. 그래도 지역별 농업의 역사와 지형, 기후 등이 조금씩 차이가 나기 때문에 품목별 명성을 얻고 있는 주산지가 여러 곳이 있다. 사과는 경북 영천·안동·영주, 복숭아는 경북 청도, 포도는 경북 김천과 충북 영동, 단감은 경남 김해, 인삼은 충남 금산과 경북 영주(풍기), 감귤은 제주 등이 대표적인 주산지이다. 그러나 최근 들어 품목별 주산지가 이동하고 있다. 사과는 강원 정선·영월·양구, 복숭아는 충북 충주 ·음성, 강원 춘천·원주, 포도는 충북 영동과 강원 영월, 단감은 경북 포항·영덕·칠곡, 인삼은 경기 이천·연천과 강원 홍천·횡성, 감귤은 전남 고흥과 경남 통영 등이다.

과수뿐만 아니라 쌀농사도 마찬가지다. 과거에는 경기 '고시' · '추청', 강원 '오대', 충·남북 '삼광', 전·남북 '신동진', 경북 '일품', 경남 '백진주' 등 품종별 주산지를 이루어 왔다. 최근 들어서는 품종이 다양해지고, 품종을 특정한 계약재배를 제외하면 일부 지역에 대표되던 품종이 전국적으로 확대되어 재배되고 있다.

주산지가 이동하는 이유는 기후 변화이다. 연간 평균기온이 높아지면서 과거 품목별 북방 한계선이 북쪽 지방으로 이동하기 때문이다. 또한 기술의 발달로 재해에 강한 품종이 개발되고, 소비자 구매 선호도가 높은 품목·품종을 많이 생산하고 있다. 특히 시설재배가 늘면서 제주에서만 생산되던 조생양파·겨울재배 감자 등 월동채소류가 전남·북에서 생산이 가능하고, 바나나·한라봉 같은 아열대 과일은 전남·경남을 거쳐 충주·안성·여주 등 중부지방까지 북상하고 있다.

이에 따라 정부는 '지역특화작목 연구개발 및 육성에 관한 법률' 시행으로, 지역농업 연구개발을 보다 체계적으로 지원하고, 지역특화작목 육성을 위한 법적 토대를 마련했는가 하면, 지자체별로 지역농업의 경쟁력을 높이고 농업인의 소득을 높이기 위한 정책을 내놓으면서 지자체 간 경쟁은 후끈 달아오르고 있다. 대표적인 것으로 충남 딸기연구소에서 개발한 우수품종 '설향'을 농촌진흥청–도농업기술원–농업기술센터–대학이 협력해 고품질 재배 기술개발, 재배 환경과 재배법 표준화 및 저장·유통 기술을 개선하여 수출 산업으로 육성한 사례이다. 2005년 9.2%에 불과했던 국산 딸기 품종의 점유율은 2018년 94.5%로 높아졌으며, 수출액도 2005년 440만 달러에서 2018년 4,800만 달러로 10배 이상 증가했다.

특히 전국 42개소의 지역특화작목연구소의 노후화된 연구 기반을 개선하여 지역농산업 발전의 중심 역할을 수행할 수 있도록 하고, 시·군 농업기술센터 등에서 산학연 협력사업의 운영, 기술 서비스(out-reach), 인력 양성, 신규 작목 발굴 등을 포함하는 지역 단위 특화작목 발전계획을 수립하고 매년 실천계획을 수립, 실행하고 있다. 특화작목연구소가 기존 특화작목에 집중하되, 실용화 촉진을 위한 기술이전과 사업화는 물론, 유통과 수출까지 지원 범위를 확대하여 지역사회의 지속 가능한 발전을 위한 실질적인 역할을 할 수 있도록 지원하고 있다. 다만 지자체별로 돈이 되는 품목이라고 차별화 없이 지원하다 보면 과당경쟁을 유발해 오히려 경쟁력이 약화되는 우를 범할 수 있다. 지역별 비교우위나 차별화할 수 있는 품목 지원이 절실하다.

판매 과정에서의 경쟁이 더욱 심화되고 있다. 지역별 브랜드와 스토리텔링을 만들고 지역농산물의 프리미엄을 높이고자 한다. 대형 마트와의 협력을 강화하고 홈쇼핑·온라인 쇼핑 등 유통 채널을 선점하기 위해 동분서주한다. 심지어 어느 도지사의 경우 지역농산물이 과잉 생산되거나 가격이 떨어지면 자신의 SNS를 통해 홍보하여 완판을 기록하는 등 '완판도지사'로 호평을 받고 있다.

이 밖에도 지자체장이 직접 대도시 도매시장이나 대형 마트를 찾아 지역농산물 판촉에 열을 올리고, 지역농산물 축제를 열어 관광객을 끌어들이고 체험하게 하는 등 지역농산물의 소비 홍보에 심혈을 기울이고 있다. 더구나 2020년은 코로나19로 대부분 지역축제가 무산되어 온라인 화상축제 및 드라이브스루 판매를 도입하는 등 해당 지역농산물이 소비자들에게 선택받을 수 있도록 갖가지 아이디어로 판매 경쟁은 더 치열해지고 있다.

10.
농업정책 패러다임 전환

농업·농촌에 대한 관점이 과거와 많이 바뀌고 다양해지면서 농업정책에도 큰 변화의 바람이 불기 시작하고 있다. 농정의 새로운 패러다임(paradigm)이 오고 있는 것이다.

1960년대 이후 한국 사회를 지배한 담론은 '경제성장 지상주의'였다. 경제는 무한히 성장하고, 경제가 성장하면 모든 것이 다 해결되고 살기 좋아진다는 것이다. 따라서 경제성장을 위해서는 농업을 포함한 다른 것들은 희생하여도 된다는 생각이 지배적이다. 그러다 보니 재벌경제 중심에 농업·농촌은 인력, 원료, 공장부지, 도시노동자의 식량 등을 공급하는 공업화의 후방기지로 전락하고 말았다. 중앙집권적 재벌육성정책으로 세계 10대 경제대국이 되고 1인당 국민소득은 3만 달러 시대를 맞았지만, 국민의 행복도는 매우 낮았다. 상대적 불평등은 더욱 커졌고, 농업·농촌은 세계화 시대 성장의 걸림돌로 인식되었다. 2018년 《UN 행복보고서》에서 한국은 156개국 중 평균 점수에서 57위, OECD의 더 나은 생활지수(Better Life Index)는 38개국 중 29위 수준에서 머물고 있다. 급기야 저성장이 고착화되면서 불평등과 양극화, 사회적 갈등은 더 심화되고, 공동체의 붕괴와 급속한 저출산·고령화, 지방의 소멸을 자초하고 있는 현실이다. 그러는 사이 경제적 지속 가능성, 생태적 지속 가능성, 공간적 지속 가능성, 사회문화적 지속 가능성 등에서 총체적 위기를 맞고 있다.

이에 농업·농촌의 붕괴는 한국 사회의 지속 가능성을 위협한다는 공감대가 서서히 형성되고, 농업·농촌의 다원적 가치가 대안적 삶의 가치로 부각되면서 농정의 대전환이 필요하게 되었다. 특히 국가의 지속 가능한 발전을 위해서는 더 이상 경제성장 지상주의로는 안 된다는 성찰이 필요한 시점이다. 거기에 4차 산업혁명과 코로나19 사태가 덮치면서 과거의 성장주의 방식은 더 이상 유효하지 않고, 이제 이별을 고해야 할 시점이 되었다.

행복은 물질적·문화적·정서적 요인들이 균형을 통해 이루어진다. 교육·환경·건강·문화·공동체·여가·심리적 웰빙 등 다양한 요소들에 의해 결정되는 다차원성, 인간은 사회적 존재로서 행복을 공유하는 집단성을 가지고 있어 국민 총행복의 증진을 위해서도 포용적이고 공평하고 균형 잡힌 발전이 필요하다는 것이다. 따라서 국민 총행복 증진에 기여하는 농(農)의 다원적 가치를 극대화하는 방향으로 농정의 틀을 바꾸고 있다. 농업·농촌의 다원적 가치인 일자리, 먹거리, 환경, 문화, 경관, 공동체, 교육, 건강, 여가 등이 국민 행복을 위해서도 필수불가결한 요소들이라는 인식이 깔려 있다.

이러한 상황에서 '우리나라 농업의 존재가치는 무엇인가?, 왜 농업을 지원해야 하는가?, 국민은 농업에 대해서 무엇을 기대하는가?'라는 질문을 던지며, 결국 농업·농촌이 사회에 기여하는 역할인 다원적·공익적 가치를 보호하고 이를 극대화하는 방향으로 바꿀 수밖에 없다는 대답에 이른 것이다. 그래서 과거의 성장주의를 반영한 생산주의 농정에서 국민 행복 증진에 기여하는 다원적 기능 농정, 사람 중심 농정으로 전환하게 된 것이다. 이에 2017년 들어선 문재인 정부는 경제적 가치 중심의 농업에서 공익적 가치로 확장하고, 농산물 공급자로서의 농업인을 좋은 식품을 만들고 환경을 지키는 주체로서, 정책 또한 농업 인프라 및 쌀 중심에서 청년·혁신농 등 사람 중심 농업 육성으로 기조를 바꾸게 된다. 이에 따라 농정 이념은 생산주의·효율성에서 다기능성·지속가능성으로, 농정 목표는 경쟁력 있는 농업에서 국민의 삶의 질 향상으로, 농정 대상은 농업과 농업인 중심에서 농업·먹거리·농촌·국민·미래 세대 중심으로, 추진 방식도 중앙집권 설계 중심에서 분권과 협치로 전환하게 된다.

아울러 농림축산식품부는 새로운 농정 방향으로 ▲ 공익형 직불제 개편 ▲ 사람 중심 투자 ▲ 국민 안심 먹거리 공급 체계 구축 ▲ 풍요로운 삶터로서 농촌 조성 등 4가지를 정하고, 중점과제를 추진하게 되고, 2019년도에는 ① 청년 일자리 창출, ② 스마트 농업 육성으로 농식품 산업 혁신성장 견인, ③ 직불제 개편, ④ 신재생에너지 확대로 농촌소득 증대에 기여, ⑤ 로컬 푸드 활성화, ⑥ 농축산물 안전 관리 강화로 안심 소비 체계 구축 등을 추진하게 되었다.

그런데 문재인 정부가 출범한 2017년도의 농정 상황과 2020년 코로나19 위기 이후의 농정 상황은 또 많이 달라지고 있다. 감염병으로 국가 시스템 전체가 총체적으로 어려움을 겪는 위기이자, 새로운 변화를 시도할 수 있는 기회가 온 것이다. 국가의 목표 자체가 '국민의 안전한 삶'에 귀착되고 국가의 위기관리 능력이 중요해지면서 농업·농촌의 역할도 새롭게 조명될 수밖에 없다. 생산 부문에서는 국경통제(lockdown)와 이동의 제한성 등으로 농업 자본 및 노동력 공급이 원활하지 못하다. 특히 고령화에 청년 농업인이 절대적으로 부족한데 외국인 노동력마저 대부분 본국으로 철수하는 상황이 벌어졌다. 경제가 어려울 때 국민의 먹거리를 공급하는 공적 주체로서, 국민의 안전한 삶을 책임지는 필수 산업인력으로서 농업인을 어떻게 유지시켜야 할지도 문제이다. 자영업자가 무너지고, 국가 전체적인 고용시장이 불안해지면서 고용안전성이 문제되고 있는 가운데 직업인으로서 농업인의 고용 안정도 생각하지 않을 수 없다.

유통 부문의 변화는 더 심하다. 비대면 유통 구조의 혁신, 외식 구조 변화, 로컬 푸드 등 지역 내 수급 구조 강화, 대형 유통업체의 직거래 강화 등 하루가 다르게 급변하고 있다. 소비 부문의 변화로는 가정식 소비 증가, 비대면 소비, 1인 가구 증가, 안전을 최고 가치로 하는 소비 구조, 간편 가공식품 소비 증가 등이다. 이에 맞게 정부의 농업 구조 변화에 대한 지원 체계 전환이 필요하고 민간의 산업 구조 전환을 지원하는 체계를 갖추어야 한다. 특히 농업 생산자인 농업인의 안전이 확보되고, 안정적인 삶이 보장되는 생산자원 관리가 필요하다. 소비 측면에서도 안전하고 안정적인 국민의 삶이 보장되는 먹거리 공급이 중요해졌다. 이러한 것들을 모두 담을 수 있는 코로나19 이후의 한국 농업의 새로운 농정의 변화가 기대되는 시점이다.

제 3 부

한국농업의 현상과 문제점

11.
토지, 노동, 자본

농업은 기본적으로 생산의 3요소인 토지·자본·노동이 있어야 농산물을 생산할 수 있다. 거기에 정보화 사회가 되면서 정보 지식과 기술을 더해서 생산의 4요소라 할 수 있다.

토지는 쉽게 말해서 농사를 지을 수 있는 땅이다. 과거에는 농산물이 땅을 기반으로 생산되고, 땅이 없으면 아무것도 생산할 수 없었다. 특히 농업을 위주로 하던 농경 시대 때, 산업화 초기에도 토지의 가치는 다른 생산요소보다 훨씬 중요하게 평가되었다. 땅이 많으면 수확물도 많고, 땅을 빌려주어 지대를 받을 수도 있다. 그러나 땅이 없으면 소작농을 할 수밖에 없었다. 토지의 소유 여부와 소유 토지의 크기가 곧 부의 차이를 나타낸다. 그러나 현대사회에서는 하우스 시설 농업 등 기술의 발달로 토지의 중요성이 상대적으로 줄어들고, 기술의 중요성이 커지고 있다. 이에 더하여 정보통신 기술과 접목한 애그테크 등 최첨단 기법이 실용화되면서 기술과 지식이 제4의 생산요소로 부각되고 있다.

다음은 노동이다. 사람이 작업을 하는 능력이 노동이며, 거기에는 시간이 포함된다. 생산하는 재화가 무엇이든, 인간이 자신의 시간을 투자하여야 한다면 그 투자되는 모든 시간들이 노동에 해당한다. 쌀을 생산하기 위해 농사를 짓는 데 투여하는 시간뿐만 아니라 생산을 위한 정보를 찾고 가공해 이용하는

데도 자신의 시간을 투입해야 하므로 노동에 해당한다. 애덤 스미스는 교환의 매개물인 화폐에는 가치라는 관념이 부여된다고 주장하며, 가치를 사용가치와 교환가치로 구분했다. 그리고 교환가치의 척도는 노동이 된다고 주장하고, 가격은 이 교환가치를 화폐로 나타낸 것이라고 정의했다. 칼 마르크스는 오로지 인간의 노동만이 새로운 가치를 창출한다고 주장한다. 따라서 노동만이 유일한 이윤의 원천이라고 전제하고, 가치를 노동의 추상화, 객체화, 물질화로 정의했다. 교환 과정에서 모든 상품이 갖는 유일한 공통적 속성은 노동의 산물이라는 데에서 찾을 수 있다고 보았다.

사회가 발전하고 복잡·다양해짐에 따라 노동은 특히 더 중요해지고 있다. 많은 지식과 경험이 필요한 높은 숙련도가 요구되는 작업의 경우 매우 큰 부가가치를 창출할 수 있기 때문이다. 모두가 농업에 종사할 때는 그 차이가 크지 않았지만 정보화 사회에 접어든 현대에는 정보를 어떻게 가공하느냐, 가공된 정보를 어떻게 이용하느냐에 따라 수확물의 차이가 상상을 초월할 만큼 커지게 되었다.

자본은 재화나 서비스의 생산을 위해 투입되는 내구재들이 자본에 해당한다. 쉽게 말해 다른 생산품들을 생산하기 위해 돈을 들여서 만들어 낸 것들이다. 건물, 도로, 각종 기계, 컴퓨터 등 다른 재화나 서비스 생산에 사용되기 위해 돈을 들여서 만들고 생산에 투입된다. 현대 사회에서도 숙련된 노동을 뒷받침해 주기 위해 그 중요성이 계속해서 커지고 있다. 고도로 숙련된 노동이 고도로 전문화된 자본과 만나면 높은 부가가치가 창출된다.

오늘날에는 정보와 기술의 중요성이 커지고 있다. 같은 토지·자본·노동이 투입되더라도 정보와 기술이 들어가면 생산성은 더 좋아진다. 토지·자본·노동 투입이 지속되더라도 일정 시점이 지나면 수확체감의 법칙이 작용한다.

생산요소를 투입하더라도 생산물은 더 늘어나지 않는 것이다. 그러나 거기에 지식과 기술이 들어가면 수확체증의 법칙이 작동한다. 마차 수준에서 자동차 기술로, 자동차에서 비행기 기술로, 비행기에서 우주항공 기술로 확장하는 것이다. 농산물 생산·유통·소비에도 마찬가지다. 하우스 시설에서 온도를 통제하면서 날씨의 영향을 어느 정도 제거할 수 있다. 데이터 기술을 접목해 농산물 물류를 개선할 수 있다. 비료·농약의 발달로 수확량과 품질을 높일 수 있다. 그에 따라 토지·노동·자본이라는 생산요소의 가치는 여전히 중요하지만, 예전보다는 상대적으로 중요도가 많이 약해졌다고 할 수 있다. 오히려 '정보 교환이 유용한 땅'이 넓은 땅보다 훨씬 더 높은 가치가 부여되기도 한다.

토지

우리나라는 국토의 70% 이상이 산지로 형성되어 있어서 경작지가 원래 부족한 나라이다. 좁은 경지면적으로 인해 산지를 개간하고 바다를 간척해 농경지로 이용하기도 한다. 그럼에도 불구하고 산업화와 도시화로 많은 농경지가 잠식되고 있다. 2019년 현재 우리나라 경지면적은 158만 1,000ha이다. 그중에 논이 83만ha, 밭이 75만 1,000ha이다. 1975년 224만ha에 비하면 29.4%나 급격히 줄었다. 제주도 면적의 3.5배, 서울시 면적의 10.8배 정도 되는 농경지가 사라진 것이다.

경지면적이 빠르게 감소하는 이유는 과도한 농지전용이다. 연도별 전용면적은 2015년 1만 2,303ha, 2016년 1만 4,145ha, 2017년 1만 6,296ha, 2018년 1만 6,303ha로 점점 늘어나는 추세이다. 또한 우량농지인 농업진흥구역 내에서도 광범위하게 진행되고 있다. 2015년 2,032ha이던 농업진흥구역의 농지전용면적

표 3-1 경지면적 현황

(단위: 천ha, ha, %, %p)

구분	1975년		1980년		1990년		2000년		2010년		2019년		증감 (C=B-A)	증감률 (C/A×100)	연평균 증감률
	(A)	구성비		구성비		구성비		구성비		구성비	(B)	구성비			
전국	2,240	100.0	2,196	100.0	2,109	100.0	1,889	100.0	1,715	100.0	1,581	100.0	-659	-29.4	-0.8
논	1,277	57.0	1,307	59.5	1,345	63.8	1,149	60.8	984	57.4	830	52.5	-447	-35.0	-1.0
밭	963	43.0	889	40.5	764	36.2	740	39.2	731	42.6	751	47.5	-212	-22.0	-0.6
경지이용률[1)]	140.4		125.3		113.3		110.5		109.3		107.2		-33.2	-23.6	-0.6
농가당 면적(ha)	0.94		1.02		1.19		1.37		1.46		1.57		0.63	67.0	1.2

주: 1) 경지이용률(%)=경지 이용(작물재배) 면적/경작 가능 경지면적×100.
자료: 통계청.

은 2016년 2,420ha, 2017년 2,834ha로 갈수록 늘고 있다. 농지전용에 대해서는 상반된 주장이 존재한다. 긍정적인 시각은 농지전용이 도시 조성, 산업용지의 조달을 위해서는 불가피하며, 농지의 이용효율을 높이고 농촌 지역의 개발 및 활성화에 기여한다고 본다. 부정적인 견해는 농지전용이 반드시 불가피한 것은 아니며, 경지면적 감소와 농지 훼손은 물론 농촌 지역 난개발과 투기적 농지 소유를 야기한다고 본다.[1]

농림축산식품부는《2018~2022년 농업·농촌 및 식품산업 발전계획》에서 2022년 곡물자급률(사료용 포함) 목표치를 27.3%로 제시했다. 이러한 목표치를 달성하기 위해서는 150만ha 정도의 농지가 필요하다. 지금의 경지면적 감소 추세에서는 목표치 달성이 쉽지 않을 전망이다. 각종 개발 과정에서 농지전용이 이루어지고, 농지가 잠식되면 식량의 생산 기반이 무너지는 것으로 언젠가

1 박석두·채광석,《농지전용의 원인과 영향에 관한 연구》, 한국농촌경제연구원 연구보고, 2013.

식량자급률이 떨어지고, 국민을 식량안보로부터 지키지 못하게 된다.

대한민국 헌법 제121조는 경자유전(耕者有田)의 원칙을 규정하고 있다. 농지는 농업을 경영하는 진짜 농업인이 소유해야 한다는 것이다. 그러나 실제 농업생산자인 농민이 농지를 소유하고 있는 것보다 농업 생산 활동과는 거리가 먼 사람들이 더 많이 농지를 소유하고 있는 것이 지금의 현실이다. 농지법에 여러 가지 예외를 인정하면서 도시에 거주하는 비농민들이 농지를 갖게 되고, 부재지주들이 급격하게 증가하고 있다. 2015년 기준으로 농민이 아닌 사람이 농지를 소유한 비율이 전체 농지의 43.8%이다. 지난 20년간 농업인 농지 소유 면적이 매년 1.8%씩 감소[2]하는 것으로 나타나 전체 농지의 절반 정도만 실제 농업인이 소유하고 있다고 보면 된다. 또한 2017년 기준 전체 농지의 51.5%가 임대차 관계로 이용되고 있어서 여러 가지로 농지 관리의 문제점을 노출하고 있다. 농업을 경영하지 않는 사람이 농지를 소유하는 목적은 대부분 더 이상 작물 재배가 아닌 재산 증식이다. 농지의 투기와 난개발로 몸살을 앓고 있는 제주특별자치도는 '경자유전 원칙'을 바탕으로 2015년 '제주 농지 기능 관리 강화 방침'을 발표하고, 농지 이용실태 특별 전수조사를 실시한 바 있다. 그런데도 농지를 온전히 농업인 소유로 되돌릴 길은 요원할 뿐이다.

농지가격 상승도 농업 생산의 걸림돌이다. 과도한 농지가격 상승은 농업에 대한 신규 진입을 어렵게 하고, 농산물 생산의 채산성을 나쁘게 하는 결과를 가져온다. 농촌경제연구원이 조사한 2010년부터 2016년까지 전구 시·도별 농지 실거래가격 추이를 살펴보면, 전국 평균 농지 실거래가격 상승률이 12.3%이고, 제주특별자치도의 경우 전국 평균의 5배가 넘는 70.2%의 높은 상승

2 채광석·김부영, 〈농지법상 예외적 농지소유 및 이용실태와 개선과제〉, 농촌경제연구원 농정포커스, 제182호, 2019.

률을 보이고 있다. 지가의 과도한 상승은 농촌 지역의 부의 양극화를 초래하고, 청년 농업인 등의 농업에의 신규 진입이 어려워 지속 가능한 농업 발전을 저해한다.

농지의 공적 관리를 강화하고, 비농업인 소유의 농지를 농업인이 안정적으로 이용할 수 있도록 제도화할 필요가 있다.

노동

농업은 전통적으로 노동집약적인 산업으로 노동의존도가 높다. 시설농업 등 미래형 첨단 농업으로 변모해 가고 있지만, 노동력은 여전히 매우 중요한 요소이다. 그렇지만 농업 분야 인력 수급의 불균형은 날로 심화되고 있다.

농업노동시장의 가장 큰 문제는 농가 인구의 절대적 감소이다. 1998년 440만 명이었던 농가 인구는 20년 만에 224만 5,000명으로 절반 가까이 감소했다. 인구의 질도 문제이다. 65세 이상 고령인구 비중이 46.6%, 70세 이상이 33.5%로 역대 최대 비중이다.[3] 이 중에는 농지는 소유하고 있으나 후계농을 구하지 못해 은퇴를 못하는 농업인도 많다. 더욱이 40세 미만 농가 경영주는 6,859명으로 2017년 1만 명 선이 무너진 이후 2년 만에 2,414명이 사라졌다. 지역의 한 농협 조합장은 농업인 조합원 평균 연령이 70세이고 매년 1.56세씩 높아진다고 농촌 미래를 걱정했다. 정부가 '청년농 육성'을 핵심 정책과제 중 하나로 추진해 오고 있지만, 현실은 서글프다. 10년 후에도 과연 농사지을 사람이 있을지 우려되는 대목이다.

3 통계청, 〈20ep 농림어업조사〉.

그림 3-1 최근 3년간 농가 인구 구조 추이

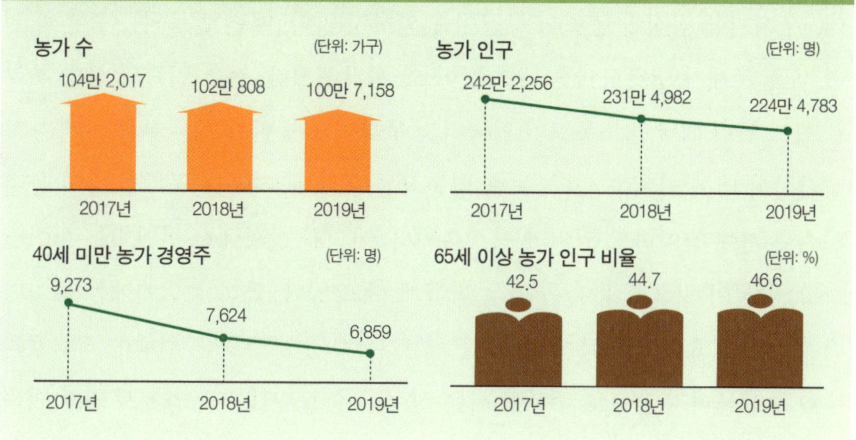

자료: 통계청.

표 3-2 농가 인구 및 농가 수 현황

(단위: 천 명, 명, 천 가구, %, %p)

구분	1970년 (A)	1980년	1990년	2000년	2005년	2010년	2015년	2019년 (B)	증감 (C=B-A)	증감률 (C/A×100)	연평균 증감률
농가인구	14,422	10,827	6,661	4,031	3,434	3,063	2,569	2,245	-12,177	-84.4	-3.7
농가인구비율	45.9	28.9	15.4	8.8	7.3	6.4	5.0	4.3	-41.6	-90.6	-4.7
유소년인구	6,271	3,573	1,370	459	335	270	150	97	-6,174	-98.5	-8.1
고령인구	713	728	769	876	999	973	987	1,046	333	46.7	0.8
고령인구비율	4.9	6.7	11.5	21.7	29.1	31.8	38.4	46.6	41.7	851.0	4.7
노령화 지수	11.4	20.4	56.1	190.9	298.2	359.7	659.6	1,073.3	1,061.9	9,314.9	9.7
전국 농가 수	2,483	2,155	1,767	1,383	1,273	1,177	1,089	1,007	-1,476	-59.4	-1.8
농가비율	44.5	27.0	15.6	9.7	8.0	6.8	5.6	4.8	-39.7	-89.2	-4.4

주: 노령화 지수: 유소년인구 100명당 고령인구.
자료: 통계청.

농업은 재배 및 생육의 특성상 파종이나 수확시기 등 적기 영농이 중요한데, 이 시기에 적정 노동력이 공급이 원활하지 않다. 매년 반복되는 농촌의 인력 부족 문제가 코로나19 사태를 맞아 더 심각해졌다. 농촌 인력의 상당 부분을 맡고 있던 외국인 노동자가 입국하지 못하면서 농번기 일손 부족 문제는 그 심각성이 더욱 커지고 있다. 농협 영농작업반 확대, 지자체 공무원 등이 농촌 일손 돕기에 참여하고 있지만 역부족이다. 이러한 상황에서 인건비는 높아만 가고, 일손이 필요한 농촌을 더욱 힘들게 하고 있다. 특히 농번기에는 농가마다 일손이 필요하기 때문에 인건비는 부르는 게 값일 정도다. 일당에 점심값과 수확 농산물까지 덤으로 주어야 하는 실정이다. 농민들이 농업에서 가장 어려운 문제로 일할 사람이 없는 점을 손꼽고 있는 것은 절실하면서도 시급히 해결되어야 할 문제이기 때문이다.

농촌 노동력 부족이 심각하다 보니 각 지자체는 지자체대로, 농협은 농협대로 영농 지원을 위해 머리를 싸매고 있다. 특히 농협은 2013년부터 '농촌인력중개센터' 사업을 추진하고 있다. 정부·지자체 등과 협력해 농가에 숙련된 영농 인력(영농작업반)을 제공하는 유상중개사업과 자원봉사, 사회봉사명령 대상자 등을 통한 무상중개사업으로 구성되어 있다. 도시 유휴 인력에 일자리를 제공하는 유상중개는 2019년 농촌인력중개센터를 통해 약 72만 명이 유상중개되었다. 특히 2020년도는 77만 명으로 늘려 잡고 있는데, 코로나19로 일자리를 잃은 도시민과 인력 부족이 심한 농촌 모두가 상생할 수 있도록 농협과 정부·지자체 등이 유상중개 확대에 긴밀히 협력하고 있다. 이와 함께 농협은 인건비 부담 등으로 어려움을 겪고 있는 취약농가와 소농가에 대해 농촌 일손돕기를 적극적으로 추진하고 있다. 2019년 약 6만 명의 농협 임직원이 일손돕기에 참여했고, 2020년에는 참여자가 10만 명을 넘어섰다. 농협과 협력하고 있는 1사

1촌 기업체, 지방자치단체 등의 임직원 자원봉사 인원도 약 20만 명에 이른다.

제주특별자치도의 경우 제주농협과 공동으로 2017년 '제주특별자치도 농어업인력 지원에 관한 조례'를 제정했다. '제주농업인력지원센터'를 제주농협 본부에 두어 오는 2022년까지 5년간 총 17억 원을 투입해 마늘·당근·감귤·월동채소 등의 생산에 연중 인력 확보가 가능한 인력전담센터로 운영하고 있다. 제주농협은 업무협약에 따라 ▲ 인력센터 구성 ▲ 농촌 일자리 알선·중개 수요(실태) 조사 및 중개 ▲ 전담 상담사 운영 ▲ 농작업자 현장교육 ▲ 전용 숙소 운영 ▲ 상해(손해)보험 가입 ▲ 인력 수송 ▲ 작업용품 제작 ▲ 사업 홍보 ▲ 인센티브 개발 등의 업무를 수행한다. 특히 여름철 '대학생 마늘 수확단' 및 가을철 육지부 인력 대상 '감귤 국민수확단' 운영, '강원도와 농촌 인력 교류' 등 톡톡 튀는 아이디어로 농촌 인력 부족을 해결하고 있다. 국민수확단으로 제주에 와서 한 달간 감귤 수확을 하고 돌아가던 길에 농협에 들렀던 부산의 한 할머니는 손주에게 용돈을 줄 수 있게 되었다면서 기뻐했던 모습이 지금도 선하다. 이러한 노력들에도 불구하고 농촌 노동력 부족은 아직도 심각하다. 한편, 농협과 제주특별자치도는 양해각서(MOU)를 체결하고 고령농·여성농 등 취약농가의 농작업 편의성과 농가소득 증대에 기여하기 위해 공유경제 개념의 농작업 대행 '농기계 플랫폼'을 구축하기로 하고, 현재 진행 중에 있다. 제주농업인력지원센터 설립과 농기계 플랫폼 사업은 저자가 제주농협 본부장 시절 추진한 가장 보람 있는 일이기도 하다.

자본

농업 부문의 성장은 양적 성장과 기술혁신에 의한 질적 성장으로 구분된다. 농업 자본은 양적 성장과 질적 성장에도 영향을 미치는 중요한 생산요소이다. 농업 부문의 자본 투입은 계속 진행되고 있다. 특히 2000년대 들어 미곡 생산은 지속적으로 감소하고, 노지채소와 과일은 성장이 정체된 반면, 축산 부문과 시설채소는 지속적으로 생산 규모가 확대되었다. 투입요소별로는 토지와 노동의 투입은 감소하는 반면 고정자본과 중간재 투입은 증가하였다. 토지와 노동의 투입 감소를 고정자본과 중간재 투입의 확대로 보충하면서 농업의 양적 성장이 이루어지고 있다. 또한 고정자본과 중간재 투입으로 생산 확대가 쉬운 시설채소와 축산 부문이 성장을 주도하고 있다.[4]

최근 들어 국내 기업들도 농업 진출 모색이 활발해지고, IT 기업들이 농산물 온라인 직거래와 스마트팜을 중심으로 많은 참여가 이루어지고 있다. 독창적인 아이디어만 있으면 다양한 ICT를 결합한 농업 벤처 스타트업이 확산될 수 있는 여건이 많이 개선되었다. 정부도 국가 R&D 투자와 효율성을 제고하고 농업 과학기술 분야의 ICT 융합, 고부가 산업화, 농생명 자원의 가치 제고, 기후 변화 대응, 식량안보 등에 대한 투자와 지원을 강화하고 있다. 특히 시설원예와 축산 분야를 중심으로 스마트팜이 활발하게 도입되기 시작하였는데, 생산성과 품질 향상, 생산비 절감, 노동력 절감 등 다양한 효과를 나타내고 있다. 우리나라 농업인의 생산 기술 수준도 뛰어나다. 농촌진흥청에 따르면 2015년 기준 농촌진흥청이 연구 개발한 농업 관련 7대 분야의 36개 핵심 기술 수준도 세계 최고 기술국인 미국의 83.4% 수준이며, 기술격차는 5.2년이라는 평가를 한 바 있다. 이러한 환경들이 융·복합으로 연결되면 우리 농업 발전을 빠르게 촉진할 것이다. 다만 투자비 부담과 농업인의 IT 활용 기술 부족, 정부 주도의

---

4 한국농촌경제연구원, 〈한국농업의 미래성장을 위한 농업부문 투자 활성화 방안(1/2차년도)〉, 2016.

보급, 산업생태계 형성 미흡 등이 과제로 제기되고 있다. 도시와 농촌의 정보화 격차도 해소되어야 한다.

한국농업은 그동안 시장 개방화에 대응한 차별화·고품질화 전략으로 발전을 이루어 왔으나 지식 기반, 자본 집약적인 생산 고도화 단계에는 진입하지 못했다. 연구·개발 및 자본 투자를 바탕으로 생산성과 경쟁력을 확보한 생산 고도화 단계로 진입하기 위해서는 효율적인 자본 투자가 이루어져야 한다. 따라서 투자 활성화의 걸림돌로 작용하고 있는 농촌 인구 감소 및 고령화에 대한 해결책을 마련해야 하고, 농가 규모화, 후계농 육성, 은퇴농 보유 자산의 효율적 이전 등을 위한 제도적·정책적 방안이 마련되어야 한다. 아울러 국제 여건 변화에 대응한 수출 확대, 기능성 식품·바이오 소재 등의 신규 수요 창출 등을 위한 기술 개발 등에 적절한 투자가 뒷받침되어야 한다.

특히 코로나19 이후 정부가 한국판 뉴딜정책을 발표하고, 그린 뉴딜, 디지털 뉴딜, 국민안전망 강화 등에 160조 원을 투입한다는 목표를 제시하고 있지만, 국가 존립의 핵심인 농업 분야의 투자에 대해서는 사실상 소외시켰다는 비판을 받고 있다. 일자리도 190만 개 창출하겠다고 한다. 농업·농촌 기반 일자리 창출 기회는 차고도 넘친다. 세계적 저금리 현상이 당분간 계속될 전망이다. 한국은행 기준금리도 0.5%에 불과하다. 농업정책자금 금리도 0%대로 내려야 한다. 디지털 자본 등 새로운 자본이 등장하는 시대에 농업·농촌에 대해 새롭게 정의함과 동시에 그에 걸맞는 자본 투입을 획기적으로 확대해야 할 것이다.

12.
농촌이 사라져 가고 있다

농촌 인구가 급속히 줄고 있다. 농업 인구의 고령화도 심각하다. 일부 지역에서는 아예 아기 울음소리가 그친 지 오래다. 통계청에 따르면 지난 20년간(1998~2018) 농가 인구는 440만 명에서 231만 명으로 절반 가까이 줄었다. 상대적으로 가구당 경지면적이 늘고 농작업 기계화율이 많이 늘었다고는 하지만 10년 후 농사지을 사람이 있을는지 의문이 드는 대목이다. 거기에다가 농업에 종사하는 사람들 대부분이 노인 인구로 농업·농촌의 미래를 걱정하지 않을 수 없다. 65세 이상 고령인구 비중은 같은 기간 동안 19.6%에서 44.7%로 급속히 늘었다. 70대가 이장을 맡아야 하고 청년회 가입연령도 높여야 할 지경이다. 이러다가 농촌 지역이 소멸되는 것은 아닌지 우려하지 않을 수 없다.

한국고용정보원에 따르면 전국 228개 시군구 중 42.5%인 97곳은 소멸위험 지역이다. 10곳 중 4곳은 '소멸위험 지역'이라는 것이다. 소멸위험지수는 임신이 가능한 20~39세 여성의 인구 수를 65세 이상 고령인구 수로 나눈 값이다. 이 지수가 1.5 이상이면 소멸위험이 매우 낮은 수준, 1.0~1.5 미만이면 보통 수준, 0.5~1.0 미만이면 주의 수준, 0.2~0.5 미만은 진입 수준, 0.2 미만이면 소멸 고위험 지역으로 보고 있다. 2019년 10월 현재 광역시는 세종·경기·울산·인천·서울·대전·광주 등이 1.0 이상이고, 제주·대구·경남·부산 등 대부분 지역은 0.81~0.50이다. 전남은 0.44로 소멸위험에 이미 진입했다는 것이다. 기초지자체로는 충남 서천, 전남 함평·신안·보성·고흥, 경북 봉화·영양·영덕·청송·의성·군위·청도, 경남 합천·의령·산청·남해는 0.2 미만으로 소멸 고위험 지역이다.

40세 미만 청년인구도 전국적으로 1만 세대가 무너졌다. 농사짓기가 그만큼 어렵고, 소득·문화·복지·교육·의료 시설 등에서 도시에 비해 열악하다는 방증이다.

지역소멸지수가 심화되는 것은 농촌 인구의 노령화도 문제지만 젊은이들이 농촌을 떠나기 때문이다. 농촌을 떠나면 어디로 가겠는가? 수도권으로 집중되는 것이다. 2019년 서울·경기·인천 등 수도권 인구가 처음으로 전체 인구의 50%를 돌파했다. 통계청이 2019년 발표한 '장래인구특별추계'에 따르면 2047년까지 인구의 수도권 집중은 계속될 것으로 전망되고 있다. 농촌 공동화로 빈집이 많아지고 있는 데 비해 수도권은 집 수요가 많아 집값 및 전셋값이 너무 올라 골치 아픈 문제가 되고 있다.

수도권 과밀과 지역소멸을 방치한다면 지역균형발전과 국민의 삶의 질 향상, 국가의 지속 가능 발전 측면에서 국가적 재앙이다. 저출산 고령화 문제와 함께 국가정책의 우선순위로 두고 시급히 풀어야 할 문제이다.

4년전 경북 의성에 귀농한 이동필 전 농식품부 장관은 지방 소멸의 근본 원인을 저출산·고령화의 자연적 감소, 지역 간 발전 격차로 인한 사회적 이동 등으로 도시와 농촌 문제의 누적적 악순환의 결과로 진단하고 있다. 따라서 악순환의 연결고리를 끊는 것이 농촌 살리기의 핵심이라는 것이다. 그는 "기존의 농촌을 대상으로 한 농업 위주의 귀농·귀촌 정책을 지방 중소도시까지 확대하고, 농업 이외의 다양한 일자리를 마련해야 하고, 정보 제공, 교육훈련, 창업 지원 등의 귀향·귀촌을 촉진시킬 수 있는 범정부 정책으로 개편할 필요가 있다"[5]고 강조한다. 그는 또 새로운 농촌 정책의 기본방향으로 ▲ 생활권 중심의 인구 정착 ▲ 외지인구 유입을 위한 산업과 양질의 일자리 마련 ▲ 생활 환경과 문화·복지 여건 개선 등을 설정하고 ▲ 농촌 정주 생활의 공간 구조 재설계 및 관련 사업의 연계 협력 체계 구축 ▲ 사람·산업·공간의 통합적 개발 ▲ 광역자치단체의 기획조정 및 관리 기능 강화 ▲ 지방자치단체의 일하는 방식 혁신 ▲ 규제 완화 등 낙후 지역 지원 관련 제도 정비 ▲ 중앙정부의 조세 및 재정 지원을 제안했다.

지방이 살아야 나라가 산다고 믿는 도시계획학자인 마강래 중앙대 교수는 지방을 살리기 위한 특단의 조치를 취하지 않는다면, 수도권만이 경제·문화·교육을 독식하며 최후의 승자로 남을 것이라며 지방의 소멸을 경고하고 있다. 마 교수는 "지방의 생활 서비스 붕괴를 막기 위해 최소한의 임계인구(critical population size)를 확보해야 한다"면서 중장년층의 이주를 통한 임계인구의 확보 → 이들이 일을 할 수 있는 환경 마련을 통한 경제 활성화 → 경제 활성화를 통한 젊은 인구의 유입정책 등 단계적 정책 도입을 주장하고, 베이비부머가 지방으로 떠나야 모두가 산다고 강조한다.

지방소멸위험지수가 인구의 자연 증감만 고려하고 인구이동은 충분히 반영하지 못한다는 측면에서 귀농·귀촌 정책도 하나의 대안이다. 귀농·귀촌 인구는 2011년부터 급증하기 시작하여 몇 년 동안 꾸준히 늘었다. 최근 증가 추세가 다소 둔화되고 있으나, 매년 1만 가구 이상 유지하고 있다. 귀농·귀촌 인구가 느는 것은 농업·농촌의 가능성과 가치, 생활 환경으로서 농촌이 지니는 매력에 대한 인식이 확산되고 있기 때문이다. 2019년 기준 귀농가구의 평균 가

5 농민신문, 〈이동필의 귀거래사〉, 2020. 9. 7, 18면.

표 3-3 연도별 귀농가구 수

연도	2011	2015	2016	2017	2018	2019
가구수	10,075	11,959	12,875	12,630	11,961	11,422

자료: 통계청.

구원 수는 1.42명이나 1인 가구가 72.4%에 이른다. 연령별로는 은퇴 연령층인 50~60대가 67.6%, 젊은 층인 30~40대가 25.7%이다. 지역별로는 경북 2,136가구로 가장 많고, 전남 2,014가구, 경남 1,315가구, 전북 1,315가구, 충남 1,260가구 순이다. 한편, 2019년 현재 귀촌인구는 31만 7,660가구로 30~40대가 66.1%를 차지해 농촌 활력화에 도움을 주고 있다. 귀농·귀촌이 농촌 인구 유지에 크게 도움이 되고 있고 앞으로도 꼭 필요한 부분이다.

국회 차원에서의 소멸위험 지역을 지원하는 법안이 여러 건 발의되어 있다. 일부 의원들은 '지방소멸위기 지역 지원 특별법' 제정안 발의를 준비 중이다. 제정안 초안은 자연·사회적 요인에 따른 인구 감소로 지역의 존립이 위태로울 수 있는 기초자치단체를 지방소멸 위기 지역으로 지정하도록 하고, 이들 지역에 대한 지원을 통해 해당 주민의 삶의 질을 높이고 지역 활력을 증진시켜 정주인구 확보와 국토 균형발전을 도모한다는 취지다. 또한 지방소멸위기 지역에서는 ▲ 청년 일자리 지원 ▲ 중소기업 조세특례 강화 ▲ 국책사업 유치 ▲ 예비타당성 조사 면제 ▲ 안전·편의 생활공간 조성 ▲ 교통편의 제공 ▲ 교육재정 지원 ▲ 마을주치의제도 등을 시행할 수 있다. 지역 활력 산업 육성 지원책으로 ▲ 농어촌관광휴양사업 규모·시설 기준 규제 완화 ▲ 농지전용 허가 완화 ▲ 농업진흥구역 내 주말·체험 영농주택 건축 허가 등의 사항도 담겼다. 국고보조율 우대, 지방교부세 지원, 특별회계 설치 등 재정 지원 방안 등도

그림 3-2 전국 시·군·구 소멸위험지수 현황

전국 시 · 군 · 구 소멸위험지수(2019년 10월 현재)

※ 소멸위험지수: 20~39세 가임기 여성 인구 수를 노인 인구 수로 나눈 값.
지수가 0.5 미만으로 내려가면 소멸위험 단계에 접어들었다고 봄.

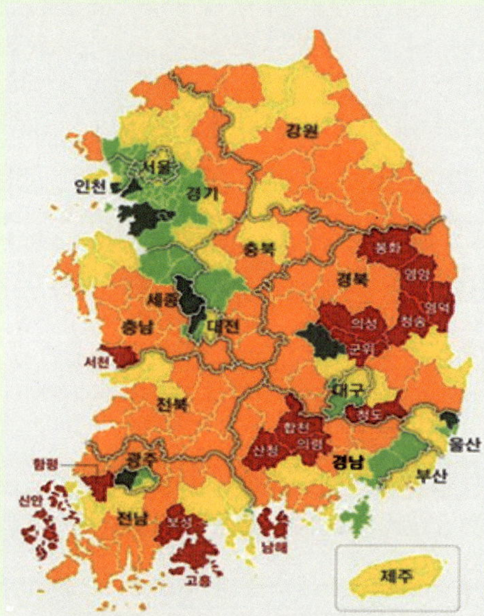

- 소멸 고위험(0.2 미만)
- 소멸위험 진입(0.2~0.5 미만)
- 소멸위험 주의(0.5~1.0 미만)
- 소멸위험 보통(1.0~1.5 미만)
- 소멸위험 매우 낮음(1.5 이상)

신규 '소멸위험' 시 · 군 · 구(8곳)

전북 완주, 충북 음성, 충북 제천, 부산 서구, 강원 동해, 강원 화천, 경기 여주, 경남 사천

광역시 · 도별 소멸위험지수

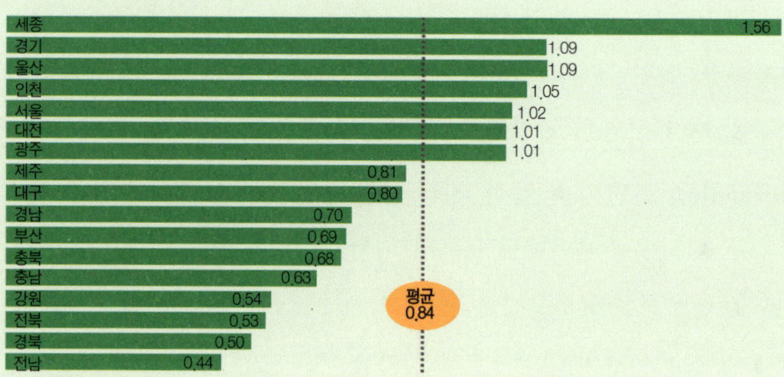

자료: 한국고용정보원.

포함하고 있다.

4차 산업혁명 시대의 기술과 서비스를 통한 해결 방안도 찾아볼 필요가 있다. 농촌의 재생과 활성화에 적합한 의식주(衣食住)에 의직주(醫職住: 의료·일자리·주민복지 등)를 더한 해결책들을 찾아내어 지역관계를 ICT로 연결하는 것이다. 이를 통해 고령자 지원, 이웃 교류, 육아 및 보육 지원, 학교 교육 지원 등을 보완한다. 이 과정에서 기업(business: 농협, 생협, 마을기업, 사회적 기업 등 포함), 농촌 정주자(communer), 행정기관(government)을 연결하는 BCG 트라이앵글을 연결하여 확고한 지원 체계를 갖추는 것이 필요하다.

지방소멸 문제는 농업·농촌의 문제를 넘어 국가 균형발전의 문제이며, 당장 눈앞에 닥친 현실의 문제이다. 정부와 지자체, 정치권이 발 빠른 대책을 강구해야 한다.

13.
식량자급률, 곡물자급률, 칼로리 자급률

우리나라는 주식인 쌀을 100% 자급하기 때문에 국민들이 느끼는 식량안보에 대한 감도는 다소 낮을 수 있다. 그러나 2018년 기준 식량자급률은 48.5%, 곡물자급률은 21%에 불과하다. 문제는 국민의 먹거리를 안전성이 제대로 담보되지 않는 외국산에 의존해야 하는데다, 자급률마저 매년 떨어지고 있다는 것이다. 기후 변화로 세계적 곡물 생산량이 안정적이지 못하다. 특히 코로나19 팬데믹 현상이 극심한 2020년 일부 국가는 곡물 수출을 통제하고 있어 식량안보에 대한 위기가 더 커지고 있다. 다른 나라의 식량자급률을 보면 캐나다 180%, 프랑스 174%, 미국 125%, 독일 124%, 영국 101%로 주요 선진국들은 100%를 넘고 있다. 일본만이 우리나라와 비슷한 40% 수준이다. 노벨 경제학상 수상자 사이먼 스미스 쿠즈네츠 교수가 주장한 "공업 발전을 통해 중진국은 될 수 있어도 농업 발전 없이 선진국은 되기 힘들다"는 말에 공감이 가는 대목이다. 농협미래경영연구소의《코로나19發 글로벌 식량위기와 시사점》보고서에 따르면, 우리나라는 연간 1,600만 톤 이상의 식량을 사들이는 세계 5대 식량 수입국이다. 이는 우리나라 2020년 쌀 생산량 350만 톤의 약 4.6배 정도 되는 물량이니 그 규모를 짐작할 수 있다. 특히 축산 사료의 원료가 되는 옥수수와 대두는 대부분 수입에 의존하고 있어 축산 시스템에 대한 고민을 해야 할 때가 되었다.

그러다 보니 우리나라 칼로리(kal) 자급률도 2017년 기준 38%에 불과하다. 참으로 우려스러운 상황이다. 칼로리 자급률은 곡물·육류·채소·과일 등 우리 국민들의 음식물 섭취량을 칼로리로 환산했을 때 국산 농산물이 차지하는 비중을 말한다. 유엔식량농업기구(FAO) 권장 방식에 따라 식품수급표를 작성한 1962년 이후로 가장 낮은 수치이다. 1970년만 해도 79.5%에 달했던 칼로리 자급률이 50년도 안 되어 반토막 수준으로 떨어졌으니 경각심을 갖고 대책 마련에 나서야 한다.

식량안보지수도 뒷걸음질하고 있다. 이코노미스트 인텔리전스 유닛(EIU)이 발표한 '2019년 세계식량안보지수(Global Food Security Index, GFSI) 순위'에서 우리나라는 29위로 전년 대비 4단계 하락했다. 식량안보지수는 자국민에게 충분한 양과 양질의 식량을 필요한 시기와 장소에 공급할 수 있는 능력을 말한다. 그런데 식량의 90% 이상을 수입하는 싱가포르가 1위이다. 이상하지 않는가? 도시국가인 싱가포르가 식량안보지수 1위라니. 싱가포르는 세계 곡물파동에 대비해 수입 가능 국가를 170여 개로 다변화하고, 언제 어디서든 농식품 조달에 차질이 없도록 탄력적 수입 전략으로 위기에 대응하고 있다. 안보적 차원에서 철두철미하게 대비하고 있는 것이다. 우리나라도 농업인단체에서 주장하고 있는 식량자급률의 법제화를 유연하게 검토하고, 농지의 보전·밭농업의 스마트화·사료작물의 자급화와 연계한 축산업 육성, 농업 노동력의 확보 대책 등 식량자급률을 높이기 위한 특단의 대책을 마련해야 한다. 농민신문이 최근 국회 농림축산해양수산위원회 김영진 의원실과 공동으로 실시한 '농업·농촌·농식품 현안 여론조사'에서 조사 대상 국민 중 75.3%가 식량자급률 목표치 법제화에 찬성하는 것으로 나타났다. 코로나19 이후 식량안보에 대한 경각심과 국민 안전에 대해 강조되는 데 따른 것으로 분석되고 있다.

최근 새만금 간척지에 우리 밀 생산단지를 조성한다고 한다. 쌀 소비량이 급격히 줄고 밀가루 수입량이 증가하는 현실에서 수입 대체 작목인 우리 밀 재배에 정부가 관심을 가지고 있다는 점에서 평가받을 만하다. 정부는 2030년까지 밀과 콩의 자급률을 10%, 45%까지 높이는 것으로 목표를 잡고 있다. 미흡하나마 환영할 일이다.

14.
농가소득, 소득 양극화

농가소득은 '농업소득+농업외소득+이전소득+비경상소득'으로 구성된다. 농림축산식품부 발표에 따르면 2019년 우리나라 농가소득은 평균 4,118만 2,000원이다. 매년 소폭이지만 늘어 왔던 농가소득이 2019년에는 오히려 2.1%(88만 원) 감소했다. 특히 일부 농축산물 가격 하락과 쌀 변동직불금 지급 지연에 따른 농업 수입 감소 영향으로 농업소득이 20.6% 크게 감소했다. 6차 산업화 등 농업외소득이 2.2%로 증가하고 직접지불금 및 국민연금 급여 확대 등 소득안전망 확충으로 이전소득이 증가(13.5%)했다. 경영주 연령별로는 40대 이하(7.1%), 50대(0.2%), 60대(2.2%) 주력농가 그룹은 증가했지만, 70대 이상 농가 소득이 3.3% 떨어져 전체 평균 농가소득 감소로 이어졌다. 품목별로는 채소·과실류 농가는 수급 불안 및 수차례의 태풍에 따른 품위 저하로 가격 하락이 이어져 수입이 감소했다. 축산농가는 전반적인 축산물 가격 상승 및 농가 생산 증가 등으로 수입이 증가한 것으로 나타났다. 다만 양돈농가는 아프리카돼지열병(African Swine Fever, ASF) 발생과 가격 하락으로 어려움을 겪었다.

농업경영비는 재료비(사료·비료·농약비 등), 광열비 증가 등으로 전년 대비 5.9% 증가한 2,417만 5,000원으로 나타났다. 농협이 농가경영비 부담을 줄이기 위해 농협을 통해 공급하는 비료·농약·농기계·사료·비닐 등 농용자재 가격을 몇 년간 동결하기도 했지만 농약허용물질목록관리제도(PLS) 등 안전 관리

그림 3-3 농가소득 현황

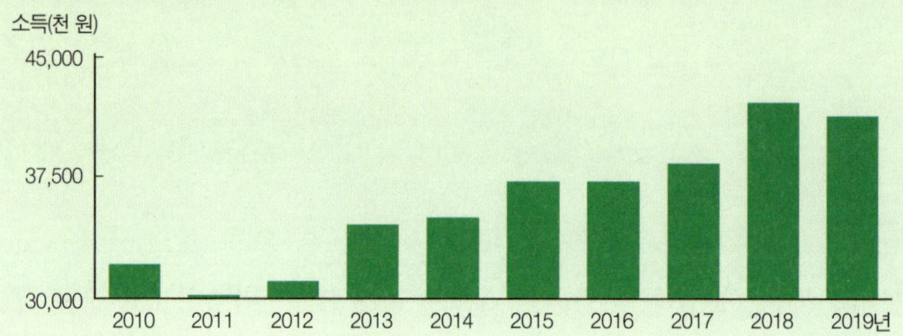

자료: 통계청, 《농가경제통계》.

강화정책이 시행되면서 고가의 농약 소비가 오히려 늘었다.

농외소득(농업외소득)은 농촌 융·복합 산업 및 농촌관광 활성화 등 지속적인 농가소득 다각화 추진으로 겸업소득이 증가하였다. 이전소득은 직불금 단가 인상[6] 및 국민연금 지원 확대[7] 등 공적 보조 지원 강화가 농가소득 안전망에 크게 기여한 것으로 보인다.

농가부채와 자산은 동반 증가했다. 농가 평균 부채는 3,571만 8,000원으로 245만 원(7.3%) 증가하고, 자산도 5억 2,945만 5,000원으로 전년 대비 10.6% 증가하여 자산 대비 부채비율은 6.7%로 동일 수준을 유지하고 있다.

농가소득은 농가경제의 바로미터이다. 농가소득이 높으면 그만큼 농업·농촌의 미래가 밝다. 지난 10년간 농가소득 증가율은 2.8%에 불과하다. 특히

6 밭고정직불금(만 원/ha): (2018) 50→(2019) 55, 조건불리직불금(만 원/ha): (2018) 농지 60, 초지 35→65, 40.
7 농업인 국민연금 월평균 급여액: (2018) 272천 원/월 → (2019) 289천 원, 기초연금 지급 소득기준액(단독가구 기준): (2018) 1,310천 원/월 → (2019) 1,370천 원.

그림 3-4 농가자산 및 부채 추이

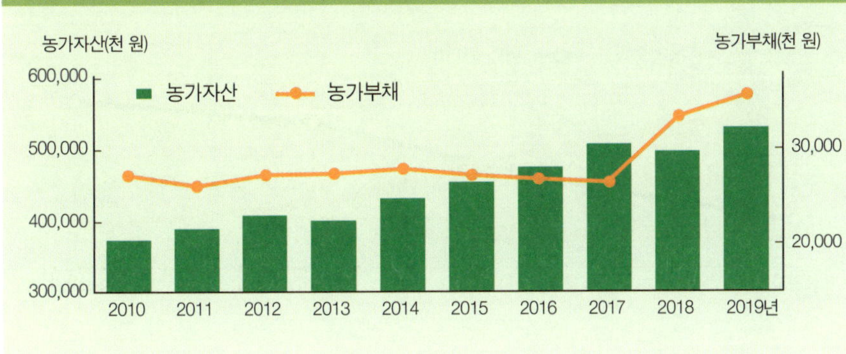

자료: 통계청, 농가경제조사.

농산물을 생산해 판매하는 고유의 농업행위를 통해 획득하는 농업소득은 1,000만 원 내외에서 정체되고 있다. 농가소득 중 농업소득 비중이 30% 밑으로 떨어졌다.

농업 총수입 중 농업경영비가 차지하는 비중은 점점 늘어 농가의 경영 부담은 커지고 채산성도 악화되고 있다. 특히 축산업은 국제 곡물가격에 큰 영향을 받는 사료비 부담이 만만치 않고, 시설원예 분야에서는 연료비·전기료 등 수도광열비가 경영비 변동의 큰 요인으로 꼽힌다.

국회입법조사처가 2019년 발표한《연도별 농가소득의 변화와 시사점》보고서를 보면 국내총생산(GDP)은 2003년 811조 원에서 2018년 1,782조 원으로 2.2배 증가했고, 도시근로자 소득은 1.8배 늘었다. 반면 같은 기간 농가소득은 2,688만 원에서 4,207만 원으로 1.6배 증가하는 데 그쳤다. 더구나 지난해 도시가구 소득 대비 농가소득 비율은 62.2%에 불과해 2014년 61.5% 이후 최저치이며, 2018년 65.5%보다는 3.3%포인트 감소했다. 농가소득이 최소한 명목 GDP 성

그림 3-5 농업 총수입 중 농업경영비·농업소득 비중

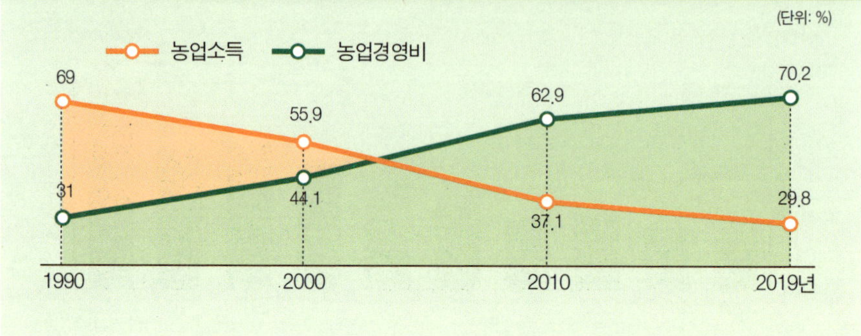

자료: 통계청.

장률에 물가상승률을 더한 백분율 이상의 증가가 있어야 농업에 종사할 이유를 찾을 수 있지 않겠는가. 정부는 주요 농산물 수급 안정을 도모하고 공익형 직불제, 주요 품목 의무자조금 도입, 재해보험 개편 등 소득안전망을 강화할 계획이지만 농민수당, 청년 농업인 육성, 6차 산업 활성화 등 농가소득을 높일 수 있는 방안을 더 강구해야 한다.

농촌 지역 고소득·저소득 농가 간 소득격차도 커지고 있다. 농촌에서도 도시 못지않게 소득 양극화가 심해지고 있다는 뜻이다. 한국농촌경제연구원이 분석한 결과[8]에 따르면 2019년 기준 농가의 '소득 5분위 배율'은 10.9배로 나타났다. 같은 기간 1분위 평균 농가소득은 926만 원이고, 5분위 평균 농가소득은 1억 99만 7,000원이다. 5분위 배율이란 상위 20%(5분위) 집단의 평균 소득을 하위 20%(1분위) 평균 소득으로 나눈 값이다. 수치가 클수록 소득 양극화가 크다는 뜻이다. 농가소득 5분위 배율은 2012년 12.4배로 최고점에 달한 후 2015년

8 유찬희·김태후, 〈2019년 농가경제 실태와 시사점〉, KREI 현안분석, 제78호, 2020. 8.

그림 3-6 농가소득 5분위 배율(2009~2019년)

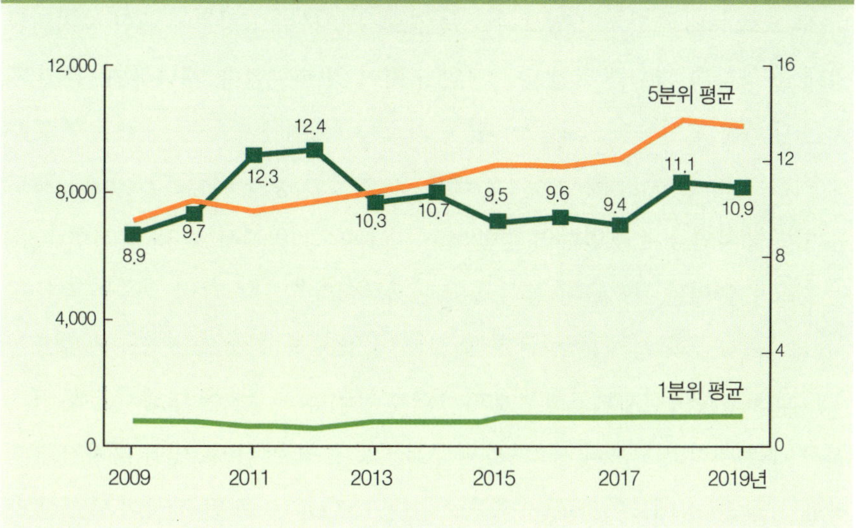

자료: 통계청.

9.5배, 2016년 9.6배, 2017년 9.4배로 완화되었다가 2018~2019년 11.1~10.9배로 높아졌다. 반면 2019년 4분기 도시근로자의 소득 5분위 배율이 4.4배인 점을 감안하면, 그만큼 농가소득 불평등은 심히 우려될 만한 수준임을 알 수 있다. 아무래도 농촌 노령화와 수급 불안정, 경기침체, 자연재해 피해, 재해보험 가입 여부 등에 따른 것으로 보인다. 특히 고령농의 빈곤이 심각하다. 2019년 소득 1분위 농가 중 경영주 연령이 65세 이상인 농가의 비중은 79.4%로, 전년 78.75%보다 늘어났다. 반면 5분위 농가 중 65세 이상 농가는 그 비중이 36.2% 수준이다.

소득 1분위 집단 농가소득이 정체되는 가운데, 소득 5분위 집단 농가소득이 늘고 있기 때문에 저소득 집단의 만성적인 소득 부족 문제에 대응할 필요가 있다. 문재인 정부 들어 공익적 직불제 개편, 로컬 푸드 확대, 푸드 플랜 시행 등 영세소농들에 대한 지원책을 통해 농촌 지역 소득 양극화 해소에 나서고 있다. 앞으로 농지를 가지고 있으나 소득 창출을 못하는 고령농에 대한 농지연금 확대 등 양극화 해소를 위한 다각적인 노력이 있어야 한다. 왜냐하면 1분위 계층은 대부분 고령농이 많고, 2019년 농가소득 1분위에 속하는 경영주 연령 65세 이상 농가 중 농지 평가액이 8,000만 원 이상인 농가 비중은 56.6%로, 해당 농가가 농지연금에 가입하면 평균 소득이 1,014만 원에서 36.3% 증가한 1,382만 원으로 늘어날 것으로 추정되고 있기 때문이다.[9]

소득 양극화 문제는 범국가적 문제이기도 하다. 2020년 8월에 발표한 'OECD 2020 한국경제보고서'[10]에 따르면 한국의 경제정책에 대해 대부분 긍정적 평가를 내리고 있으나 사회·경제적 불평등은 코로나19로 인한 경기침체 회복에 가장 큰 장애물이라고 지적하고 있다. OECD는 그동안 한국이 달성한 경제성장의 과실은 균등하게 분배되지 않았다고 꼬집었다. 산업화 초반에는 대부분 국민이 큰 폭의 소득 증대를 경험했지만 1997년 외환위기를 기점으로 경제성장의 포용성이 약화되었다고 평가했다. 지니계수로 측정한 세후 소득불평등 순위는 OECD 회원국 37개국 중 7위로 대한민국의 불평등 정도가 매우 높다고 볼 수 있다. 또한 OECD는 대한민국이 주관적 건강 수준, 환경의 질, 일과 삶의 균형 영역에서 삶의 질 수준이 낮다고 분석했다. 지난 시기 수십 년에 걸친 놀라운 소득 증가에 비해 삶의 질 수준이 높지 않은 것은 사회·경제적 불평등 때문임을 시사하고 있다.

정부는 농촌 지역 양극화 해소와 사람 중심의 농정의 하나로 면적·쌀 품목 중심의 직불제를 공익적 직불제로 전환해 소농들에게 상대적 혜택을 더 주

9 유찬희·김태후, 〈2019년 농가경제 실태와 시사점〉, KREI 현안분석, 제78호, 2020. 8. 24.
10 http://www.oecd.org/economy/korea-economic-snapshot/.

고는 있지만, 아직 갈 길이 멀다. 전문가 및 농업인 단체 등에서는 공익적 직불금 단가 인상, 농지연금 활성화, 재해보험 가입률 제고, 소득안전망 확충을 주장하고 있다. 특히 소득 1분위에 속한 65세 이상 농가에 대해 농지연금 가입을 활성화할 수 있도록 방안을 강구해야 한다. 농작물재해보험도 농작물의 품질 하락에 따른 보상, 할증보험률 산정 방식 등 개선이 필요하다.

앞으로 코로나19 영향으로 농업 생산액이 줄어들고 외국인 노동자 입국 제한에 따른 일손 부족 현상이 더욱 심화될 우려가 있다. 게다가 인건비 인상, 농산물 판로 위축 등이 상당 기간 농업소득 감소 요인이 될 수 있다. 비대면 일상화에 경기침체가 지속되면 농외소득 창출 기회도 줄어들 수 있다. 농촌 지역 소득 불평등 해소 소득안전망 확충이 시급한 이유이다.

이성희 농협중앙회장이 회장직을 수행하고 있는 국제협동조합농업기구(ICAO)는 2020년 9월 긴급 화상회의를 열어 코로나19 이후, 특히 중·소농과 취약농에 대한 보호가 중요하다고 분석하고, 그러한 역할을 수행하는 농협에 대한 지원이 필요하다고 주장했다. 이유는 협동조합은 소득이 낮은 계층에 대한 지원을 비롯해 농업 생산, 식품 공급과 같이 매우 중요한 역할을 하고 있기 때문이다. 이에 터키 앙카라대 벌언트 걸쿡북 교수는 "협동조합은 실업 감소, 지속 가능한 생산과 공급, 농촌 지역 주민과의 협력에 있어서 더 나은 역할을 해야 한다"고 지적했다.

15.
풍년의 역설

경제학 이론 중에 '희소성의 법칙'이 있다. 사람들이 원하는 것에 비해 물건이 부족할 때 값어치가 높아지는 현상을 말한다. 즉, 희소성이 있으면 물건 가격이 올라가고, 희소성이 없으면 물건 가격이 내려간다. 다이아몬드는 물에 비해 희소하기 때문에 값이 상대적으로 비싸다. 물은 희소성이 없다. 그런데 최근 물값이 기름값보다 비싸다. 이유는 환경오염으로 마실 수 있는 물이 부족해지는데다, 몸에 좋은 영양분이 풍부한 물이라면 찾는 사람은 많아지지만 구하기도 어려워 값이 매우 비싸질 것이다.

농업경제학에는 '킹의 법칙'이 있다. 영국의 경제학자 그레고리 킹(1648~1712)은 곡물 공급과 가격 관계를 연구하여, 곡물 공급이 수요보다 10% 부족하면 가격은 30% 상승한다는 연구 이론을 발표하였다. 이후 농산물 수요가 공급을 초과하면 농산물 가격은 산술급수적으로 오르는 것이 아니라 기하급수적으로 오른다는 '킹의 법칙'으로 일반화되었다.

이처럼 농산물 생산량의 많고 적음에 따라 가격이 급격하게 오르고 내리는 것은 농산물이 수요 비탄력적이기 때문이다. 가격이 오르면 곧바로 수요가 줄고 공급이 늘어나는 수요·공급 원리가 작동하는 상품은 '탄력적'이라고 부르지만, 가격이 올라도 수요나 공급이 쉽게 변하지 않는 상품은 '비탄력적'이라고 한다. 농산물은 기호식품이 아니기 때문에 가격이 오른다고 하루 세 끼

먹던 식사를 줄일 수 없고, 추가적인 수요가 발생하더라도 작물은 생육기간이 필요하여 즉각적으로 공급량을 늘릴 수도 없기 때문이다. 이에 따라 농산물 수요가 공급을 초과하면 가격이 매우 가파르게 오르고, 반대의 경우는 급격하게 내리는 경향이 있다.

2018년도에는 2017년산 감자가 모자라 대형 마트 및 가공업체들이 감자를 찾느라 전국을 누비고, 가격은 천정부지로 올랐다. 2017년 겨울 한파로 제주 월동감자가 큰 피해를 보았기 때문에 다음 해 봄에 감자는 금값이 된 것이다. 2018년 4월 통계청의 소비자물가 동향에 따르면 감자 가격은 76.9%가 상승하였다. 반면에 그해 3월 농촌경제연구원에서 조생종 양파 생산량이 평년 14만 6,000톤보다 33.2% 증가한 19만 5,000톤이 생산될 것이라고 발표하였다. 이후 3월 가락동 농수산물시장의 양파 가격은 평년 가격보다 39.9%나 하락하였다. 이는 불과 한 달 전에 비하여 28.2%나 하락한 가격이다. 농산물 가격이 생산량 변화와 출하량 조정에 따라 얼마나 민감하게 반응하고 있는지를 보여 주는 사례이다.

농산물 생산이 불안정하면 어떻게 하는가? 시장에만 의존해 놔둘 수 없다. 우선 과잉 생산이 예상되면 정부에서는 쌀 등 식량작물과 고추·마늘·양파·땅콩·콩·사과·배·배추·무 등 9개 품목은 수매비축사업으로, 고추·마늘·양파·생강·참깨·땅콩·콩·팥(녹두) 등 8개 품목은 수입비축사업으로 수급을 조절한다. 품목 선정 기준은 계절적 수급 및 가격변동이 큰 품목, 국민 생활에 있어 가격 안정이 요구되는 품목, 국내 생산 기반 유지 및 증산 유도가 필요한 품목 등으로 농림축산식품부 장관(사업지원기관)이 정한다.

그런데 배추·무·건고추·마늘·양파 등 5대 품목은 매년 가격 급등락을 반복하고 있는 상황이다. 기후 변화 등으로 생산량 예측이 곤란하고, 수입 시차 등으로 생산자와 소비자 양쪽에서 불만이 팽배하다. 특히 정부의 수입 비축 물량이 수매 비축 물량에 비해 6~7배에 이르러 수급 조절을 수입에 의존한다는 지적을 받고 있다.

또한 무·양파·배추 같은 채소류 등은 주산지인 제주와 전남 지역에서 산지에서 폐기하였고, 자율적 수급 조절을 병행하는 경우도 많다. 자식처럼 애써 키운 농산물을 시장에 보내보지도 못하고 폐기하는 장면을 보면서 생산 농가들은 피눈물을 흘린다. 한마디로 '풍년의 역설'이다.

1960년 이후 늘 식료품이 모자랐던 때는 마을마다 풍년기원 행사를 할 정도로 풍년이 곧 농가의 행복이었다. 하지만 1990년대 이후 수입 개방과 농업기술의 발달, 생산수단의 발달, 품종개량 등이 이루어져 공급 과잉 시대가 도래한 것이다. 다시 말해서 공급 물량 증가는 재고 과잉으로 이어지고, 이어서 가격 폭락으로 소득 감소가 꼬리를 무는 악순환이 반복되고 있다. 풍년이 역설적으로 눈물의 씨앗이 되어 버린 서글픈 시대 상황이다.

그래서 빅데이터(big data)를 활용한 예측의 과학화를 기하고, 국내 생산량과 수입량을 기초해 국내 공급량만을 따져 가격 등락에 대응할 것이 아니라 수출량·재고량, 국내산 및 수입 소비량 등 수요를 보다 객관적이고 정확히 조사해 체계적인 수급 관리가 시급하다는 요구가 커지고 있다.

농업인이 없으면 소비자가 살 수 없고, 농업인은 소비자가 없으면 살 수 없다. 이처럼 농업인과 소비자는 공생관계에 있다. 농업인에게는 눈물을 닦아주고 소비자에게는 양질의 식재료를 공급할 수 있는 과학적인 수급대책이 필요하다.

16.
쏟아지는 수입 농산물

우리나라는 대표적인 농산물 수입국이다. 인구 대비 농경지가 부족하고 우리 농산물 가격경쟁력이 떨어지는 이유도 있지만 1995년 UR 협상 타결과 농산물시장이 개방되었기 때문이다. 또한 개별 국가 또는 국가 연합과의 자유무역협정(FTA)이 지속적으로 추진되면서 매년 농산물 수입은 급속하게 늘었다. 2020년 1월 현재 55개국 16건의 FTA가 발효되어 교역이 진행 중이다.

1998년 63억 8,700만 달러였던 농림축산물 수입은 2019년 343억 400만 달러(우리 돈으로 약 41조 1,500억 원)로 437% 증가했다. 지난 10년간만 보아도 53.6% 늘었다. 같은 기간 농림축산물 수출도 늘기는 했다. 1998년 16억 3,500만 달러에서 2019년 70억 2,500만 달러로 330% 늘었다. 그러다 보니 농림축산 분야의 무역적자는 매년 270억~280억 달러(약 33조 6,000억 원 수준)에 이르고 있다.

수입 물량으로는 곡류가 157만 4,900톤으로 가장 많고, 당류 253만 8,800톤, 사료 204만 4,200톤, 과실류 123만 7,100톤, 두류 136만 6,200톤, 육류 106만 9,000톤 순이다. 수입 금액으로는 육류가 49억 7,980만 달러로 가장 많고, 곡류 37억 8,200만 달러, 과실류 19억 8,770만 달러, 사료 9억 4,950만 달러, 채소류 9억 4,480만 달러, 당류 8억 4,580만 달러 순이다.

품목별로는 소고기가 31억 2,710만 달러로 가장 많고, 옥수수(23억 6,680만 달러), 돼지고기(17억 1,720만 달러), 낙농품(10억 7,660만 달러), 밀(10억 달러), 커피(6억

표 3-4 농림축산식품 수출입 동향

(단위: 백만 달러)

연도		2010	2011	2012	2013	2014	2015	2016	2017	2018	2019
수출	소계	4,082	5,383	5,645	5,725	6,183	6,104	6,465	6,827	6,926	7,025
	농산물	3,722	4,941	4,785	4,741	5,224	5,221	5,581	6,047	5,985	6,146
	축산물	146	176	395	436	470	497	458	341	417	460
	임산물	214	266	465	548	489	387	425	439	524	418
수입	소계	22,330	28,994	29,448	30,300	31,635	30,221	29,673	32,294	35,302	34,304
	농산물	13,988	18,362	18,717	19,106	19,308	17,902	17,666	18,594	19,903	19,876
	축산물	3,123	5,071	4,721	4,688	5,622	5,728	5,807	6,603	7,522	7,786
	임산물	5,219	5,561	6,010	6,506	6,704	6,592	6,200	7,097	7,877	6,642
무역수지		-18,248	-23,611	-23,803	-24,575	-25,453	-24,117	-23,208	-25,467	-28,376	-27,279

자료: 농수산물유통공사 수출입 정보(KATI).

6,170만 달러), 대두(5억 6,960만 달러) 순이며, 바나나(3억 150만 달러), 오렌지(2억 4,630만 달러), 포도(2억 3,930만 달러)도 예외 없이 수입된다. 김치 종주국이라 하지만 고추, 김치도 각각 1억 달러 이상 수입되고, 채소종자도 7,000만 달러어치 수입되고 있어 종자 주권국으로 가는 길도 멀어 보인다.

국가별로는 미국이 922억 4,000만 달러로 제일 많고, 아세안(ASEAN), 중국, EU, 호주, 브라질 순이다. 수입 농산물이 봇물처럼 들어오는 것이 아니라 아예 물 폭탄처럼 쏟아진다. 우리나라 주식인 쌀 생산량이 350만 톤 규모이고 국민 과일인 사과·감귤을 합친 연간 생산량이 116만 5,000톤 수준이니, 이들 품목이 적정 가격을 유지하는 것조차 기적에 가깝다. 특히 채소류의 경우 고랭지 채소는 강원도에서, 월동채소는 제주도에서 주로 생산되고 봄·가을은 품목에 따라 대체로 남부지방에서부터 중부지방으로 위도를 달리하며 생산된다. 그런데 자연재해 등의 변수로 공급이 계획대로 되지 않는다. 약간의 과잉 생산에도

표 3-5　2019년 주요 농산물 유별 수입 현황

(단위: 천 톤, 백만 달러)

구분	가축육류	곡류	과실류	사료	채소류	당류	두류
물량	1,069	15,775	1,237	2,044	1,236	2,536	1,366
금액	4,098	3,782	1,988	950	945	846	645

자료: 농수산물유통공사 수출입 정보(KATI).

표 3-6　2019년 주요 국가별 농산물 수입 현황

(단위: 천 톤, 백만 달러)

구분	미국	중국	호주	브라질	아세안	베트남	EU
물량	11,056.6	7,121.2	4,715.1	6,185.8	11,904.6	4,562.3	2,893.7
금액	9,224.0	5,742.1	2,529.2	2,237.2	6,012.1	2,053.3	4,804.9

주: 베트남 수입 실적은 아세안 통계에 포함.
자료: 농수산물유통공사 수출입 정보(KATI).

가격은 폭락하고, 조금이라도 모자라면 가격은 폭등한다. 정부가 개입해 보지만 농가들은 해외 수입만 늘린다고 불만이고, 소비자들은 장바구니 물가가 너무 올랐다고 볼멘소리를 한다. 체계적인 수급 관리가 필요한 이유이다.

한편, 동아시아 지역의 미·중 간 주도권 경쟁이 심화되고 있는 가운데 세계 최대의 다자간 FTA인 역내포괄적경제동반자협정(Regional Comprehensive Economic Partnership, RCEP)을 2020년 15개국 정상이 서명했다. 참여 국가는 한국, 중국, 일본, 호주, 뉴질랜드 및 아세안 10개국이다. 이 지역은 세계 인구와 GDP의 30%를 차지하는 거대 경제블록이다. RCEP 이행 시 국내 핵심 민감품목과 수입액이 많은 바나나·파인애플 등 수입 민감품목은 기존에 체결된 개별 FTA[11]의 현행 관세를 유지하기로 하고, 일부 열대과일 등의 시장 개방이 확대

11　일본을 제외한 RCEP 14개 국가와 이미 FTA를 체결하였다.

될 것으로 보고 있다. 향후 국회 비준 등의 절차가 남아 있지만, 또 하나의 농산물 수입의 증가 요인인 것은 틀림없다.

수입 농산물이 범람하는 가운데 또 하나 우려되는 것은 소비자들의 국산 농산물에 대한 충성도가 날로 약화되고 있다는 것이다. 한국농촌경제연구원의 〈2017년 농업·농촌에 대한 국민의식 조사〉에 따르면 시장 개방 확대에 따른 농산물 구매 의향을 묻는 질문에서 '외국산에 비해 가격이 비싸도 우리 농산물을 구입하겠다'는 도시민은 24.2%로 2011년 39.1%에 비해 훨씬 떨어졌다. 가격과 가성비, 식품 안전 등 꼼꼼히 따지고 구매하는 합리적인 소비관으로 무장한 도시 소비자들에게 신토불이 농산물에 대한 무조건 충성도를 기대하기는 점점 어려워지고 있다.

17.

신토불이 밥상? 푸드 마일의 증가

수입 농산물이 넘쳐나니 푸드 마일(food miles)[12]이 증가한다. 푸드 마일은 식품이 생산될 때부터 소비자에게 도달할 때까지의 이동거리를 말한다. 식량의 환경 영향을 평가할 때 사용되는 하나의 요소이다. 푸드 마일이 길어지면 물류비가 증가해 지구 온난화에 나쁜 영향을 미치고 식품안전성도 담보할 수 없다. 푸드 마일리지(food mileage)는 농식품의 생산지부터 소비자에게 도착할 때까지의 총거리이다.

미국 네브래스카주에서 재배된 밀이 우리 식탁에 들어온다고 생각해 보자. 네브래스카 농장의 밀→인근 곡물 저장고(40마일)→애리조나주에 있는 제분소(1,206마일)→일리노이주에 있는 케이크 믹스 제조공장(1,860마일)→유타주에 있는 물류센터(1,406마일)→샌프란시스코 항구→인천항→제분공장→서울 소비자(598마일)에 이르는 긴 여정이다. 프랑스 와인의 푸드 마일리지는 8,976km로 전북 고창의 명품 복분자술(255km)보다 35배나 높다.

농식품이 이렇게 이동하기 위해서는 대형 트럭과 선박, 항공기 등이 무수히 운행된다. 트럭과 선박의 배기구에서는 온실가스인 이산화탄소는 물론 각종 환경 유해물질이 쏟아져 나온다. 장거리 이동에는 시간이 걸리기 마련이다.

12 1994년 영국 환경운동가 팀 랭이 처음 사용한 용어이다. 우리가 매일 먹는 쌀, 고기, 채소, 과일 등 식재료가 얼마나 멀리서부터 온 것인가를 보여 주는 지표이다. 식품의 양(t)에 이동거리(km)를 곱한 값으로 단위는 t·km이다.

표 3-7 제주산과 중국산 마늘의 푸드 마일리지 및 탄소배출계수 현황(ton당)

제주산		중국산		중국산/제주산 비율(배)	
푸드 마일리지	탄소 배출량	푸드 마일리지	탄소 배출량	푸드 마일리지	탄소 배출량
512.63	0.09	1,035.02	67.05	2.02	745.00

주: 푸드 마일리지: 식품중량×수송거리(t·km), 이산화탄소 배출량(t·km·CO_2): 푸드 마일리지×이산화탄소 배출계수.

자료: 서구원, 〈국내 주요 농산물의 푸드 마일리지와 이산화탄소 배출량 분석〉, 《한국대기환경학회지》, 제28권 제6호, 2012를 참조하여 재작성.

상품성을 잃지 않도록 방부제·훈증제 등을 사용하는 것은 당연하다. 그러니 우리 건강에 별로 이로울 것이 없는 첨가물들이 들어가는 것이다.

제주산 및 중국산 마늘이 서울 소비자에게 도달하는 동안의 푸드 마일리지와 이산화탄소 배출량을 보면 중국산이 제주산에 비해 푸드 마일리지는 2배 정도 길고, 이산화탄소 배출량은 745배 더 많다. 수입 농산물이 중국산 마늘이 아닌 남미산 콩, 미국산 소고기이면 푸드 마일리지와 이산화탄소 배출량이 기하급수적으로 커진다. 상대적으로 싼 농산물 수입 증가로 소비자 후생이 다소 높아질 수 있겠지만 이산화탄소 배출이 지구 온난화의 한 원인이라면 외부불경제 효과로 인한 전체 후생은 떨어질 수 있다.

우리나라는 식량자급률이 40%대에 불과하여 유통되는 식품의 푸드 마일리지가 전반적으로 높다. 푸드 마일리지가 높을수록 온실가스 배출량도 증가한다. 높은 푸드 마일리지는 환경에만 악영향을 미치는 것이 아니라 우리 건강에도 피해를 준다. 신선한 식품보다 오래 묵은 식품, 제철 식품보다 장기 저장 식품을 섭취할 가능성이 매우 높다.

환경부 국립환경과학원이 2010년 기준 한국·일본·영국·프랑스 4개국의 푸드 마일리지를 비교한 연구 결과를 보면 국민 1인당 한국 7,085t·km>일본 5,484t·km>영국 2,337t·km>프랑스 739t·km 순으로 나타났다. 한국의 1인당 푸드 마일리지는 프랑스의 약 10배 수준이다. 더욱이 문제는 일본·영국·프랑스는 감소 추세인 데 반해 우리나라는 매년 증가하고 있다는 것이다. 그런 이유로 우리나라의 식품 수입에 의한 1인당 이산화탄소 배출량은 142kg·CO_2으로 역시 조사대상국 중 1위이며, 영국의 95kg·CO_2 대비 약 1.5배 수준인 것으로 확인되었다. 최근 한국인의 밥상이 '이산화탄소 덩어리'라는 비판이 거세지는 이유이다. "죽음의 밥상을 집어치워라!"라는 대갈일성이 나올 법도 하다.

건강과 환경을 위해 푸드 마일리지를 줄이려면 어떻게 해야 할까?

첫째, 로컬 푸드(local food)를 육성하고 사랑하는 것이다. 로컬 푸드는 동일 시군구보다 가까운 지역에서 생산된 장거리 수송과 다단계 유통 과정을 거치지 않은 농식품이다. 로컬 푸드는 지역농산물을 뜻한다. 우리의 신토불이(身土不二) 사상과 연결되어 있다. 일본에서는 '지산지소(地産地消) 운동'이라 한다. 이를 통해 식량자급률을 높이고 지역경제를 활성화할 수 있다. 애향심을 고취시키고 전통 음식문화 계승 효과도 거둔다. 생산자는 복잡한 유통 단계를 거치지 않아 소득이 늘어난다. 이동거리가 짧아 신선하고 소비자의 신뢰도가 높다. 특히 중소농가의 소득 안정에 기여하며, 부가가치가 지역 내 선순환되어 지역경제에 도움을 주는 장점이 있다. 다만 로컬 푸드 운동이 자칫 우리 지자체 농산물만 유통시키겠다는 소지역주의로 빠질 위험성이 있다. 지역에서 생산되는 주요 생산물은 지역의 것을 소비하고, 우리 지역보다 다른 지역에서 특화된 농산물은 다른 지역의 것을 소비하는 운용의 묘를 기할 필요가 있다. 제주에서 쌀이 안 난다고 해서 쌀을 생산하거나, 경기도에서 감귤이 생산되지 않는다고 해서 감귤을 생산할 필요는 없는 것이다. 생산자와 소비자 사이의 물리적 거리를 줄이면서 식품의 영양·신선도는 극대화하면 된다.

둘째, 제철 음식을 즐긴다. 제철에 나온 식품은 맛·영양이 절정이다. 그만큼 우리 건강에 이롭다. 소비자가 제철 과일·채소를 선호하고 정당한 대가를 지불하면 생산자는 비닐하우스에 투입되는 에너지를 절약할 수 있다. 이는 온실가스 감축 요인이다.

셋째, 인공지능, 전동·자율, 5G, 지피에스(GPS), 사물인터넷 등 4차 산업혁명 기술과 신재생에너지를 융합하는 물류 시스템 구축도 고려해 볼 만하다.

18.
밭농업 기계화 어디까지 왔나?

산지가 많은 우리나라 경지면적은 158만ha인데, 그중 논이 83만ha로 52.5%, 밭이 75만 1,179ha로 47.5%로 구성되어 있다. 논은 우리 주식인 쌀을 생산하고, 수자원 보호 등 여러 가지 공익적 기능을 수행하기 때문에 매우 중요하게 관리해야 한다. 그에 못지않게 밭은 쌀을 제외한 과실류, 채소류, 과채류 등 다양한 품목의 토대를 제공하고, 생물 다양성 보호 측면에서도 매우 중요한 역할을 한다. 당연히 논농업 못지않게 지원이 되어야 하지만 현실은 그렇지 못하다. 경지정리, 직불금 및 농산물 재해보험 제도 등에서 밭농업은 차별을 받아 왔다. 특히 농작업 기계화 부문에서 차이는 매우 크다. 논농업은 98.4%가 기계로 이루어진다. 육묘를 제외하고 경운·정지, 보내기, 방제, 수확 등 기계가 농작업을 대행한다. 최근에는 직파 및 드론 농법도 늘어나고 있어 기계화율이 100%가 되는 날이 멀지 않았다.

반면 밭농업 기계화율은 2018년 기준 60.2%에 불과하다. 경운·정지·방제 등은 90% 이상 기계화가 이루어져 있으나 파종·정식은 9.5%에 불과하고, 비닐피복 71.1%, 수확 26.8% 수준에 머무르고 있다. 그러다 보니 파종과 정식, 수확기에 많은 인력이 필요하게 되고, 고령화로 일할 수 있는 사람이 만성적으로 모자란 구조에서 지속적인 경영비 상승으로 이어지는 원인이 되고 있다.

기계화되지 않은 밭농업은 농작업 자체가 힘들어 농업을 기피하고, 젊은

이들을 농촌으로 끌어들일 수 있는 걸림돌이 되기도 한다. 자유무역협정(FTA)의 잇따른 체결 등 수입 개방 확대로 파종·수확에 일손이 많이 드는 고추·마늘·잡곡 시장을 이미 상당 부분 외국에 내준 상태에서 현재의 농촌 고령화 속도에 비추어 볼 때 앞으로 10년도 안 되어 기계 없이 밭농사의 지속 가능성을 유지하는 것은 불가능하다.

밭농업의 기계화가 어려운 이유를 크게 세 가지로 나누어 볼 수 있다. 첫째, 우리나라 밭작물은 대부분 영농 형태가 소규모이며 작목이 다양하다. 또한 동일 작목이라 하더라도 지역별 재배양식이 달라 농기계 현장 적용성에 어려움이 크다. 둘째는 밭작물 재배농가 대부분이 재배면적이 0.3ha 이하로 규모의 영세성으로 인해 고가의 농기계 구입 부담이 있어서 개별 이용률이 낮다. 농기계 생산업체 역시 대부분 종업원 30인 이하로 영세해 농기계의 다품목 소량 생산에 어려움을 호소하고 있다. 셋째로 논처럼 경지정리가 된 밭이 전체 면적의 16% 수준으로 기계화 기반이 미흡하다. 이와 함께 필지별 밭의 경작 규모가 작고 분산되어 있으며, 경사지가 많아 기계화에 매우 불리한 상황이다. 그동안 밭의 용수개발, 농로 정비 등 기반 정비를 추진해 왔지만, 전체 밭 면적의 3분의 2가 7% 이상의 경사지로 밭농업 기계화의 걸림돌로 작용하고 있어 기계화 속도가 더딜 수밖에 없다.

정부는 밭작물의 규모화·단지화로 이식·방재 ·수확·건조·저장 등 정립된 전 과정 기계화 기술의 신속한 현장 확산이 필요하다는 인식하에 오는 2022년에는 기계화율을 75%까지 끌어올린다는 계획이다. 정부가 내놓은 해법은 ▲ 기계화 육성 지원 ▲ 일관 기계화 신기술 보급 확대 ▲ 전시·연시회 ▲ 현장 중심 교육 강화 등이다. 정부는 이를 위해 기계화가 미흡한 파종·정식, 수확 작업에 대해 현장 의견을 반영해 맞춤형으로 농기계를 개발·보급하고 있다. 또한 기존 농기계를 개량·보완해 범용화·고성능화하는 기술개발을 추진하고 있다. 아울러 주요 작물별 파종에서 수확까지 전 과정 기계화 기술은 맞춤형 농기계 개발과 함께 기계화에 적합한 품종, 재배양식 표준화 등 재배 기술을 개발하고 있다. 마지막으로 고령·여성 농업인을 위해 밭작물 소형 트랙터, 소형 동력파종기, 트랙터용 작업기 탈부착 장치, 3륜 승용관리기 및 부착작업기, 농산물 도난 방지 시스템 등과 같이 소형이고 경량이며 자동화한 농기계와 편이 농기계도 개발하고 있다. 이처럼 작업 편이성과 효율을 높여 쉽고 편리하게 사용할 수 있는 여성친화형 농기계 개발을 확대 중이다.

4차 산업혁명 시대를 맞아 농업 기계화도 새로운 전기를 맞고 있다. 5G, 드론, 자율주행, IoT 등 초지능, 초연결의 ICT를 접목한 최신 기술이 농기계에 쉽게 응용할 수 있는 기반이 구축되었기 때문이다. 우리 농업도 예전에는 상상할 수 없던 고성능 농기계로 드넓은 들판 전체를 단 며칠 만에 농사일을 마치고, 하늘을 날며 농약과 종자를 뿌리는 드론과 같이 상상 속의 일들이 현실로 이루어지고 있다. 이처럼 지속적인 농업 과학 기술의 발전으로 국민의 삶의 질 향상과 농업 기술 경쟁력을 키워 나가고 있다. 하지만 지금 우리 농업은 농가 인구 감소와 고령화·여성화 등 다양한 환경 변화를 안고 있다. 당면한 문제들을 해결하려면 첨단 과학 기술과의 융·복합을 통한 농업기계 기술혁신이 시급하다.

스마트 농업 시대에서 AI, 빅데이터, IoT, 클라우드 기술도 중요하지만 정작 농작업을 수행하는 농기계가 없다면 무슨 소용이 있겠는가? 지금의 밭농업기계를 단계적으로 진화시켜 고성능화·고도화해 미래 농업의 중심인 ICT 기반의 스마트 농업기계로 탈바꿈하여야 한다. 여기에 더하여 농작업에서 발생할 수 있는 탄소 배출을 아예 차단할 수 있도록 전동·자율주행 농기계 단계로 바로 넘어가는 방안을 강구할 때이다.

19.
종자 주권은 안전한가?

한국인들은 청양고추를 매우 좋아한다. 와삭한 질감에 톡 쏘는 매운맛이 입맛을 당기기 때문이다. 이 청양고추는 1970~1980년대 당시 국내 대표적 종묘회사였던 중앙종묘에서 개발했다. 경북 청송·영양 지역에서 대량으로 생산되는 고추의 소과종을 부계는 국내 재래종, 모계는 열대지방 재래종으로 하여 품종 개량한 것이라 한다. '청양'이란 명칭은 청송의 '청'(靑)과 영양의 '양'(陽)자를 따서 1983년에 청양고추로 종자 등록을 하면서이다. 그런데 1998년 IMF 외환위기에서 국제 종묘회사인 세미니스가 한국의 흥농종묘와 중앙종묘를 인수 합병하고, 다시 미국 몬산토, 독일 바이엘로 이어짐으로써 지금은 우리가 청양고추를 먹을 때마다 세계 최대 규모의 종자회사가 된 바이엘사에 로열티를 지불하고 있다.

2018년 12월 제주도 일부 감귤농가에는 비상이 걸렸다. 몇 년 전부터 묘목업자의 권유로 심은 새로운 품종의 감귤을 키웠는데, 수확을 앞두고 기대에 부풀었던 농가들이 청천벽력 같은 소식을 듣는다. 그 감귤이 만감류인 '미하야', '아스미'라는 품종인데, 일본이 1년 전쯤 우리나라에 품종 보호를 출원해서 판매 중단과 로열티를 요구했기 때문이다. 다행히 농림축산식품부가 품종 보호 출원 전에 심은 감귤나무 수확물의 경우 임시보호권 대상이 아니라고 유권해석을 하면서 한·일 간 감귤 '종자분쟁'은 일단락되고 농가들은 문제없이 판매를 마친 상황이다. 이같이 한라봉과 천혜향 등 국내 재배 감귤 대부분은 일본산이다. 감귤 국산화율은 2.3%에 불과하다.

종자는 증식·재배·양식용으로 쓰이는 씨앗, 버섯종균, 묘목, 포자, 영양체인 잎, 줄기, 뿌리 등을 이르는 말이다. 종자는 우수한 형질의 유전자원을 바탕으로 교배, 계통 선발, 증식, 채종 등의 과정을 통해 상품화된다. 새로운 품종 하나를 만들려면 5~10년의 긴 시간이 필요하다. 그런데 우리나라 종자 주권이 위태롭다. 주요 식량작물인 벼, 보리, 서류 등은 100% 종자 자급이 가능하고, 배추, 고추 등 김장 채소류와 수박, 오이, 참외 등도 100% 자급을 하고 있다. 반면에 사과, 감귤, 배 등 주요 과실류는 평균 자급률이 20%에도 못 미치고, 양파, 토마토 등의 자급률도 30% 내외 수준이다.

종자 산업은 흔히 제2의 반도체 산업으로 불리며, 미국과 중국이 세계시장 전체의 50%를 차지한 가운데 세계 각국은 종자 주권 확보에 여념이 없다. 각국이 종자 산업에 매진하는 이유는 국민에 대한 안정적 식량 공급이라는 공익적 측면도 있지만, 그보다는 돈이 되기 때문이다. 우수한 종자를 개발하고, 수출하면 수입국으로부터 로열티 수입을 얻는다. 네덜란드 원예과학개발센터에 따르면 일부 토마토 종자의 1kg당 가격은 9만 유로(약 1억 원)로 금(kg당) 3만 5,000유로보다 비싸다. 자국 종자가 많으면 외국에 로열티를 줄 필요가 없어 일거양득이다. 종자 산업은 식품·의약품·화장품 등 응용 산업에도 많이 활용된다.

우리나라 종자 수입량은 2018년 기준 1만 6,370톤으로 수출량보다 12배 많고, 채소류가 대부분인 수입 금액은 5,735만 달러로 수출액보다 2.4배 많다. 매년 100억 원이 넘는 로열티를 물고 있다. 국가별로는 미국, 중국, 일본 순이다. 세계 종자 연관 산업은 780억 달러(86조 원)로 추정된다. 이는 2019년 낸드플래

시 반도체시장(645억 3,500만 달러, IHS 마킷)을 뛰어넘는 수치이다. 이 중에서 옥수수·콩 등 농산물 종자시장은 2016년 372억 달러에서 2017년 394억 달러(필립스 맥두걸 기준)로 커졌다.[13]

선진국과 글로벌 종자 기업들은 생명공학 기술을 활용해 기후 변화에 대응한 내재해성(climate ready) 유전자 개발에 박차를 가하면서 막대한 부를 축적하고 있다. 그리고 식품뿐 아니라 의약·재료 산업이나 나노 기술과 접목하는 등 종자 산업이 첨단 생명과학 기술 산업으로 영역이 더욱 확대되어 막대한 이득 창출이 가능한 산업으로 급부상하고 있다. 다행히 우리나라 정부와 지방자치단체들이 예산을 투입하고, 연구에 박차를 가해 품종별 국산화율이 점점 늘어나고 있다. 특히 농식품부·농촌진흥청·농림식품기술기획평가원 등이 2012년부터 시작한 골든시드 프로젝트(Golden Seed Project)는 우리나라를 종자강국으로 만들기 위한 정책이다. 딸기의 경우 2005년 9.2%에 불과했던 종자자급률이 2019년에는 95.5%로 거의 100% 자급 수준이다. '설향', '매향', '죽향' 등 이름만 들어도 입맛을 돋우는 품종이 속속 개발되고 있다. 쌀도 지난해까지 10년간 251개 품종이 육성되고, 특히 '신동진' 벼는 재배율이 크게 증가하고 있다. 화훼 분야에서도 거의 외국에 의존하던 '프리지어'가 60.4%, 장미도 30.3%로 자급률이 증가했다. 양송이버섯도 2010년 4%에서 2018년 65.1%로, 양파는 2014년 14%에서 2019년 29.1%로 뛰었다. 특히 2005년 86%였던 일본 품종 점유율이 최근 5%대로 떨어져 일본에 대한 로열티 지급이 크게 줄었다. 우리나라 농업유전자원 보존 현황(2019년 기준)[14]을 보면, 종자 23만 7,043점, 영양체 2만 6,088점, 미생물 2만 5,086점, 가축(생축) 3만 483점, 곤충 382점 등 31만 9,082점이다. 산림

13 https://news.joins.com/article/23398988.

14 농림축산식품부, 《2020년 농업생명자원 보존·관리 및 이용활성화를 위한 시행계획》, 2020. 2.

표 3-8 종자자급률 및 국산 품종 점유율 추정치

(단위: %)

구분	작물명	자급률						
		2012	2013	2014	2015	2016	2017	2018
식량	벼, 보리, 서류, 식용 콩	100	100	100	100	100	100	100
채소	고추, 배추, 수박, 오이, 참외	100	100	100	100	100	100	100
	상추	97.6	98.3	98.3	98.0	97.8	100	100
	파	87.3	88.3	93.1	93.5	94.0	94.0	94.0
	양파	14.0	15.0	18.0	19.1	22.9	23.0	28.2
	무	96.8	97.6	96.3	95.5	95.7	96.0	96.0
	호박	92.8	92.5	91.8	92.0	92.0	92.0	100
	토마토	16.0	25.0	35.0	38.0	38.0	38.0	53.9
	딸기	74.5	78.0	86.1	90.8	92.9	93.4	94.5
과수	사과	16.2	16.7	17.0	17.5	18.0	18.9	19.0
	배	9.5	9.5	12.0	16.5	16.9	13.8	13.6
	포도	1.0	1.2	1.9	2.5	3.1	3.6	4.0
	감귤	–	–	1.0	1.8	2.0	2.2	2.3
	참다래	15.4	19.3	20.7	21.7	23.8	24.2	24.6
	복숭아	32.2	32.6	33.0	34.0	33.5	34.0	34.5
화훼	접목선인장	100	100	100	100	100	100	100
	장미	25.0	26.9	29.0	28.8	29.5	29.8	30.0
	국화	22.8	24.5	27.9	29.7	30.6	31.6	32.1
	포인세티아	12.0	15.1	16.3	17.0	18.0	23.6	32.3
	난	6.4	9.9	12.9	13.8	16.4	17.3	18.2
버섯	버섯	44.6	46.0	48.0	50.3	51.7	54.0	55.5

자료: 농촌진흥청.

자원 및 동물 병원성 세균 등을 합하면 300만 점이 넘는다. 유전자원 수를 기준으로 보면 우리나라는 세계 5위의 자원보유국으로 평가되고 있다.

국가의 입장에서는 종자 산업은 결코 포기할 수 없는 분야이다. 사람이 살기 위해 없어서는 안 될 먹거리를 만들어 내는 기본이자 생존과 직결되는 기초 산업이기 때문이다. 종자는 의약·소재·화학 등 고부가가치 산업의 경쟁력을 뒷받침하는 미래 성장 동력이기도 하다.

농업은 종자에서 시작되고, 농업 활동의 결실은 종자로 마무리된다. 미중 무역전쟁과 한일관계 악화, 코로나19 이후의 보호무역주의 강화 등에 대비해 종자 주권은 아무리 강조해도 지나치지 않다. 우리나라 국민 안전을 위한 식량 안보를 튼튼히 하고, 농업의 국제적 경쟁력을 높이기 위해서는 종자 관련 전문 인력의 양성과 연구개발(R&D)에 대한 과감한 투자가 절실하다.

20.
농업예산 홀대 지나치다

농업예산 홀대는 어제오늘의 이야기가 아니다. 농업인들은 매년 실망을 넘어 체념한다. 이유는 농촌 인구가 줄기 때문이다. 선거에 영향을 미치는 투표 가능한 인구가 줄어드니 정부와 정치권의 관심도가 그만큼 떨어지는 것이다. 선거 때만 되면 농업예산을 늘리겠다고 큰 소리로 공약(公約)을 하지만 선거가 끝나면 그야말로 빌 공자 공약(空約)으로 바꿔 버린다.

실제로 지난 5년간 국가 전체 예산 대비 농업예산이 차지하는 비율은 2016년 3.72%에서 2020년 3.08%로 급속히 떨어지고 있다. 2020년도의 경우 농업예산이 역사상 처음으로 15조 원을 넘어섰는데, 쌀직불금이 공익적 직불금으로 개편되면서 기존 1조 8,000억 원 수준이었던 직불금 예산이 2조 4,000억으로 늘어나면서 겨우 3%대를 유지했다.

정부는 2020년 정기국회를 앞두고 2021년 예산안을 편성했는데, 555조 8,000억 원으로 역대급 슈퍼예산이라고 한다. 국회 논의 과정에서 2조 2,000억 원이 늘어나 558조 원으로 늘었다. 그도 그럴 것이 코로나19 사태 극복과 한국형 뉴딜정책 등으로 전년 대비 8.9% 늘어났기 때문이다. 이 중 농림축산식품부 예산은 16조 2,856억 원으로 2020년 15조 7,743억 원 대비 3.2% 증가한 규모이다. 상대적으로 보면 아직도 초라한 수준이다. 더구나 예산 총액 대비 농업예산 규모는 2.9%에 머물러 2014년 4%대가 무너진 데 이어 이제는 3%대마저 붕괴되는

표 3-9 연도별 농업예산 현황

(단위: 원)

연도별	2016	2017	2018	2019	2020	2021	'16~'20 증가율(%)
정부예산	386조 4,000억	400조 5,000억	428조 8,000억	469조 6,000억	512조 3,000억	558조	44.4
농업예산	14조 3,681억	14조 4,887억	14조 4,996억	14조 6,596억	15조 7,743억	16조 2,856억	13.3
점유비(%)	3.72	3.62	3.38	3.12	3.08	2.92	-0.8%p
전년 대비 농업예산 증가율	0.02	0.8	0.08	1.1	4.4	2.3	-

주: 2021년 정부예산안은 2020년 12월 2일 국회에서 통과됨.
자료: 농림축산식품부.

현실을 목도하게 된다. 예산 편성 과정에서부터 농민단체가 코로나19, 기상이변, 식량안보, 채소가격 안정, 직불금 및 의무자조금 확대 등 농정 현안이 산적한데 정부가 농업을 소외시키고 있다고 반발하지만 메아리 없는 아우성이 되었다. 또한 정부가 발표한 '2020~2024년 국가재정운용계획'에 따르면 국가 전체 예산은 2020년 512조 3,000억 원에서 2024년 640조 3,000억 원으로 5.7% 증가하는 데 비해 농림수산식품 분야 예산증가율은 연평균 2.3%에 그치고 있다. 태풍 피해 지역의 수리 시설 정비, 농업재해보험 확대, 농림수산업자신용보증기금 재정건전성 확보 등 당장 예산 수요는 많은데, 그만큼 농업인들의 서러움은 계속될 가능성이 크다.

제 4 부

새로운 농업의 대두

21. 스마트 농업, 애그테크 등장

스마트 농업의 개념

최근 농업 분야에 스마트 농업(smart agriculture)이 각광을 받고 있다. 스마트 농업은 넓은 의미로 농업과 BT(bio technology, 생명공학), GT(genetic technology, 유전공학), ET(environmental technology, 환경공학) 등 다양한 첨단 기술의 융·복합이 농업 분야에 이루어져 생산성 향상과 비용 절감, 부가가치 제고 등에 획기적으로 성과를 내는 혁신적인 농업을 말한다. 좁은 의미로는 농업 가치사슬 전반에 정보통신 기술(ICT)[1]을 접목해 원격에서 작물의 생육 환경을 자동 관리하고 생산효율을 높일 수 있는 기술을 의미한다. 농업 선진국에서는 데이터 농업, 디지털 농업, 정밀농업 등 다양한 형태로 표현되고 있으나 정밀농업에 ICT가 접목된 형태로 이해하면 될 것이다. 특히 유리온실, 원예용 비닐하우스, 과수원, 축사 등에 ICT를 접목해 가축 및 작물의 생육 환경을 시간·공간 제약 없이 적정 수준으로 제어하고 관리할 수 있는 농장을 스마트팜(smart farm), 그 행위를 스마트 파밍(smart farming)이라고 할 수 있다. 주로 생산 단계에서 이루어진다.

1 ICT(information and communication technology)는 정보 기술(information technology, IT)과 통신 기술(communication technology, CT)의 합성어로 정보기기의 하드웨어 및 이들 기기의 운영 및 정보 관리에 필요한 소프트웨어 기술과 이들 기술을 이용하여 정보를 수집, 생산, 가공, 보존, 전달, 활용하는 모든 방법을 의미한다. 〈네이버 지식백과〉.

예를 들어, 채소의 경우 토양 대신 영양분이 섞인 수경재배 방식으로 키우고, 햇빛 대신 LED(발광 다이오드)로 필요한 빛을 쬐게 하여 효율적이고 균일한 재배가 가능하도록 하고 수확 시기도 조절할 수 있다.

농업의 가치사슬(value chain)은 농작물 재배가 이루어지는 생산·생육 단계만 생각하기 쉽다. 통상적인 농업의 가치사슬은 농·축산물 및 식품의 생산–유통·판매–소비 등의 3단계로 구분되는데, 1단계인 생산에 치우친 경향이 있다. 그도 그럴 것이 생산 단계에서 농업인들이 책임지고 유통과 소비 부문은 농업 밖의 일로 치부하기 때문이다. 그러나 실질적인 농업의 가치사슬은 작물이 재배되는 생산 단계에서 시작되는 것이 아니라 작물의 품종 개발이 이루어지는 종자 산업 등 수많은 분야의 연관 산업부터 시작된다고 할 수 있다. 더욱이 고품질 농산물 생산을 위해서는 품종 개발 단계에서부터 첨단 기술이 도입되어야 한다. 따라서 스마트 농업은 ICT를 비롯한 각종 첨단 기술을 농업 가치사슬의 생산 단계를 비롯해 종자 개발, 생산, 관리, 유통, 가공, 소비, 농업 서비스 등 농업 전후방 산업에 접목시켜 농장뿐만 아니라 농업 전체의 스마트화를 도모하는 개념으로 확대되고 있다.

첨단 정보통신 기술(ICT)을 활용하고 4차 산업혁명의 기술들을 융·복합해 농업 생산성을 높이고, 농작물 생산·유통을 쉽게 처리할 수 있게 돕는다. 특히 국내에서는 비닐하우스나 유리온실 등 농업용 시설물에 센서 기술을 접목해 농산물을 원격·자동으로 재배할 수 있는 '스마트팜'이 각광을 받고 있다. 스마트 농업을 통해 '농업=전통 산업'이라는 고정관념이 깨지고 있다. 미래 농업은 토지, 노동, 자본과 기술로 이루어진 전통적인 농업 방식에서 시설, 장비, 데이터와 센서를 기반으로 하는 ICT가 어우러진 융·복합 첨단 산업으로 진화하고 있다. 다만 아직 밭농업 부문에서 ICT 적용이 더디고, 특히 아무리 스마트팜이

그림 4-1 시설원예 분야 스마트 온실 구성도

PC 또는 모바일을 통해 온실의 온·습도, 이산화탄소 등을 모니터링하고 창문 개폐, 영양공급 등을 원격 자동으로 제어하여 재배하는 작물의 최적 생육 환경을 유지 관리할 수 있는 농장

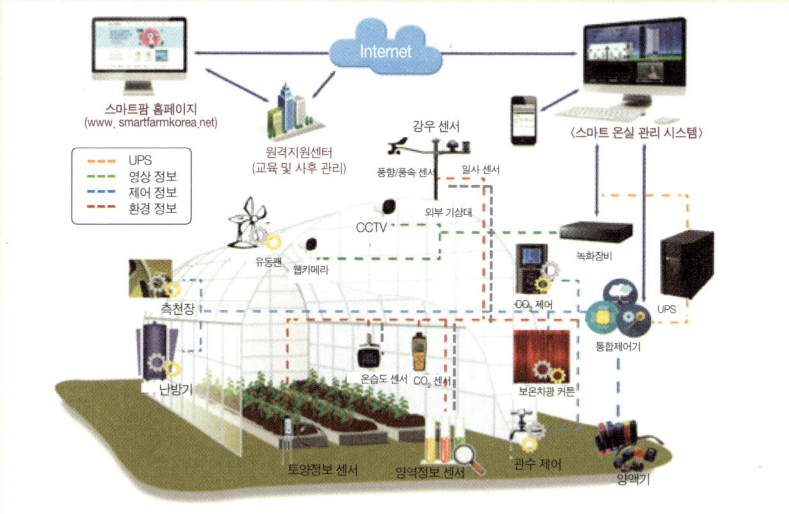

◆ **주요 구성 요소**

- 환경센터 내부: 온도, 습도, CO_2, 토양수분(토경), 양액측정 센서(양액농도 EC, 산도 PH), 수분 센서(배지) 등
- 환경센터 외부: 온도, 습도, 풍향/풍속, 강우, 일사량 등
- 영상장비: 적외선카메라, DVR(녹화장비) 등
- 시설별 제어 및 통합 제어 장비: 환기, 난방, 에너지 절감 시설, 차광 커튼, 유동팬, 온수/난방수 조절, 모터 제어, 양액기 제어, LED 등
- 최적 생육 환경 정보 관리 시스템: 실시간 생장 환경 모니터링 및 시설물 제어 환경 및 생육정보 DB 분석 시스템 등

자료: www.smartfarmkorea.net 참조.

라고 해도 파종과 수확 단계에서는 아직까지 기존 사람의 노동력이 그대로 투입되고 있는 실정으로 이 부문의 연구 개발 및 실용화가 시급하다고 할 수 있다.

그림 4-2 과수 분야 스마트 농장 구성도

PC 또는 모바일을 통해 온·습도, 기상 상황 등을 모니터링하고 원격으로 관수, 병충해 관리 등이 가능한 과수원

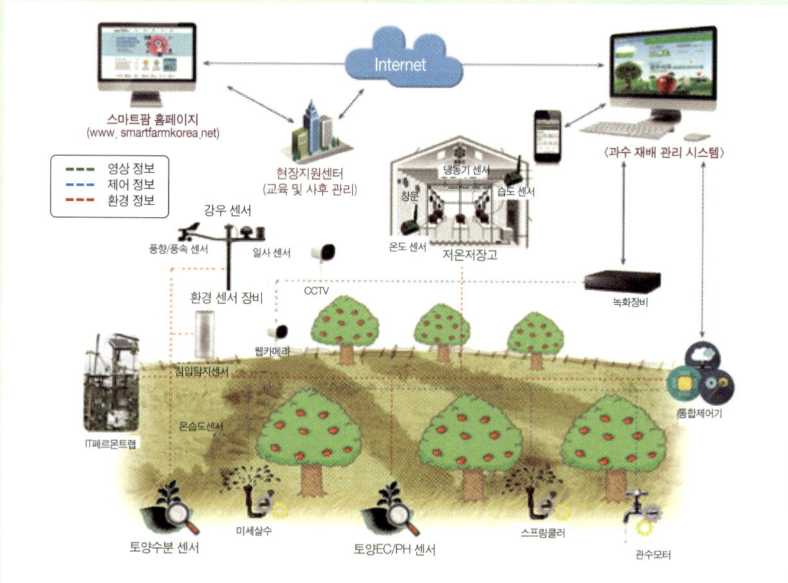

◆ 주요 구성 요소

- 환경센터: 온도, 습도, 토양수분(토경), 양액측정 센서(양액농도 EC, 산도 PH), 수분 센서(배지) 풍향/풍속, 강우, 일사량 등
- 영상장비: CCTV, 웹카메라, DVR 등
- 시설별 제어 및 통합 제어 장비: 에너지 절감 시설, 관수모터 제어, 양액기 제어 등
- 최적 생육 환경 정보 관리 시스템: 실시간 생장 환경 모니터링 및 시설물 제어 환경 및 생육정보DB 분석 시스템

자료: www.smartfarmkorea.net 참조.

그림 4-3 축산 분야 스마트 축사 구성도

PC 또는 모바일을 통해 온·습도 등 축사 환경을 모니터링하고 사료 및 물 공급 시기와 양을 원격 자동으로 제어할 수 있는 농장

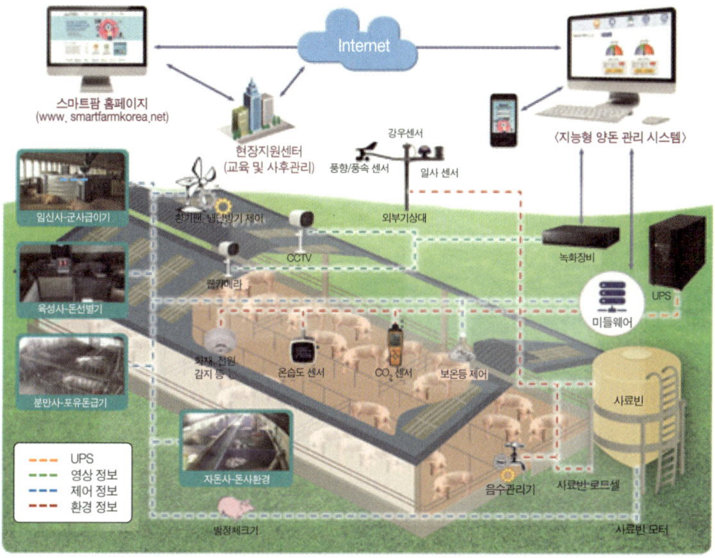

◆ 주요 구성 요소

- 돈사 환경 관리
  - 내부 환경 관리 장비: 온도, 습도, CO_2, 조도, 암모니아, 이산화탄소, 누전(정전)감지 등
  - 외부 환경 관리 장비: 온도, 습도, 풍향, 강우, 일사, 풍속 등
- 제어장비
  - 임신사: 발정체크기, 모돈급이기, 사료빈, 음수관리기 등
  - 분만사: 보온등, 모돈급이기, 사료빈, 음수관리기 등
  - 자돈사: 보온등, 사료 믹스기, 사료빈, 음수관리기 등
  - 비육사: 돈선별기, 사료 믹스기, 사료빈, 음수관리기 등
- 영상장비: CCTV(웹카메라), DVR 등
- 생산경영 관리 시스템: PC, 모니터 등

자료: www.smartfarmkorea.net 참조.

스마트 농업의 등장 배경

전 세계적으로 스마트 농업이 떠오르게 된 배경에는 여러 가지가 있을 수 있다. 첫째, 세계 인구의 가파른 증가와 식량 생산 부족이 주원인이다. 인구가 증가하면 당연히 더 많은 식량과 에너지를 필요로 한다. 《2020 세계 인구 전망》 보고서에 따르면 세계 인구는 2011년 70억 명에 도달 후 현재 78억 명에 이르고 있다. 인구통계학자들에 따르면 세계 인구는 연간 1%씩 증가하고 있다. 매년 남북한 인구를 합친 숫자이다. 2023년이 되면 80억 명을 넘어서고, 2037년에 90억 명, 2056년이 되면 100억 명에 이를 것으로 보인다. 반면 2050년 세계 식량 수요는 2006년보다 69% 더 늘어날 것이라고 '세계자원연구소'는 전망하고 있다. 이에 따라 세계 각국은 각종 첨단 과학 기술을 총동원해 배양육, 식물고기, 식용곤충, 도시농장 등에 관심을 보이고 있고, 특히 디지털 기술을 접목한 스마트 농업 도입의 필요성이 대두되고 있다.

둘째, 국내에서는 농산물의 만성적 수급 불안에 다른 생산 조정과 시장 예측에 스마트 농업이 해결해 줄 것으로 기대하고 있다. 또한 스마트 농업 도입으로 한없이 들어오고 있는 수입 농산물과 경쟁에서 우위를 차지하고, 다양한 신사업 창출을 통해 새로운 비즈니스 기회를 창출하고 있다.

셋째, 농촌 고령화와 농업 노동력 부족이다. 농작의 기계화 및 스마트화는 농작업의 편의를 제공하고, 부족한 노동력을 대체하는 효과가 있다.

넷째, 농축산물의 생산·유통 안전 관리에 대한 욕구 증대이다. 농업이 지속 가능하기 위해서는 국민의 먹거리인 식품 안전과 그 원료인 농축산물의 안전 관리가 필수적이다. 농식품의 생산·유통 과정에서의 리스크 감소와 농축산물에 대한 소비자의 신뢰를 높이기 위해 스마트 농업이 역할을 해줄 것으로 기대하고 있다.

다섯째, 기후 변화 대응이다. 기후 온난화 현상으로 농업 생산성이 떨어지고, 자연재해는 늘어나고 있다. 주요 작물의 주산지 교란이 일어나고 있다. 가축 질병과 농작물의 병충해 피해도 심각하다. 기후 변화가 농업을 매우 복잡한 산업으로 만들었다. 기후 변화 위험을 방지하거나 대처하기 위해 스마트 농업이 도입되고 있다.

여섯째, 급속한 도시화로 인한 경작지 감소 등의 문제에 직면하게 되었다. 경작지 감소는 식량 생산의 여지를 그만큼 줄인다. 기술농업이 필요한 이유이다.

일곱째, 농업의 데이터화이다. 코로나19 이후 세계 농업은 데이터 중심으로 가파르게 재편될 조짐을 보인다. 거대 다국적 농화학 기업들의 인수·합병(M&A) 배경에는 '데이터 파밍'(data farming)이 있다. 농업 데이터 주도권을 잡기 위해 데이터를 활용한 농업 분야, 즉 데이터 파밍에 대대적으로 투자하고 있는 것이다.

외국의 스마트 농업 현황

농업 선진국은 물론 세계 각국은 이러한 문제들을 해결하기 위해 ICT를 농업에 접목시켜 다양한 정책 마련과 연구·개발 및 산학연 협력을 강화하고 있다. 즉, 인구 증가에 따른 식량난이 예상되면서 농업에도 혁신이 필요하다는 공감대 형성과 모바일 및 IT기기 보급 확대와 더불어 농작물 관리에 인공지능 기술이 결합되면서 폭발적으로 성장하고 있다. 또한 글로벌 농업기업들이 바이오 작물 보호, 디지털 파밍 등으로 신성장 동력으로서 농업에서 비즈니스 기회를 찾고 있기 때문이다. 농업과 첨단 기술의 융합을 통해 다양한 신사업이 창출될 것으로 예상되면서, 비즈니스 기회 포착을 위한 글로벌 기업의 행보가 빨라지고 있다.

미국은 대규모 농장을 경영하는 기업농 중심의 농업 환경을 가지고 있어 주로 노지 분야에서 정밀농업, 처방농업 등 최첨단 농업 기술을 선도하고 있다. 특히 민간에 GPS 기술이 개방된 이후부터는 대규모 농지를 관리하기 위한 지리정보 기반의 농기계 기술, 위성 및 항공기 원격센싱 기술과 기상정보 활용 기술에서 강점을 보이고 있다(최영찬 등, 2019). 세계 최대 농기계 기업 '존디어'는 네트워크로 연결된 농기계 개념을 도입해 농기계에 부착된 센서를 통해 다양한 데이터를 실시간으로 수집하여 축적된 데이터를 이용한 서비스를 제공하고 있다. 농업 분야에도 하드웨어 공급을 넘어서 서비스로써 소프트웨어 SaaS(Software as a Service)를 공급하고 있다. 또한 트랙터에 카메라를 부착해 촬영되는 이미지를 분석하여 잡초를 판별하는 AI 기술을 가진 '블루리버테크놀로지'를 거액에 인수, 농업 솔루션 지능화에 박차를 가하고 있다. 이외에도 2013년 벤처 기업으로 설립되어 몬산토에 인수되었다가 2018년 다시 바이엘에 인수된 클라이밋 코퍼레이션(Climate Corporation)은 필드뷰(fieldview) 소프트웨어 플랫폼을 이용하여 지도상에서 경작지의 재배 작물 정보에 토양, 기상, 농작업 정보 등 다양한 정보를 연계하여 농장주에게 농장을 모니터링해 주고, 품종 선택 등 파종에서 수확 과정까지 빅데이터에 기반하는 정밀농업을 지원하고 있다. 이러한 데이터들을 기반으로 보험상품까지 개발되고 있어 데이터 농업은 향후 전후방 파급효과가 무궁무진하다고 할 수 있다.

농산업의 강소국인 네덜란드의 프리바(Priva)는 1977년부터 컴퓨터 기반 원예작물 관리 시스템을 개발해 활용하면서 축적된 기술로 현재 세계 최고의 온실 환경 제어 시스템 기업으로 자리 잡고 있다. 프리바는 수십 년 동안 축적해 온 작물 재배 데이터로부터 작물의 품종별로 생산성을 최대화할 수 있는 최적의 생육 조건을 분석해 재배 기간 동안 적절한 환경이 지속적으로 유지되도록 온실 내부 온도를 자동으로 관리하는 시스템 기술을 보유하고 있다. 특히 최근에는 농산물 수확 등 온실 내의 작업 효율을 높인 로봇 기술을 상용화하고 있다.

축산 분야에서도 네덜란드의 네답(Nedap)은 축산 환경 시스템, 자동급이기, 자동선별기와 같은 자동화 시스템 이외에도 근거리 무선통신(NFC) 기술을 이용한 가축 식별 및 행동 분석 기술을 이용한 통합 농장 관리 솔루션을 제공하고 있다. 벨기에 판콤(Fancom)사는 돼지의 호흡기 질병을 조기에 진단하고 전염을 사전 차단하기 위해 돼지의 소리를 수집·분석하는 PCM(pig cough monitering) 시스템을 개발하여 가축 질병으로 인한 생산성 저하를 막을 수 있도록 하고 있다.

일본은 2011년 식물공장 프로젝트, 2013년 차세대 시설원예 추진 사업 10곳 추진, 2019년 스마트 농업 현장 실증을 통해 2025년부터 모든 농업에 데이터를 활용하고자 '스마트 농업 실증 프로젝트'를 추진하고 있다. 특히 농업 관련 ICT 및 농기계 업체 등 서로 보유하고 있는 시스템 간의 데이터 연계가 가능하도록 '농업데이터연계기반협의회'(WAGRI)를 창립하였다. 농업인들이 데이터를 활용하여 생산성 향상 및 경영 개선을 도모할 수 있는 환경을 만들기 위한 일종의 데이터 플랫폼이다.

중국은 서구 농업 선진국에 비해 스마트 농업 관련 정책 추진이 늦었으면서도 정부의 적극적 지원과 ICT 기업의 동참 속에 가장 빠르게, 가장 규모가 크게 성장하고 있다. 2016년 '전국 농업 현대화 계획'을 발표하고, 2018년 리커창

그림 4-4 중국의 슈퍼온실 외부 및 내부

자료: 대중망(大衆網).

총리가 "농업 분야 공급 개혁을 위해 인터넷 농업을 적극적으로 추진할 것"이라고 밝히면서 AI를 비롯한 다양한 기술 도입 및 농업 구조 개혁에 박차를 가하고 있다. 특히 글로벌 전자상거래 기업인 알리바바는 2014년 100억 위안(우리나라 환율로 약 1조 700억 원)을 투자해 현(縣)단위 전자상거래센터 1,000개와 농촌서비스센터 10만 개를 설립하는 천현만촌(千縣萬村) '농업+인터넷' 프로젝트를 추진하고 있다. 징둥닷컴(JD.com)은 2017년 인공지능을 이용한 식물공장 사업과 돼지 안면인식 기술에, 위챗(WeChat) 메신저는 물론 게임 분야에서도 잘 알려진 인터넷 기업 텐센트는 2018년 'AI 양계' 솔루션 및 양의 얼굴 인식 AI 기술, AI 온실 재배 솔루션을 순차적으로 공개하면서 농업 분야 진출을 본격화했다. 온실 재배 솔루션은 농업 지식이 없는 사람들도 전문가처럼 온실 관리를 할 수 있게 한다는 점에서 경력 있는 전문가 확보 어려움 해소에 대한 기대를 높였다. 이같이 중국 유수의 IT 기업들이 스마트 농업 진출을 가속화하고, 그 투자 규모는 2020년 268억 달러로 연 19% 규모로 커지고 있다. 중국의 경제성장 속도와 IT 기술 도입의 역량 등을 감안하면 스마트 농업은 더욱 큰 폭의 성장세를 이어갈 것으로 전망된다.

애그테크, 농업의 영역을 확장하다

농업 서비스에 신기술을 도입하는 '애그테크'(ag-tech)[2] 스타트업도 급증하고 있다. 스마트 농업을 이루는 각종 기술이 애그테크라 할 수 있다. 세계적인 IT 플랫폼 기업인 구글, 마이크로소프트, 알리바바 등도 농업의 미래 가치를 인식하고 애그테크 기업에 투자를 확대하고 있다. 구글은 2011년 기후 분석 데이터 기업인 '웨더빌'에 4,200만 달러, 농업 IT 스타트업 '파머스비즈니스네트워크'에 1,500만 달러를 투자하고 있다. 또한 코슬라벤처스와 공동으로 농업 소프트웨어 전문 스타트업인 '그래뉼라'에 1,870만 달러를 투자하였다. 마이크로소프트는 다국적 종자·농약 기업인 '몬산토'와 공동으로 2016년 3억 헤알(당시 약 1,000억 원)을 투자했다는 소식이다. 중국의 알리바바도 농촌 전자상거래 및 유제품 업체에 거액을 투자하거나 인수·합병에 참여하고 있다.[3] 애그테크의 주요 분야는 농업 생명공학 기술, 정밀농업, 대체식품, 농식품 전자상거래 분야 등이다. 애그테크 분석 기관인 '애그펀더'에 따르면 세계 애그테크 투자 규모는 2012년 26억 달러에서 2018년 169억 달러로 6.5배 급증했다. 농업의 후방 산업에서 농업 그 자체로 농산업이 확장되고 있는 것이다.

국내에서도 대기업은 물론 사모 투자운용사들이 첨단 벤처농업에 투자를

2 애그테크(ag-tech)는 농업(agriculture)과 기술(technology)을 결합한 합성어이다.

3 농촌진흥청, 《미래유망산업 농업에 진출하는 기업사례 분석》, 2016.

표 4-1 국내 스마트 농업·애그테크 관련 주요 투자 현황

투자자	투자 대상	시기	내용
카카오인베스트먼트 DSC인베스트먼트	만나CEA	2015~2017	아쿠아포닉스 농업을 활용한 스마트팜 솔루션과 제어 시스템
IMM인베스트먼트 국순당	팜에이트	2014~2016	수직농업 식물공장 시스템
LG화학	동부팜한농	2016	작물보호제, 비료, 종자 등 제조 개발
앵커에쿼티파트너스	대흥농산	2016~2017	우리나라 최대 공장형 버섯재배 농장 - 생육 환경·생산 현황 모니터링 및 데이터화
DSC인베스트먼트 DS자산운용	더파머스	2015	'마켓컬리' 운영 농산물 도·소매 E-commerce
마이다스에셋자산운용 AJ캐피털파트너스	그린플러스	2016	첨단 유리온실 설계·시공 및 식물공장 시스템
유큐아이파트너스	엔씽	2018	사물인터넷을 활용한 컨테이너 형태의 모듈형 스마트팜 솔루션 제조업
KDB산업은행	엔씽	2018	모듈형 수경재배 키트(kit) '플랜티스퀘어' 개발
스톤브릿지벤처스	더플랜잇	2019	순식물성 대체식품 관련 플랫폼 및 제품 개발

자료: 《스마트 농업과 변화하는 비즈니스 생태계》, ISSUE MONITOR, 제125호, 삼정KPMG 경제연구원, 2020. 3 참조 재정리.

확대하며, 스마트 농업과 변화하는 비즈니스 생태계를 조성하고 있다. 국내 스마트 농업·애그테크 관련 중요 투자 현황은 〈표 4-1〉과 같다.

농업 벤처기업 '팜에어'는 농산물의 현재 시세와 미래 가격 예측 정보 등이 포함된 국내 농산물 거래에 관한 통합 서비스인 한국농산물가격지수(KAPI)를 운영하고 있다. 마치 주가지수처럼 국내에서 거래되는 22개 주요 농산물 가격을 품목별로 표준화하고, 축적된 데이터를 이용해 가격의 흐름을 전망한다. 또한 주요 농산물 가격 데이터와 기상청의 지역별 날씨 데이터, 환율 데이터, 수출입 데이터 등을 수집하고, 인공지능 AI를 통해 예측 정확성을 높이고 있다. 권민수 팜에어 대표는 한 언론과 인터뷰[4]에서 "KAPI는 앞으로 농산물 가격에 영향을 미치는 요인을 분석하고, AI를 통해 작물 재배 기간을 기준으로 단기·중기 가격을 예측하는 시스템을 만들려고 했다"면서 "표준화된 농산물 가격 정보가 정기적으로 제공된다면 농가의 시행착오도 최소화할 수 있고, 기업과 소비자들은 최적의 소비를 할 수 있다"고 강조했다. 데이터에 기반한 정밀농업으로 현재 농업이 직면한 문제를 풀어 보자는 것이다.

스마트팜 스타트업인 '그린랩스'도 175억 원의 투자금을 확보하고, 데이터 농업 연구·개발에 박차를 가하고 있다. 원격제어·빅데이터 등 ICT를 기반으로 농업인에게 최적의 생산조건을 만들어 주기도 하고, 토지계약, 지원사업 등 초기 컨설팅부터 생산 관리와 유통 관리까지 전 과정에 대한 관리를 해 준다. 그린랩스는 누구나 이용하기 쉬운 형태로 시장에 진입한 후 빅데이터를 바탕으로 맞춤형 서비스를 사용자들에게 하나하나 내놓고 있는 카카오 방식과 유사한 전략을 추구해 경쟁사와 초격차를 실현하겠다는 야심을 보이고 있다. 글로벌 스마트팜 기업이 높은 가치를 인정받는 것은 회원 수의 장점이 아니라 데이터 때문이라는 게 일반적인 평이다. 데이터를 '4차 산업혁명의 쌀'이라고 하는데, 스마트팜 분야의 데이터는 미래를 위한 씨앗인 셈이다. 손정희 소프트방크 회장이 쿠팡에 수조 원을 투자하는 이유도 궁극적으로는 데이터 확보이다. 데이터 보유량이 커질수록 각각 사용자에게 맞는 최적의 조건을 제공할 수 있다.

2020년 세계적 전자박람회인 CES에서 최고혁신상을 수상한 엔씽(n.thing)은 문익점프로젝트를 통해 스마트폰 및 모바일, IoT, 데이터 기반의 시간·공간·

4 한국경제신문, 2020. 9. 10, A8면.

기후 제약이 없는 채소농장을 플랜트화하였으며, 수출까지 하고 있다. 컨테이너 같은 수직농장에 식물 큐브를 통해 채소를 키우고, 농산물 생산 환경을 최적화한다. 표준화한 모듈팜(modular farm, 제품화된 농장)으로 확장성과 효율성을 높이고 있다. 시설 플랜트는 중동·몽골 등에 수출하고, 국내에서 생산된 신선채소는 프리미엄 레스토랑에 직거래된다. 김혜연 엔씽 대표는 "우리 기술로 농부는 맛있는 먹거리를 재배하는 창조자가 되고, 누구나 농부가 되는 세상을 만들고 싶다"고 밝혔다.

스마트 농업은 전통 농업과 달리 언제 어디서든 모니터링 및 제어가 가능하고, 인력 노하우 중심에서 프로세스·시스템 중심으로 이루어져 빠른 의사결정, 불필요한 비용 절감, 생산성 향상 등을 기할 수 있다. 또한 생산에만 집중했던 농업을 생산·가공·직거래 등으로 외연이 확장되고 있다. 서울대 산학협력단이 진행한 '스마트팜 도입에 대한 생산성 향상 분석' 조사(2016년)에 의하면 스마트팜 도입 결과 전체 생산량과 1인당 생산량은 각각 27.9%, 40.4% 증가하고, 고용노동비가 15.4%, 병해충 질병은 53.7% 각각 줄어드는 것으로 분석되었다.

남극 세종과학기지에서도 컨테이너형 식물공장에서 상추·고추·토마토·오이·호박 등 엽채류와 과채류를 직접 생산해 거기에 파견된 대원들이 먹을 수 있는 시대이다. 쌀농사에서도 스마트 시대를 열고 있다. 모내기가 필요 없는 드론직파 농법이 도입되고 있다. 논바닥을 평평하게 고르는 '레이저 균평기'가 활용되면서 드론을 이용한 직파가 가능해 생산비는 획기적으로 절감되고 수확량은 늘리는 효과를 얻고 있다.

한편, 정부는 농림수산식품 산업의 애그테크 및 푸드테크 벤처기업을 육성하기 위해 '농림수산식품 모태펀드'(FAFF fund of funds)라는 것을 운용하고 있

그림 4-5 글로벌 스마트 농업 및 애그테크 관련 투자 추이

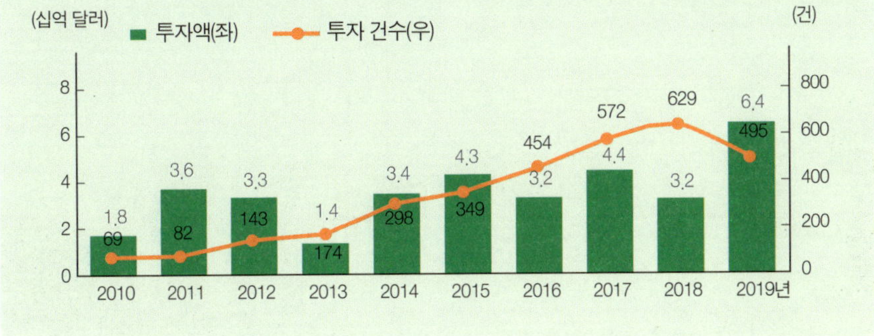

자료: 《스마트 농업과 변화하는 비즈니스 생태계》, ISSUE MONITOR, 제125호, 삼정KPMG 경제연구원, 2020. 3.

다. 농림수산식품 창업에 대한 투자를 촉진하고, 농림수산식품 산업의 규모화 및 경쟁력 강화를 위하여 정부가 조성하는 투자펀드 시스템으로, 농어업 경영체·식품사업자 등 농림수산식품 경영체에 대한 투자를 목적으로 설립되었다. 농림수산식품 투자조합 또는 경영참여형 사모집합투자기구에 출자하는 방식의 모펀드(fund of funds)[5]이다. 농림수산식품 모태펀드는 '농림수산식품 투자조합 결성 및 운용에 관한 법률' 제정으로 2010년 시작되었다. 모펀드 투자 관리는 농업정책보험금융원이 하고, 펀드에 참여하는 투자회사가 스타트업을 선정한다. 2020년 현재 정부가 4,897억 원을 조성하고, 민간 투자사들이 7,567억 원 출자하여 총 1조 3,448억 원을 운용하고 있다. 투자 대상은 농·수산업, 식품산업, 농수산식품 관련 소재 및 생산설비 산업, 기타 관련 산업 사업자이다. 프

5 동일한 운용자가 설정한 여러 가지 펀드를 하나로 통합 운용하여 규모의 경제를 갖추고 거래비용을 낮출 수 있는 구조의 펀드를 모자형 펀드라고 한다. 이때 분산되어 있는 펀드를 집중하여 운용하는 펀드가 모펀드이며, 모펀드가 발행한 펀드 지분을 취득하는 펀드를 자펀드라 한다.

그림 4-6 엔씽 모듈형 농장 외부와 내부 전경

자료: 엔씽(n.thing) 제공.

레시지, 제주맥주, 마켓컬리, 엔씽 등도 농림수산식품 모태펀드의 투자를 받아 농림수산식품 관련 창업기업의 마중물 역할을 톡톡히 하고 있다.

22.

식품시장, 자동차+IT시장보다 크다

식품 산업은 국민에게 기본 식량과 먹거리를 공급하는 산업이다. 식품 산업은 아울러 인간의 가장 기본적인 욕망을 채우는 산업이기도 하다. 인간의 지혜와 기술을 동원하여 인간의 욕망을 충족시킬 수 있는 식품(재화)에 사용(식음) 가치를 부여하거나 증가시키고자 처리·가공·저장·유통·포장 등을 실시해 그 경제성을 높이기 위한 활동을 수행하는 산업을 총칭한다. 그래서 식품 산업은 양적·질적으로 지속 성장하고 있다. 오늘날에는 건강 증진·노화 방지·웰니스 등 기능적 역할뿐만 아니라 문화적 충족에 이르기까지 그 영역이 확장되고 있다. 식품에 대한 소비자의 니즈가 다양해짐에 따라 식품 산업과 첨단 기술, 문화, 관광 등 타 영역과의 융·복합이 가속화되고 부가가치가 높아져 미래 유망 산업으로 떠오르고 있다. 특히 식품과 기술을 융합한 푸드테크(food tech)도 가파르게 성장하고 있다. 푸드테크는 농업의 전방효과로 식품사업과 관련 사업에 4차 산업 기술을 적용하여 이전보다 발전된 형태의 산업과 부가가치를 창출하는 기술이다. 푸드테크의 주요 영역은 애그테크, 푸드 사이언스, 미디어, 푸드 서비스, 코칭, 배달과 유통 등이다. 푸드테크 기업은 ICT와 소비자 빅데이터를 이용한 농식품 플랫폼을 구축하고 몸집을 키우고 기업가치를 높이고 있다. 특히 코로나19 사태로 비대면 경제로의 전환 과정에서 쿠팡, 배달의 민족, 마켓컬리, 오아시스 마켓 등 온라인 푸드테크 기업이 매출, 투자유치, 기업가치 측면에서 급성장하고 있다.

세계 식품시장은 성장이 꾸준히 확대되어, 2017~2020년 동안 12.6%(7,980억 달러) 증가할 것으로 전망되었다. 한국농촌경제연구원이 최근 세계 식품시장의 성장 추이를 분석한 결과, 세계 식품시장은 최근 5년간 연 3.2% 성장하였으며, 2017년 세계 식품시장 규모는 전년 대비 3.6% 증가한 6조 3,520억 달러인 것으로 나타났다. 이미 정보 기술(IT)과 자동차시장을 합한 것보다 크고, 2020년 7조 달러를 넘어설 것으로 예측하고 있다. 식품 분류별 세계 시장 규모는 식료품 3.04조 달러, 음료 2.69조 달러, 담배 0.62조 달러 수준으로, 특히 음료의 비중이 증가하고 담배는 감소하는 추세이다. 품목별로 보면 시장 규모가 각 3,000억 달러 이상이면서 향후 3년간 성장률도 큰 폭으로 증가할 품목으로는 청량음료, 증류주, 맥주 등의 음료류와 제과제빵 및 시리얼류 등으로 나타났다. 시장 규모는 각 2,000억 달러 미만으로 작은 편이나 성장률이 높은 식품은 파스타와 면류, 짭짤한 스낵과자, 유지류, 해산물, 아이스크림 등으로 나타났다. 이러한 성장 가능성을 바탕으로 세계 주요 선진국들은 자국의 식품 산업 육성을 통해 국부 창출 및 수출산업화를 추구하고 있다.

국내 식품시장도 지속적으로 커지고 있다. 농림축산식품부에 따르면 식품제조업과 외식업, 유통업을 포함한 식품 산업은 지난 2007년 215조 2,622억 원에서 2017년 474조 713억 원으로 두 배 이상 증가했으며, 식품제조·외식업의 지난 10년간 연평균 성장률은 20.3%, 식품유통업은 23.7%로, 우리나라 국내총생산(GDP)의 연평균 성장률(5.6%)을 훨씬 웃돌았다. 이에 따라 국내에서도 식품 산업은 신성장 동력으로 그 가치가 재인식되고 있다. 특히 지리적 근접성, 아시아 국가의 식문화 유사성 등의 강점을 활용해 중국 등 아시아 시장으로의 확장적인 진출과 할랄식품으로 대표되는 이슬람 식품시장으로의 신규 진출 등

그림 4-7 최근 10년간 국내 식품 산업 성장 추이

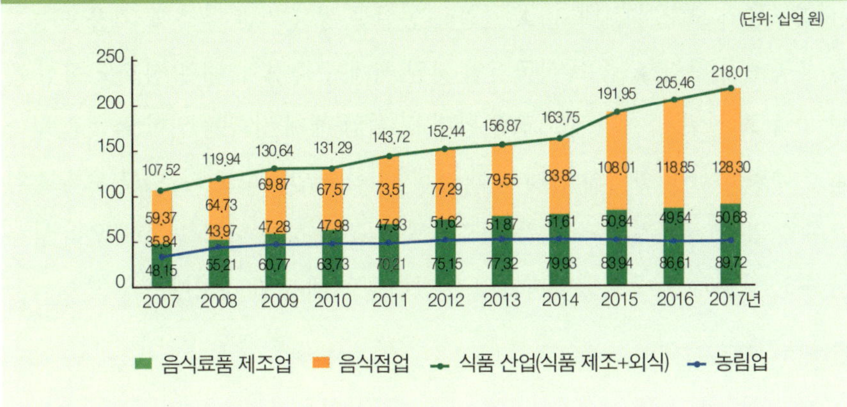

자료: 한국농수산식품유통공사, 2019년.

K-푸드의 글로벌화를 기치로 국내 식품 산업은 세계 시장에 도전하고 있다.

우리나라는 발전의 성숙기에 접어들어 성장률이 낮아지고 있고 농업 생산의 정체, 저출산·고령화 등의 소비 축소 우려가 있는 것은 사실이나 간편식·식음료 시장의 새로운 대세로 급부상, 프리미엄 식품시장의 확대, 친환경, 웰빙 식품시장의 대중화, K-푸드의 글로벌 공략 확대 등의 요인으로 국내 식품 산업은 앞으로도 계속 성장할 전망이다.

문제는 우리나라 식품 제조업체들이 제품 생산에 사용하고 있는 원료 농축산물 대부분이 외국산에 의존하고 있다는 것이다. 2018년 기준 국내 식품 제조업체가 제품 생산에 사용하고 있는 농축산물 원료는 1,787만 톤으로, 이 가운데 국산 원료는 31.3%인 559만 톤에 불과하다. 다만 같은 기간 국산 원료 사용량은 24.8% 증가하여 수입 원료 사용량 증가율 16.3%보다 높게 나타나 국산 원료 농축산물 수요 증가에 대한 기대를 높이고 있다. 이에 따라 농림축산식품부는 2020년《식품 산업 발전을 위한 고품질 국산 농산물 사용제고 방안》이라는 연구용역 보고서를 내고, ▲ 가공용 농산물 생산 기반 구축 ▲ 가용용 농산물 유통조직 확립 ▲ 중소 식품기업 지원 체계 구축 ▲ 소비자 선호도 향상 기반 구축 ▲ 관련 업계의 정보교류 확대 및 협업 체계 강화를 위한 플랫폼 구축 ▲ 품목별 주산지 협의회 연계 강화 등 6가지를 제안하고 있다. 이를 토대로 앞으로 농업인·생산자단체·식품 제조업체·정부의 상생 협력을 통해 우리 농산물 수요 창출과 국내 식품업계의 동반 발전을 기해야 할 것이다.

23. 온라인 공판장이 온다

가락시장은 우리나라에서 가장 큰 농산물 도매시장이다. 거기에는 6개 농산물 도매법인이 각각의 공판장을 운영하고 있다. 전국 산지에서 올라오는 과일, 채소류, 과채류는 물론 수입 농산물까지 집결되고 중도매인들의 경매 등을 통해 다시 전국의 소비지로 분산시키는 기능을 하고 있다. 투자 주체에 따라 가락시장을 포함한 33개 공영도매시장이 전국 주요 도시에서 운영되고 있으며, 일반 법정도매시장 11개소, 민영도매시장도 3개소 운영되고 있다. 이 중 공영도매시장은 1976년 12월 '농수산물 유통 및 가격 안정에 관한 법률'(농안법)이 제정된 후 농수산물 유통의 원활화 및 적정 가격 유지를 위해 정부가 건설 계획을 수립, 정부와 지방자치단체가 투자하여 도시 지역에 개설한 시장이다. 2018년 기준 연간 740만 톤, 13조 8,786억 원 규모의 농산물을 취급하고 있다.[6] 농산물 도매시장은 농산물 유통의 심장과 같은 곳이다.

농산물 도매시장의 기능은 다음과 같다.

① 상적 유통 기능: 농·축·수산물의 매매 거래에 관한 기능으로서 가격 형성, 대금 결제, 금융 기능 및 위험부담 등의 기능이 있다.

② 물적 유통 기능: 생산물, 즉 재화의 이동에 관한 기능으로서 집하, 분산,

6 《2018 농수산물 도매시장 통계연보》.

저장, 보관, 하역, 운송 등의 기능이 있다.

③ 유통 정보 기능: 도매시장에서는 각종 유통 관련 자료들이 생성·전파된다. 즉, 시장 동향, 가격 정보 등의 수집 및 전달 기능을 말한다.

④ 수급 조절 기능: 도매시장 법인 및 중도매인에 의한 물량반입, 반출, 저장, 보관 등을 통해 농축수산물의 공급량을 조절하고 가격변동을 통하여 수요량을 조절하기도 한다. 이러한 기능은 유통 정보의 수집, 전달을 통하여 농·축·수산물의 수요와 공급의 조절을 원활하게 하는 것으로 도매시장의 제 기능 발휘에 영향을 미친다.

그런데 농산물 도매시장이 제 기능을 못한다는 불만이 계속 제기되어 왔다. 그동안 정부는 우리나라 농산물 유통이 가지고 있는 고비용, 높은 가격 변동성, 산지·소비지 가격 비연동성의 문제 해결을 유통정책의 핵심 과제로 보고 도매시장 유통 효율화, 직거래 확대, 생산자단체 유통계열화, 수급 관리 체계화, 거래의 공정성 확보 및 정보 제공 확대 등 5대 개선과제를 추진하여 왔다. 정부와 농협 등의 지속적인 노력에도 불구하고 농산물 수급 불안이 반복되고 있으며, 생산자 조직의 협상력도 제자리걸음이다. 또한 4차 산업혁명으로 비대면 온라인 유통 채널 활성화 등 농산물 유통 환경이 급변함에 따라 그동안의 획일적인 경매 방식으로는 산지 조직화로 인한 대량 농산물에 대해서 거래 교섭력을 높이는 데 한계가 있고, 산지 공판장과 소규모 지방 도매시장은 출하 유치가 어려워 상당량의 농산물을 대도시 도매시장으로부터 역전송으로 조달하는 등 비효율이 발생하고 있다. 특히 경매 방식은 공정성과 투명성 확보에는 강점이 있으나 본질적으로 출하량 변화에 따른 가격 등락이 클 수밖에 없는 거래 방식이라 변동성이 원인이 되고 있다는 점도 문제로 지적되어 왔다. 따라서 빠르게 발전하고 있는 정보통신 기술(ICT)과 전국의 산지 공판장과 도매시장이 상호 유기적으로 연결되어 다양한 거래 방식으로 농산물 유통을 활성화하고 농산물 수급 안정에도 기여할 수 있는 실행방안 창출이 요구되고 있다.

농협은 전국 공영도매시장 및 지역농협에 도매 기능을 할 수 있는 공판장을 운영하고 있다. 농협도 농산물 유통 혁신의 하나로 공판장 거래 시스템의 변화를 꾀할 필요성이 있다고 판단했다. 이에 농협이 전국 단위의 온라인 농산물 도매시장 운영을 추진하게 되었다. 농산물 가격 급등락을 최소화하고 물류비 절감을 위해 기존 도매시장 이외의 새로운 유통경로를 모색하는 것이다. 기존 도매시장은 상물일치 원칙[7]을 준수하다 보니 물류 비효율 문제가 발생하고, 최첨단 정보통신 기술(ICT)을 활용해 농산물 제값 받기와 가격 안정 기능을 강화할 수 있는 장점이 있어 온라인 도매시장 구축을 서두르고 있다.

농협의 온라인 거래소는 인터넷과 모바일을 통해 산지 농산물을 경매나 정가·수의매매로 거래할 수 있는 신개념의 농산물 공영유통시장이다. 농업인이나 산지농협 등 출하자가 농산물을 온라인상에 있는 거래소인 플랫폼에 상장하면 다양한 구매자가 입찰에 참여하고, 해당 농산물은 거래가 체결된 후 산지에서 직송되는 방식으로 운영된다. 온라인 공판장의 본 사업은 2021년부터 추진되지만 2020년 양파·마늘 및 사과를 대상으로 시범사업을 실시했다.

온라인 거래소는 일반 도매시장처럼 경매나 정가·수의매매로 거래하는데, 거래방법은 출하처가 지정한다. 입찰경매는 하루에 두 번 진행되지만 정가거래는 시간 제약이 없다.

온라인 거래소는 무엇보다도 생산자의 결정 권한이 강화될 수 있다. 정가

7 도매법인은 도매시장 안에 있는 농산물만 판매 가능하다는 원칙이다.

그림 4-8 온라인 농산물 거래소 거래 체계

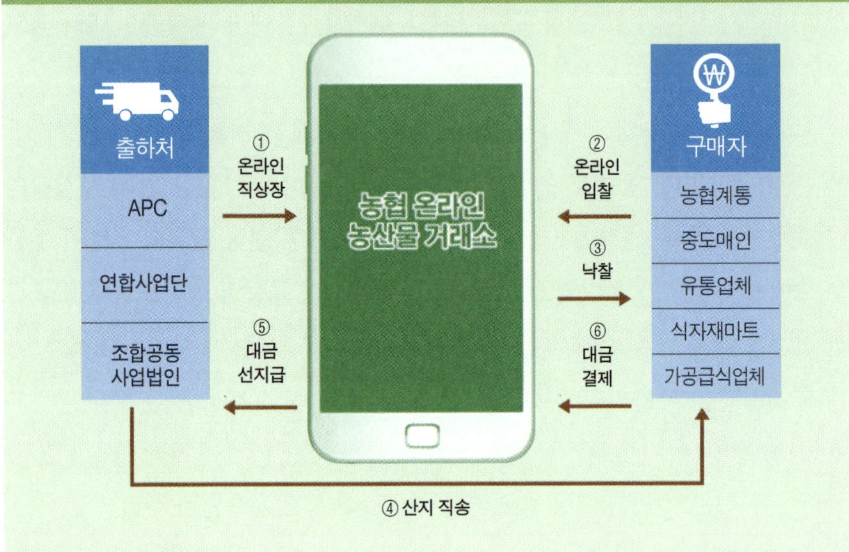

자료: 농협경제지주.

거래 때 출하처가 등록한 거래희망가격으로만 거래할 수 있고, 입찰거래 또한 출하자가 최저가격과 출하권역, 배송 최소물량 등을 미리 지정할 수 있기 때문이다. 구매자는 출하처가 제시한 최저가격과 물량 이상으로만 입찰할 수 있다. 입찰거래는 낙찰자 제시가 중 최고가를 일괄 적용하는 방안을 도입했다.

일반 도매시장과 달리 출하 표준규격도 없다. 중도매인 외에도 식자재 업체나 마트 바이어 등 다양한 구매자가 참여하는 만큼 특정 규격을 지정하기보다 주요 생산품목을 다양하게 등록할 수 있도록 했다. 예를 들어, 양파의 경우 크기를 기준으로 직경 6~9cm에 따라 각각 특·대·중·소로 나누고, 구매자 유형을 고려해 출하처가 규격을 자유로이 선택할 수 있게 만들었다. 다만 사과의 경우 출하규격·포장은 구매자 유형별 수요를 반영하여 설정하고 있다. 배송은 다음 날 배송이 원칙이다. 낙찰 이후 배송 지체가 있는 경우 가격변동으로 구매의욕 저하가 발생할 수 있기 때문이다. 클레임 처리 기준과 절차도 정해놓고 있다.

상장 수수료는 3~4%로 책정했다. 현행법상 청과부류의 도매시장 상장수수료는 7% 이내로 정할 수 있는데, 서울 가락동 농수산물 도매시장의 4%보다 수수료를 낮게 잡았다. 농협은 온라인 거래소를 조기에 정착시키기 위해 다양한 출하처와 구매자 유치에 집중하고 있다. 출하처에 물류비와 포장비를, 구매자에게는 신용보증보험료를 지원할 계획이다.

24.

농업·농촌의 다원적 기능, 공익적 가치

우리나라 도시 인구가 행정구역 기준으로 91.1%를 차지하면서 완전한 도시국가를 형성하고 있지만, 그 도시를 여전히 아름다운 농촌이 포근하게 감싸고 있다. 도시가 농촌을 감쌀 수는 없다. 또한 농촌에서 생산되는 농산물은 물론 수자원도 농촌에서 도시로 흘러든다. 휴일마다 고속도로를 가득 메우는 대부분의 나들이객을 받아 주는 곳도 농촌이다. 도시민은 KTX 차창 밖으로 보이는 황금 들녘에도 심신의 위로를 받는다. 그래서 농업·농촌은 도시의 어머니이자, 에너지원이며 쉼터이다. 이와 같이 농업·농촌은 농산물 생산이라는 고유의 기능 외에 경제적으로 환산할 수 없는 역할을 한다. 성장지상주의들이 말하는 국민총생산(GDP)에 포함되지 않는 그 무엇이 있다는 것이다. 이것이 농업·농촌의 다원적 기능이다. 유럽에서는 농업이 식량 및 섬유를 생산하는 본원적 기능 이외에도 폭넓은 기능을 가지고 있으므로, 농산물 교역시장에서 반드시 고려해야 하는 점을 강조하기 위해 농업의 다원적 기능이라는 용어를 처음 사용했다. UR 협상이 진행되고 있을 때는 농업의 급격한 개방에 반대하는 논리로 사용되기도 했다. 다원적 기능에는 당연히 긍정적 요소뿐만 아니라 부정적 요소도 포함되어 있을 수 있기 때문에 '공익적 가치'로 사용되기도 한다.[8]

---

8 김육곤, 《농업가치를 아십니까》, 글나무, 2018.

표 4-2 농업·농촌의 공익적 기능

기능	범주
경제적 기능	① 공동체의 균형발전과 성장, ② 경제위기 완화
사회적 기능	③ 도시화 완화, ④ 농촌공동체 활력, ⑤ 피난처 기능
문화적 기능	⑥ 전통문화 계승, ⑦ 경관 제공
환경적 기능	⑧ 홍수 방지, ⑨ 수자원 함양, ⑩ 토양 보전, ⑪ 생물 다양성
식량안보	⑫ 국내 식량 공급, ⑬ 국가 전략적 요청

자료: 유엔식량농업기구(FAO).

농업·농촌은 식량 생산이라는 본원적 기능 외에 식량안보, 농촌 경관과 환경 보전, 토양 보전, 수자원 확보, 홍수 방지, 지역사회 유지, 전통문화 계승, 생물 다양성 유지 등 비시장적·비교역적·공익적 기능을 한다. 농업·농촌의 다원적 기능에 대해서는 국제기구마다 다소의 차이는 있지만, 유엔식량농업기구(FAO)에 의하면 농업과 토지 이용 과정에서 발생하는 여러 가지 환경·사회·경제적 기능으로 정의하고, 〈표 4-2〉와 같이 5개 기능별 총 13개 범주로 나누고 있다.

농업의 다원적 기능에서 나오는 공익적 가치는 얼마나 될까? 시장에서 거래할 수 없는 비교역적 기능을 화폐 단위로 계산하는 것은 쉽지도 않거니와 계산 방식에 따라 천양지차이기 때문에 신뢰도의 문제가 발생할 수 있다. 2004년 농촌진흥청이 발표한 바에 따르면 농업·농촌의 공익적 가치는 약 83조 원 수준으로 추정되고 있다. 논 19조 원, 밭 5.2조 원, 농촌 8.3조 원, 산림 50조 원 등이다. 이는 2016년 기준 현재가치로 109조 원에 달하는 것으로 평가되고 있다. 2012년 양승룡 고려대학교 교수의 연구에 의하면 농업 86.3조 원, 임업 75.7조 원, 어업 3.7조 원 등 농림어업 전체에서 165.7조 원(2009년 기준 불변가치)의 공익적 가치가 있는 것으로 평가되었다. 농업 부문을 세부적으로 보면 환경 보전 79.6조 원, 문화 경관 3.7조 원, 식량안보 2.1조 원, 농촌 활력화 1조 원 등이다. 환경 보전 가치는 또 홍수 조절 53.3조 원, 지하수 함양 1.9조 원, 기후 순화 14.6조 원, 대기 정화 5조 원, 토양유실 저감 1.6조 원, 가축분뇨 분해 및 수질 정화 등 기타 3.2조 원으로 평가되고, 문화 경관 가치는 휴양처 제공 1.4조 원, 자연·문화·사회 환경으로의 경관 제공 2.2조 원 등이다. 한편, 2014년 한국농촌경제연구원은 논과 밭의 가치를 평가했는데, 논 56.4조 원, 밭 11.3조 원으로 나타났다. 이들을 종합해 보면 우리나라 농업·농촌이 연간 농업 생산액인 5.2조 원(2018년 기준)의 몇 배가 넘는 공익적 가치를 국민에게 제공하고 있는 것을 알 수 있다.

이와 같이 농업의 공익적 가치의 계량화가 중요한 것은 선진국의 경우처럼 농업인들이 공무원과 같은 국토를 보전하는 공적 존재로서 인정받을 수 있는 근거가 되기 때문이다. 그동안 농업·농촌의 다원적 기능에 대해 대가를 지불하지 않는 외부경제 효과[9]와 공공재로 인식해 정부의 정책적 개입이 없었으나 이제는 개입할 수 있기 때문이다. 정부가 개입하는 것은 국가의 유지와 국민의 삶에 지대한 영향을 미치고 동시에 반드시 필요하기 때문이다. 또한 정부가 개입하는 경우 농업인에게 상호준수 의무(cross compliance)를 부여함으로써 지속 가능한 농업·농촌이 유지된다. 스위스는 아예 1996년 국민들의 지지 속에 다원적 기능 농업(multi-functional agriculture)이라는 개념을 자국 연방헌법에 반영하여 정부의 직불금 지급과 상호준수 의무를 명문화하고 있다. 우리나라도 2017년 농업의 공익적 가치를 헌법에 반영하기 위해 농협이 앞장서서 1천만

9 시장거래와 상관없는 제3자에게 영향을 미치는 것을 외부경제 효과라 하며, 긍정적인 영향이면 외부경제, 부정적 영향이면 외부불경제라 한다.

국민 서명운동을 벌였고, 여야 이견이 크게 없었지만 헌법 개정 작업이 더 이상 진전되지 않고, 현재는 표류 중이라 아쉬움이 남는다. 다행히 2019년 20대 국회 마지막 정기국회에서 그동안의 쌀 중심 변동직불제를 폐지하고 공익적 직접지불제로 재편하여 사람 중심의 농정 단초를 마련하였고, 2020년 처음으로 지급되었다.

25.
로컬 푸드 운동의 확산

앞에서 수입 농산물 증가로 식량자급률 및 칼로리 자급률은 떨어지고, 푸드 마일리지 증가로 온실가스 배출이 증가하여 외부경제로 인한 식품 안전 및 기후 변화에 나쁜 영향을 미친다고 하였다. 또한 이에 대한 대안으로 슬로푸드 중요성이 부각되고, 로컬 푸드 운동이 확산되고 있다는 것도 설명하였다.

로컬 푸드(local food)는 식품안전성에 대한 사회적 관심을 높이면서 소비자와 지역의 소규모 농가가 신뢰를 바탕으로 먹을거리의 안전성(지속 가능성)을 추구하는 도·농 간의 대안운동으로 시작되었다. 일본의 지산지소(地産地消), 미국의 CSA(Community Supported Agriculture)와 같이 지속 가능한 농촌과 도시의 관계, 시민 먹을거리의 안전성을 기본으로 한다. 로컬 푸드 시스템을 통해 농민과 소비자, 농촌과 도시, 농업과 환경의 관계성을 회복하는 운동이다. 또한 로컬푸드는 식품 안전, 농가소득 보장, 지역관계의 회복뿐만 아니라 지역 순환경제를 통해 지역경제 활성화에도 기여하며, 세계화된 농·식품 체계의 문제로부터 농촌 황폐화와 식품 불안에 대안을 찾으려고 한다.[10]

미국, 영국 등 외국의 로컬 푸드 소비 증진의 논리는, ① 농식품의 운송거리 단축을 통한 탄소 배출량 저감으로 지역 환경과 지구 보호, ② 깨끗하고 신

10 정은미, 《지역경제 활성화를 위한 로컬푸드시스템 구축방안》, 한국농촌경제연구원, 2011.

선하며 풍부한 영양분의 농축산물 공급, ③ 먹거리 체험을 통한 생태 교육 등 교육적 효과, ④ 지역농업과 농업인 유지를 통한 지역사회 공동화 방지 등이다.

우리나라도 소량 다품목 중심의 영세소농 및 중소농업인이 생산한 농산물 판매를 확대하고, 유통 단계 축소를 통한 유통비용 감소 및 푸드 마일 감축, 신선 먹거리 공급 등의 취지로 2012년 전북 완주군 용진농협 로컬 푸드 매장을 시작으로 로컬 푸드 운동이 크게 확산되고 있다. 특히 2015년 '지역농산물 이용 촉진 등 농산물 직거래 활성화에 관한 법률'이 제정되면서 로컬 푸드 매장이 더욱 촉진되게 되었다. 로컬 푸드 매장을 운영한 결과 다품종 소량 생산에 따른 지력 보호와 일손 부족을 해소할 수 있고, 농가가 생산비 등을 감안해 가격을 결정하기 때문에 생산 농가의 만족도가 높다. 또한 당일 수확, 당일 포장 및 판매로 소비자 니즈에 맞는 신선한 농산물이 공급되어 소비자 만족도 역시 높다. 특히 푸드 마일리지 감축으로 국민 후생이 증가하고 지역 순환 경제로 지역경제 활성화에 도움을 준다. 로컬 푸드의 또 하나 장점은 가족농 중심의 소량다품목 생산이 가능하다는 것이다. 친환경 농산물 생산만 고집하다가 판로에 어려움을 겪던 한 농가가 기존의 하우스 시설에 오이, 피망 등 10여 개의 주 작목을 연중 생산할 수 있도록 하고, 빈 공간에 상추, 깻잎, 애호박 등 50여 가지의 소량 품목을 심어 로컬 푸드에 납품한 결과 억대의 소득을 올리고 있다는 소식도 들린다.

용진농협 로컬 푸드 매장 운영 이후 매년 로컬 푸드 매장 및 매출액이 크게 증가하고 있다. 2019년 현재 469개 매장에 4,902억 원의 매출을 올려 농업·농촌, 소비자, 지역사회를 살리는 순기능을 하고 있다. 로컬 푸드에 대한 정부의 관심이 높아지고, 지자체와 농협의 적극적인 지원, 지역농업인들의 자발적 참여가 있었기 때문이다. 농업과 농촌의 지속성이 지역공동체 존속과 직결되는 지자체나 생산자단체인 농협의 입장에서는 생산자와 소비자의 관계 회복, 지역정체성 확보 및 지역경제 활성화의 대안으로 로컬 푸드를 앞세우고 있다.

농림축산식품부는 2019년 8월부터 5개월간 학계·전문가·지역사회·소비자단체 등의 협의를 거쳐 '로컬 푸드지수'를 설계하고 확정했다. 국내 지방자치단체의 로컬 푸드 확산 노력 정도를 수치화해 국민적 관심을 높이겠다는 취지에서다. 이를 기반으로 소비자시민모임이 전국 지자체를 대상으로 평가해 최근 '2020 로컬 푸드지수 결과'를 내놨다. 소비자시민모임은 전국 159개 시·군(제주특별자치도·세종특별자치시 포함)을 대상으로 2019년 한 해 동안 해당 지자체의 로컬 푸드 생산·소비 체계 구축, 지역경제 활성화, 먹거리 거버넌스 추진 성과를 측정했다. ▲ 기획 생산 촉진 ▲ 안전성 관리 ▲ 지역 먹거리 공공조달 ▲ 농가소득 안정 ▲ 일자리 창출 ▲ 시민 참여 ▲ 공공정책 등 7개 평가 과제 10개 지표를 통해 취득점수별로 S·A·B·C·D·E 등 6개 등급으로 구분했다. 첫 평가 결과 대상(大賞)인 S등급은 전북 완주군이 차지했다. 완주군은 우리나라 대표적 로컬 푸드 특구로 떠올랐다. A등급(최우수상)은 충북 옥천군과 전남 나주시가, B등급(우수상)은 경기 화성시, 강원 원주시·춘천시, 충북 음성군, 충남 공주시·아산시·청양군, 전북 군산시, 전남 장성군, 세종시 등 10곳이 각각 이름을 올렸다.

앞으로도 로컬 푸드가 활성화되기 위해서는 시민 먹거리 교육 및 체험 강화, 농가 자율성 확보를 위한 농가 조직화, 식품 안전 및 일반농산물 혼입 방지를 위한 관리 체계 확보 등이 이루어져야 하고, 무엇보다도 영세소농 보호와 시민 먹거리에 대한 정부 및 지자체의 관심이 중요하다고 하겠다.

26.
경관농업

사람은 사회적 동물이자 심리적 동물이다. 아무리 힘든 일이 있어도 누군가로부터 위로받으면 힘이 나고, 삶의 의지를 되살리곤 한다. 그런데 사람을 위로하고 즐거움을 주는 건 사람만의 영역은 아니다. 자연이 그 역할을 대신할 때도 많다. 떠오르는 아침 해를 바라보면서 생의 의지를 불태우기도 하고, 석양을 보면서 인생의 회한을 느끼기도 한다. 도시의 빌딩 숲속에서 다람쥐 쳇바퀴 돌듯 살다가 모처럼 찾은 작은 섬마을 바닷바람에 눈물을 흘리기도 한다. 이렇게 자연은 인간을 감탄하게 하고, 위로하기도 하고, 때로는 아픔을 치유하기도 한다. 거대한 자연만이 아니라 농촌 마을의 작은 유채꽃밭이나 코스모스 길에도 감동은 있다. 이렇게 농촌 경관을 통해 농업인 소득을 높이고, 농촌 지역경제를 활성화시키는 곳이 많다. 경관농업(scenic agriculture)의 탄생이다.

'어메니티'(amenity)라는 말이 있다. 농촌이 주는 환경이나 기후, 생활 등에서 나오는 쾌적성, 아름다움, 정이 넘치는 따뜻함 등을 말한다. 즉, 농촌 어메니티는 농촌 고유의 가치와 정체성을 보여 주는 유·무형의 자원을 통칭한다. 농촌다움이다. 농업·농촌은 '식량 생산을 위한 공간'에 머무르지 않고 더 많은 부가가치를 창출하는 가능성의 장소가 될 수 있다. 마을 주변의 숲, 별빛이 쏟아지는 밤하늘, 마을의 돌담까지 모두 이용하기에 따라 훌륭한 자원이 될 수 있다. 따라서 농촌을 개발 대상이 아닌 농촌다움을 지켜야 그 가치가 오히려 높아진다.

경관농업이란 경관작물을 포함한 농작물을 이용하여 경관적인 아름다움을 드러내고, 그것이 갖는 매력을 통해 차별적인 농촌관광 자원이 되어 농가 소득 증대와 지역경제 활성화에 기여하는 새로운 농업 형태를 말한다. 넓은 논과 밭에 심어진 유채꽃이나 청보리, 푸른 초원의 양떼 목장, 식물원, 수목원도 경관농업에 포함된다. 경관농업을 통해 주로 도시민인 소비자에게 볼거리, 즐길 거리, 체험거리를 주고 관광 수입 증대, 지역특산물 판매, 주민의 일자리 창출 등 경제적 효과를 거둘 수 있다. 특히 도시와 농촌의 왕성한 교류를 통해 농촌 활력화에 기여할 수 있는 장점이 있다.

우리나라에서도 친환경 농업의 전면적인 확대와 함께 전남의 보성 녹차밭, 고창 청보리밭이 대표적이며, 평창군의 문학적 소재를 살린 운치 있는 메밀밭, 만인의 낭만이 서려 있는 제주도의 아름다운 오름과 돌담이 어우러진 유채꽃, 남해군의 다랭이논, 광양시 매화나무 단지 등도 새로운 대안 농업으로서 경관농업지구의 발전 가능성을 보여 주고 있는 곳이다. 이 밖에도 영암군은 경관농업의 하나로 국립공원 월출산을 배경으로 한 40만 평 규모의 전국 최대의 경관단지를 조성하였다. 이곳에서는 봄에는 유채, 여름에는 메밀을 재배하면서 개화기에 축제를 열어 사계절 볼거리가 있는 관광농업을 육성함으로써 선풍적인 인기를 얻고 있다. 경남 함안군 법수면 강주리는 마을 주민들이 힘을 합쳐 자체적으로 조성한 해바라기꽃이 장관을 이루는 '강주 해바라기 축제'를 여름마다 열고 있다. 해바라기 단지가 강주리 마을 주변 4만 8,000m^2에 이르며, 경관의 아름다움뿐만 아니라 전통과 문화를 부흥시켜 보자는 취지로 마을 사람들의 지닌 끼를 모아 축제를 펼쳐 도시민의 감탄을 자아낸다. 이들 지역은 1차 산업인 농업에 3차 산업인 관광, 6차 산업인 체험을 접목한 경관농업을 통해 농촌에 활기를 불어넣고 농가소득을 높이는 새로운 돌파구를 마련했다는 평가를 받고 있다. 특히 경관농업은 한번 체험해 본 사람들이 SNS 계정을 통해 체험을 나누고, 네트워크 효과를 통해 널리 퍼지기 때문에 홍보 효과가 매우 크다.

경관농업에 대한 근거는 '농어업인 삶의 질 향상 및 농어촌 지역 개발 촉진에 관한 특별법 제30조'(농어촌 경관의 보전)와 '농업·농촌 및 식품 산업 기본법' 제44조(농촌의 자연 환경 및 경관 보전)에 규정되어 있다. 또한 정부는 2005년부터 지역별 특색 있는 경관작물 재배와 마을경관 보전 활동을 통해 농촌의 경관을 아름답게 형성·유지·개선하고 이를 지역축제·농촌관광·도농교류 등과 연계함으로써 지역경제 활성화를 도모하기 위해 '경관 보전 직접지불제도'를 도입했다.

지원 대상은 농업경영체에 등록한 자로서 경관 보전 보조금 지급 대상 농지에서 경관작물을 재배하는 농업인 또는 농업법인이며, 지원 기준은 경관작물 식재면적이 마을 단위(지구) 및 필지별로 집단화된 농지(경관작물 2ha 이상, 준경관작물은 10ha 이상 집단화)[11]이다. 지원 단가는 국고 50%, 지방비 50%로 ha당 경관작물 170만 원, 준경관작물 100만 원이다.

전국적인 경관농업 재배면적은 시행 초기인 2005년 470ha였지만 2018년에는 1만 1,462ha로 늘어났고, 농가 수 또한 2005년 763농가에서 1만 351농가로 늘었다. 예산도 6억 원에서 100억 원 수준으로 크게 늘었다. 또한 참여 마을도 45개 마을에서 577개 마을로 증가했다.

---

11 경관작물: 갓, 구절초, 국화류, 꽃양귀비, 꿀풀(하고초), 달맞이꽃, 라벤더, 메밀, 유채, 자운영, 코스모스, 해바라기, 헤어리베치, 감국, 안개초, 끈끈이대나무, 백일홍, 설악초 등.
준경관작물: 밀, 보리(겉보리, 쌀보리, 맥주보리, 청보리 등), 연꽃, 이탈리안라이그라스, 호밀 등.

그림 4-9 강주리 마을 해바라기 경관농업

자료: 함안군청.

2020년은 코로나19로 지역축제가 취소되는 등 경관농업도 어려움을 겪는 한 해였다. 그렇지만 경관농업은 집단화된 농지뿐만 아니라 개별 농가 단위로도 발전할 가능성이 무궁무진하다. 작물도 기존의 경관·준경관 작물에서 동백꽃과 같은 수목 등으로 확대될 가능성이 크다. 다만 경관농업이 날씨와 자연재해에 취약하다보니 고도화된 보험상품 개발과 이용객의 편의시설 설치를 위한 농지전용 문제 등 풀어 가야 할 과제들이 남아 있다.

27.

토종 종자, 슬로푸드

섬 지역을 포함한 한반도는 세계적으로 면적은 넓지 않으나 아열대 생물 종(種)부터 한대 생물 종까지 다양한 식생을 고루 갖춘 지역이다. 우리는 일제 강점기, 미군정, 한국전쟁, 그리고 산업화를 거치면서 우리의 고유의 것들을 너무 많이 잃어버렸다. 일점 강점기 때 조선총독부의 '조선식물연구학회'가 우리나라 식물 종에 대해 전체적으로 조사하고 채집해 갔다. 해방정국과 한국전쟁, 산업화를 거치면서 정부의 묵인 아래 미국 식물학자들이 한반도의 식물 분포와 종자를 걷어 갔다. 그런 가운데 다양한 생물 종자들이 사려져 외래종이 그 자리를 차지하고 생물종 다양성이 위협받고 있다. 우리 고유의 생물 다양성 종자들이 사라지면 단백질·유지·당류·염료·효소·기능성 자원들을 외국에 의존하게 되고, 이는 전쟁이나 자연재해 등 특수한 상황이 일어났을 때 국민의 생명 보호에 큰 위협이 된다.

어렸을 적 기억이 난다. 집집마다 일소로 부리던 토종 소가 갑자기 사라지고, 뿔이 매우 크고 상대적으로 사나워 다루기 어려운 호주산 잡종 소(브라만과 샤롤레 교잡종)가 그 자리를 차지했다. 일은 부리기 어렵고, 고기는 훨씬 질겼던 것으로 생각난다. 그 후 정부의 한우 복원정책으로 지금은 한우가 대세이지만, 제주 고유의 토종 소인 흑소는 겨우 명맥만 유지하고 있다. 우리의 꽃 '수수꽃다리'도 미국으로 건너가 라일락으로 개량되어 엄청나게 팔리다가 우리나라에 역수입되었다. 토종 '참나리'도 미국으로 건너가 여러 빛깔을 내는 관상용 백합으로 다시 개량되어 팔리고 있다. 한라산 구상나무, 제주왕벚나무 등 우리 고유의 식물 자원들이 아무런 저항도 없이 침탈되어 갔다. 생산성, 효율성이라는 이름으로 우리 것에 눈을 감고, 남의 것에 군침을 흘리다 거덜 난 격이다.

이제라도 우리 토종 자원에 대한 관심이 높아지고 있어 다행이다. 우리 자연 환경에 적응하고 진화해 온 동·식물들이다. 향토지적재산에 대한 중요성을 인식하기 시작한 것이다. 거기에는 1992년 브라질 리우데자네이루에서 국제적인 '생물다양성협약'이 제정되어 국가마다 자국의 식물 자원을 보전하는 데 노력을 기울인 결과이기도 하다.

슬로푸드(slow food)는 패스트푸드(fast food)에 대립하는 개념으로, 지역의 전통적인 식생활 문화나 식재료를 다시 검토하는 운동 또는 그 식품 자체를 가리키는 말이다. 계절의 흐름 속에 자연이 가져다준 지역의 제철 유기농 식품으로 화학적 조미료를 사용하지 않고 정성스럽게 만들어 그 음식에 대해 생각하고 음미하며 건강하게 먹고 마시는 전반적인 식습관을 의미하기도 한다. 자본주의가 고도화되면서 전 분야에 걸쳐 속도 문화가 현대인의 생활을 지배하게 되었지만 건강과 전통 식문화, 공동체마저 잃으면서 속도 문화에 반기를 들고, 느림 문화를 지향하는 슬로푸드 운동이 생겨났다. 슬로푸드 운동은 1986년 이탈리아 카를로 페트리니(Carlo Petrini)와 그의 동료들에 의해서 시작되었다고 앞서 제2부에서 서술한 바 있다. 이 운동은 패스트푸드가 음식을 획일화·표준화하고 전통 음식을 소멸시키는 것에 대항하여, 건강한 식사, 미각의 즐거움, 전통 음식의 보존 등의 가치를 내걸고 있다.

슬로푸드 운동은 1989년에 파리에서 선언문이 발표되면서 국제적인 운동으로 발전하게 되는데, 영국에서 발병한 광우병에 놀란 세계인들이 이 운동을 더욱 촉진하게 되었다. 파리에서 채택된 슬로푸드 선언문은 다음과 같다.

"산업문명의 이름하에 전개된 우리 세기는 처음으로 기계의 발명이 이루어졌고, 이후 기계를 생활 모델로 삼고 있다. 우리는 속도의 노예가 되었으며, 우리의 습관을 망가뜨리며, 우리 가정의 사생활을 침해하고, 우리로 하여금 패스트푸드를 먹도록 하는 빠른 생활, 즉 음흉한 바이러스가 우리 모두를 굴복시키고 있다. 호모 사피엔스라는 이름에 상응하기 위해서 사람은 종이 소멸되는 위험에 처하기 전에 속도로부터 벗어나야 한다. 보편적인 어리석음인 빠른 생활에 반대하는 유일한 방법은 물질적 만족을 고정시키는 것이다. 이미 확인된 감각적 즐거움과 느리며 오래가는 기쁨을 적절하게 누리는 것은 효율성에 대한 흥분에 의해 잘못 이끌린 군중에게서 우리가 감염되는 것을 막을 수 있을 것이다. 우리의 방어는 슬로푸드 식탁에서 시작되어야 한다. 우리는 지역요리의 맛과 향을 다시 발견하고, 품위를 낮추는 패스트푸드를 추방해야 한다. 생산성 향상이라는 이름으로 빠른 생활이 우리의 존재 방식을 변화시키고, 우리의 환경과 경관을 위협하고 있다. 그러므로 지금 유일하면서도 진정한, 진취적인 해답은 슬로푸드이다.

진정한 문화는 미각을 낮추기보다는 미각을 발전시켜야 한다. 이렇게 하는 데는 경험, 지식, 프로젝트의 국제적인 교환이 가장 좋은 방법이다. 슬로푸드는 보다 나은 미래를 보장한다. 슬로푸드는 그것의 상징인 작은 달팽이와 함께 이 운동이 국제 운동으로 나아가는 데 도울 능력을 갖춘 다수의 지지자를 필요로 한다."

최근 슬로푸드 운동 확산에는 점점 잊혀져 가는 우리의 소중한 음식문화 유산을 기록하고 지키는 국제슬로푸드 한국협회의 역할도 크다. 국제슬로푸드 프로젝트 '맛의 방주'(Ark of Taste)에는 우리나라 103개 동·식물종과 전통 식품들이 포함되어 있다. 앞으로 토종 종자와 슬로푸드의 가치와 중요성은 더욱 높아질 것이다.

표 4-3 대한민국 맛의 방주 등재 목록

- 제주푸른콩장(Pureun Kongjang): 푸른 독새기 콩 등으로 불리는 제주 지역의 토종 콩으로 만든 장.
- 앉은뱅이밀(Anjeunbaengi Wheat): 우리 토종 밀로 껍질이 연한 연질밀이기 때문에 작업이 용이하고 발효가 훨씬 잘되는 것이 특징.
- 섬말나리(Hanson's Lily): 울릉도의 가장 높은 마을인 나리분지에서 자생하며 식용으로도 쓰이는 세계적인 희귀식물.
- 칡소(Chik-so Cattle): 무늬가 호랑이를 닮았다 하여 범소, 호반우 또는 얼룩소라고도 불리며 몸 전체가 칡색깔로 보이는 한국 재래 한우의 일종.
- 연산오계(Yeonsan Ogye Chicken): 뼈부터 깃털, 피부, 발톱, 부리, 눈까지 몸 전체가 온통 검은색을 띠는 충남 연산 지역의 닭.
- 제주흑우(Jeju Native Black Cattle): 한국 재래 한우의 한 품종으로 전신이 모두 검은색으로 덮여 있는 것이 특징.
- 장흥돈차(Don Tea): 고형차(덩이차)의 한 종류로 삼국 시대부터 근세까지 전남 장흥, 남해안 지방을 중심으로 존재하던 전통 발효차.
- 태안자염(Distilled Salt): 우리나라에서 전통적으로 소금을 생산하는 방식인 바닷물을 오랜 시간 끓여 만든 소금.
- 감홍로(Gam-hongro): 좁쌀 누룩과 멥쌀 고두밥으로 술을 빚어 증류, 숙성시킨 뒤 8가지 약재를 넣고 침출시켜 다시 1~5년을 숙성시켜 완성한 술.
- 먹골황실배(Meokgol Hwangsil Pear): 조선 시대에 주로 기르던 청실배와 다른 품종으로 조선 후기 황실에 진상하던 토종 배.
- 을문이(Eulmooni): 효자고기라고도 불리며, 현재 논산시 가야곡면 병암리 탑정저수지 상류 쪽에서만 볼 수 있는 민물고기.
- 먹시감식초(Meoksi Persimmon Vinegar): 토종 먹시감을 홍시가 되기 전 수확하여 초산 발효 숙성한 식초.
- 어간장(Fish Soy Sauce): 멸치액젓과 콩메주로 만든 간장.
- 어육장(Fish and Meat Paste): 잘 말려 손질한 고기와 생선을 메주 사이에 켜켜이 넣고 소금물을 부어 밀봉한 후 1년간 발효시킨 전통 장(醬).
- 예산삭힌김치(Yesan Sakhin Kimchi): 일반 김치와 달리 배추의 시래기를 사용해 고춧가루를 쓰지 않고 마늘·파·새우젓만으로 맛을 내어 삭힌 예산 지역의 전통 김치.
- 예산집장(Yesan Soybean Paste): 즙장(汁醬) 또는 채소를 많이 넣어 채장(菜醬)이라고도 불리는 예산 지역 양반가에서 주로 먹던 된장.
- 울릉옥수수엿청주(Ulleung Fermented Corn Drink): 쌀이 귀하던 울릉도 지역 주민들이 지역의 토종 옥수

표 4-3 계속

수를 사용해 만들어 즐겨온 전통주.
- 울릉홍감자(Ulleung Red Potato): 쌀을 비롯한 곡식이 귀한 울릉도 지역에서 쌀을 대신해 주민들의 끼니를 해결해 준 토종 감자.
- 울릉손꽁치(Ulleung Hand Caught Saury): 울릉도 주민들이 뗏목을 만들어 바다에서 꽁치를 손으로 잡는 전통 어업 방식으로 얻은 꽁치.
- 제주강술(Kangsool): 제주 지역에서 생산하는 차조 술떡(오메기떡)을 토종 밀로 제조한 밀누룩과 혼합하여 만든 술.
- 제주꿩엿(Pheasant Yeot): 제주도의 대표적인 보양식으로 제대로 삭힌 당화물에 꿩고기를 넣어 하루 동안 푹 고아 만든 엿.
- 제주댕유지(Dangyuja Pomelo): 당유자라고도 불리며 현재 우리나라에서는 제주도에서만 볼 수 있는 감귤류의 일종.
- 제주순다리(Sundari): 쉰다리라고도 불리며 제주도 지역에서 쉬기 직전의 남은 밥을 이용하여 만들어 마시던 곡물 발효 음료.
- 제주재래감(Jeju Native Persimmon): 형태에 따라 폿감, 고래감, 베개감, 쇠불감, 종지감 등 다양한 종으로 분류되는 제주도 지역 재래감.
- 제주재래돼지(Jeju Native Black Pig): 제주도의 재래 돼지 품종으로 일반 돼지보다 체격이 작고 온몸이 흑색을 띠는 것이 특징.
- 마이산청실배(Green Pear): 아그배 또는 독배라고도 불리는 청실배나무의 열매는 일반 배보다 작고 푸른색을 띠는 것이 특징.
- 토하(Toha Shrimp): 전남 지역의 맑은 1급수에서 서식하는 민물새우로 손톱 크기에 빛깔을 띠는 것이 특징.
- 현인닭(Hyunin Native Chicken): 한국재래닭보존회를 중심으로 복원한 한국의 재래 닭.
- 김해 장군차(Gimhae Jang-gun Tea): AD 48년 아유타국의 공주 허황옥이 봉차(封茶)로 가져와 옛 가락 문화권에 전파하여 전해져 오는 우리나라 최초의 전통차.
- 담양토종배추(Damyang Native Cabbage): 줄기가 얇고 가늘어 속이 거의 차지 않는 토종 배추로 어린 순은 봄동으로도 먹을 수 있는 것이 특징.
- 게걸무(Gegeolmu): 경기도 여주, 이천 지역에서 나는 특산 무로 껍질이 두껍고 강한 매운맛이 나는 것이 특징.
- 동아(Dongah): 동과, 동화라고도 불리는 박과의 한해살이 덩굴식물로 참외와 비슷한 열매는 원형에서 타원형을 띠는 것이 특징.
- 감주(Golgamjoo): 제주 지역의 토속 곡물인 재래종 보리로 만든 골(엿기름)과 재래종 차조를 사용하여 빚은 술.
- 산물(Sanmul): 제주도에서 재배하던 쌍떡잎식물 쥐손이풀목 운향과에 속하는 재래 귤나무.
- 다금바리, 자바리(Dageumbari, Jabari): 제주도에서 주로 잡히는 회나 맑은 탕으로 먹는 아열대성 대형 어종.
- 제주오분자기(Obunjagi): 오분작 또는 제주 방언으로 떡조개라 불리며 새끼 전복과 자주 혼동되지만 전혀 다른 패류의 일종.
- 감태지(Gamtaeji): 청정 갯벌에 자생하는 해조류의 일종으로 매생이보다 굵고 파래보다 가늘며 선명한 녹색을 띠는 것이 특징.

표 4-3 계속

- 낭장망 멸치(Nangjangmang Anchovy): 완도 등 전라남도 남해안 해역에서 전통적인 멸치잡이 방식인 낭장망 잡이로 얻은 멸치.
- 지주식 김(Racks Laver): 해태라고도 불리는 해조류 김을 전통적인 생산 방식인 지주식 방식으로 생산한 김.
- 파라시(Parasi): 한자어로 팔월시라 불리는 음력 8월에 나오는 홍시로 씨가 별로 없고 먹고 난 후 입맛이 개운한 것이 특징.
- 황녹두(Yellow Mung Beans): 노랑녹두로도 불리며 크기와 형태는 청녹두보다 약간 크고 주머니도 긴 것이 특징.
- 보림백모차(Borim Backmocha): 다산 정약용이 보림사에서 만들어 마신 덩어리 차로 모양이 중국의 보이차와 비슷한 것이 특징.
- 하동잭살차(Hadong Jaeksul Cha): 하동의 야산에 자생하는 야생차로 만든 하동 특유의 홍차를 부르는 이름.
- 밀랍떡(Milrap Tteok): 밀떡이라고도 불리며 경기도와 강원 지역에서 늦은 가을에서 겨울까지 화롯불에 구워 먹던 벌통에서 얻은 밀랍을 바른 떡.
- 작주부본 곡자발효식초(JakjububonGokja Fermented Vinegar): 전통 양조법인 작주부본법을 이용해 만든 발효식초.
- 누룩곡물발효식초(Nuruk Fermented Grain Vinegar): 누룩과 곡물을 이용해 만든 전통 발효식초.
- 떡고추장(Tteok Kochujang): 찰떡에 빻은 콩을 묻혀 띄운 후 곱게 가루내어 찰떡, 메줏가루, 간장, 고춧가루를 더해 발효시킨 고추장.
- 마름묵(Water Chestnut Jelly): 논이나 연못에서 자생하던 식물로 열매를 이용해 묵가루를 만들어 쑨 묵.
- 미선나무(Miseonnamu): 충청북도를 중심으로 자생하는 나무로 민간요법 또는 차나 식용으로 활용되고 있음.
- 산부추(Sanbuchu): 강원도와 경기 북부에서 먹을 것이 귀하던 시절 이른 봄 끼니를 해결할 때 주로 먹었던 산나물.
- 수수옴팡떡(Susuompangtteok): 경기도 지역의 향토음식으로 햇수수와 콩을 가루내어 찐 시루떡.
- 긴잎돌김(Ginipdolgim): 울릉도와 동해안에 자생하는 자연산 돌김으로 일반 김보다 두껍고 까맣고 윤기가 나며 구수한 맛이 특징.
- 제비쑥떡(Jaebissuktteok): 나주 지역에서 제비쑥을 이용해서 만들어 먹었던 별미떡.
- 준치김치(Junchi Kimchi): 서해중부 바닷가에서 준치를 넣어 만든 김치로 가을에 김장해서 이듬해 봄에 꺼내 먹은 별미 김치.
- 칠게젓갈(Chilgaejeotgal): 전라북도 갯벌에서 잡은 작은 칠게를 확독에 갈아 만든 젓갈.
- 돼지찰벼(Dwaeji-Chalbyeo Glutinous Rice): 붉은색 재래 벼 품종으로 찰기가 뛰어나고 붉은 색감을 가져 유밀과(약과)를 만드는 데에 주로 사용된 품종.
- 고종시(Kojongsi Persimmon Of The Wanju County): 고종 임금에게 진상해 극찬을 받았다는 토종 감으로 고랭지 산비탈에서 자라며 크기가 작고 씨가 거의 없음.
- 웅어(Ung-eo Fish): 산란을 위해 금강 하구 내륙으로 올라오는 회유성 어종으로 갈대같이 생겨서 위어(葦魚), 칼처럼 생겼다고 도어(魛魚)라고 불렸음.

표 4-3 계속

- 자리돔(Jaridom Fish): 돔 중에서 가장 작은 어종으로 부가가치는 낮지만 서민 음식으로 사랑받았고 큰 물고기를 잡는 미끼로 사용됨.
- 우뭇가사리(Umutgasari): 해녀들이 수작업으로 채취하며 5~7월 수심 5m 정도의 모래나 바위에 붙어 자란다. 한천을 만드는 주재료.
- 는쟁이냉이(Neun-jaeng-i-naeng-i): 강원도 철원 지역 해발 800m 이상에서 자라는 냉이로 눈 속에 덮여 겨울을 나고 4월경에 수확.
- 우슬식혜(Sikhye): 전통 음료로 쌀을 기본으로 하고 엿기름으로 단맛을 내고 앙금을 가라앉혀 마심.
- 옥돔(Jeju Okdom): 방언으로 '솔라니'로 불리는 제주 대표 어종으로 11월경 표선면-위미리 일대에서 잡힘.
- 톳(Jeju Wild Tot): 영양가가 높아 서민들의 영양공급원 역할을 해온 해조류로 특히 제주톳은 자연산으로만 수확됨.
- 꼬마찰(Muan Baby Corn): 무안 지역에서 재배되는 간식용 풋옥수수로 크기가 절반 정도로 작지만 단단한 조직감을 갖으며 익혔을 때 찰기가 높음.
- 남도장콩(Nambdo Soybean): 주로 간장과 된장을 만드는 남도의 메주콩으로 알이 작고 납작한 형태를 가졌으며 고소한 맛이 매우 강함.
- 갓끈동부(Gatkken Bean): 갓끈 모양으로 달리는 열매 모양이 특이하며 열매가 여물기 전 수확해 꼬투리채 삶아먹음.
- 바위옷(Bawiot): 지의류에 속하며 암태도에서 많이 서식한다. 건조된 형태로 거래되며 주로 묵을 만들어 먹음.
- 팥장(Patjang): 옛날 콩이 흉년일 때 조정의 지시로 개발된 장으로 팥과 밀가루가 주원료이고 간장을 빼지 않아 맛이 부드럽고 염도가 낮음.
- 조청(Artisanal Jocheong): 쌀과 엿기름으로 만든 전통의 천연 감미료로 지역의 농산물을 활용한 다양한 조청이 있음.
- 구억배추(Gueok Cabbage): 제주도 서귀포시 구억리에서 발굴되어 복원한 전통 배추로 은은한 갓 맛이 느껴지는 것이 특징.
- 감자술(Potato Makgeolli): 밀주 단속 시기에 강원도 화전민들이 집에서 담궈 먹던 감자술인 서주(薯酒)를 복원한 전통 서민주.
- 노란찰(Gangwon Yellow Corn): 삶거나 찐 후에도 진한 색감이 유지되어 떡의 고명에 사용되곤 했던 토종 옥수수.
- 팔줄배기(Paljulbaegi Corn): 일반 옥수수와 달리 여덟 줄의 고랑으로 굵은 알갱이가 달리는 옥수수 품종.
- 인제오이(Inje Cucumber): 개량종이 나오기 전의 주종인 전통 오이로 뭉툭하고 배가 둥근 모양이며 아삭아삭한 식감이 뛰어남.
- 능금(Neunggeum Apple): 개량 사과가 나오기 전 주종이었던 사과로 크기가 작고 열매 수가 많은 것이 특징.
- 신배(Sinbae Pear): 산간 지역에 넓게 분포한 야생 배로 생으로 먹기보다는 약주로 담궈 먹음.
- 보다콩(Bodakong Soy): 콩 꼬투리에 뽀얀 잔털이 나는 특성이 있으며 메주콩과 나물콩으로 모두 사용.
- 수리떡(Traditional Suritteok): 수리취 잎으로 만든 떡으로 옛부터 수리절(단오)에 즐겨 먹었던 절기 음식.

표 4-3 계속

- 올챙이묵(Gangwon Corn Noodles): 메옥수수 가루로 죽을 쑤어 구멍 뚫린 함지박이나 전용틀을 사용해 제조하는 서민 간식.
- 율무(Yulmu): 고대부터 키워 온 품종으로 예전에는 율무밥으로 불릴 만큼 밥 대신 널리 사용되었던 품종.
- 봉평메밀(Bongpyeong Buckwheat): 국산 메밀은 보양 효과가 커 약선 음식으로도 널리 사용되었으나 수입 메밀로 생산량이 급감.
- 가시고기(Gasigogi): 특유의 부성애로 유명하며, 등에 뾰족한 가시가 달린 토종 물고기로, 주서식지인 남대천 개발로 개체 수가 급감.
- 칠성장어(Korean Lamprey): 과거에는 흔해 식용으로 사용되었지만 강의 오염과 개발로 급속히 개체 수가 줄어 보호어종으로 지정.
- 열목어(Korean Lenok): 연어과의 대형 민물고기로 하천에서 흔히 볼 수 있었지만 댐과 하천 개발 이후 개체 수가 급속히 감소.
- 결명자(Korean Cassia Seed): 식용보다 차와 염색 재료로 널리 사용되었던 품종으로 눈을 밝게 해 주는 효과가 뛰어남.
- 대갱이(Daegaengi): 갯벌에 서식하는 어류로 시력이 퇴화되고 입이 발달하여 기괴한 모양이지만 서민들의 술안주로 오래 사랑받음.
- 강굴(Ganggul River Oyster): 섬진강 하구에서 많이 나며 강에서 나는 굴이라 하여 강굴 혹은 벚굴로 불린다. 일반 굴보다 크기가 매우 크며 잠수부들이 직접 채취.
- 쥐치(Juichee): 남서해안에서 흔하게 잡히던 어종으로 남획 또는 수온 변화로 인해 최근 20년 동안 급격한 개체 수 감소를 보임.
- 무릇(Murut): 다년생 식물로 잎은 봄과 가을 두 차례에 걸쳐 2개씩 나오며 둥근 모양의 뿌리를 갖고 있다. 어린 잎을 살짝 데쳐 먹거나 뿌리를 고아 엿을 만들어 먹음.
- 명산오이(Myeongsan Cucumber): 전남 곡성군 명산 지역에서 오랫동안 심어 온 재래종 오이로 개량종보다 짧고 통통하나 비교되지 않을 정도로 맛이 있어서 농가에서 자가 소비용으로 심어 오고 있음.
- 제주재래닭(Jeju Native Chicken): 제주재래닭은 몸집이 작고 몸이 가벼우며 날개가 강해서 나는 힘이 좋고 꼬리가 긴 것이 특징. 교잡종에 비해 크기가 작고 경제성이 떨어져 사라져 가고 있음.
- 영암어란(Yeongam Mullet Bottarga): 요리로서 '어란'은 숭어알을 통째로 말리고 참기름에 절여 만든 저장성 음식. 어란은 형태와 제조법이 변하지 않고 내려오는 우리나라 고유 음식임.
- 신안토판염(Sinan Topanyeom): 장판이 아니라 흙, 갯벌에서 전통 천일염 제법으로 생산하기 때문에 생산량이 20%밖에 되지 않지만 몸에 필요한 무기질을 많이 함유하고 있는 소금. 토판염을 만들기 위해서는 흙 고르기, 토판 고르기, 토판 다지기 등의 작업이 필요함.
- 비로약차(Biroyakcha): 전남 나주 불회사 비자나무 숲에서 이슬을 먹고 자란 차나무라 하여 비로차 혹은 비로약차로 불림. 약차는 전차에 약제를 혼합한 것으로 조선시대 후기만 해도 나주 지역 일대에서 생산되었던 것으로 추정되나 현재는 거의 소멸되고 불회사 일대에서 소량 생산하고 있음.
- 버들벼(Beodeul Byeo): 현재 한반도에 남아 있는 토종 벼 중 가장 오래된 고대 품종으로 거의 소멸되었고

표 4-3 계속

현재 공주 버딜미마을과 오곡동 일대 농민들이 명맥을 이어가고 있음. 까락이 능수버들과 같다 하여 버들벼로 이름 붙여짐.

- 갯방풍(해방풍, Gaetbangpung): 갯가(해안가)에서 자라는 방풍을 일컬음. 단단하고 향이 풍부하지만 식감은 부드럽고 맛은 깔끔함. 과거에는 흔한 식재료였으나 항구, 방파제, 해안도로 등의 산업화와 해수욕장이 개발되면서 보기 힘들어짐.
- 제주참몸(Jeju Chammohm): 제주 지역에서 참모자반 등으로 불리는 해조류. 모자반으로 만드는 대표적인 음식인 몸국은 혼례나 상례 등으로 돼지 추렴 등을 하였을 때, 돼지고기와 내장, 순대 등을 삶은 국물에 모자반을 넣고 끓여 먹던 제주 지역 대표 행사음식임.
- 제주전복(Jeju Jeonbok): 둥근전복, 말전복, 왕전복 등이 서식. 예전에는 자연 상태에서 채취하던 것이 환경오염, 기후 변화 등 여러 해양 여건에 의해 급격히 감소함. 전복의 육질부는 주로 횟감이나 죽, 구이, 약재 등으로 이용되고 전복 껍질은 과거 자개용으로 인기가 높았으며 최근에는 약재, 화장품 등에 활용되고 있음.
- 제주홍해삼(Jeju Honghaesam): 제주 지역의 특산품으로 일반 해삼보다 영양가가 10배 이상이며 바다의 산삼이라고도 불림. 환경 변화 등 여러 원인에 의한 자체 소멸과 이를 관리하고 채취하는 해녀공동체의 소멸위기로 현재 생산량은 매우 적음.
- 제주고소리술(Artisanal Jeju Gosorisul): 제주의 풍토적 조건을 배경으로 한 밭농사에서 생산된 좁쌀을 주원료로 하여 빚는 술이며 고소리라고 불리는 증류기로 내린 술임. 쌀 술에서 맛볼 수 없는 풍미를 지니고 있어 제주 토속주적 특색이 있음.
- 붉바리(Bukbari): 흰살 생선으로 살이 담백하고 깨끗하며 씹는 맛이 좋아 바리과 어류 중에서 고급종으로 취급되나 지금은 그 수가 매우 적음. 예전에 연안에서 가장 많이 잡히는 어종 중 하나였으나, 제주도 연안이 개발되고 어장 환경이 바뀌면서 어느 순간 갑자기 사라져 버림.
- 물엉겅퀴(Mul-Eonggeongqui): 줄기와 잎은 해장국, 묵나물, 쌈, 장아찌, 김치 등으로 주로 쓰이고 꽃은 기름으로 사용됨. 울릉도에만 자라며 개체 수는 많지 않은 데 비해, 다양한 용도로 사용되어 사람들의 무분별한 채취가 심해 언제 사라질지 모르는 위험을 안고 있음.

자료: https://www.slowfood.or.kr 참조.

뉴노멀 시대
우리 농업의 길을 묻다

제 5 부

새로운 농업정책 방향

28. 공익형 직불제 개편

제5부에서는 대한민국 농업을 살리고 지속 가능한 발전을 위해 어떤 새로운 방안으로 어떠한 정책들이 마련되고 있는지 살펴보고자 한다.

우선 공익형 직불제 개편이다. 우리나라 농업 직불사업은 '농업소득의 보전에 관한 법률' 등에 따라 농업인의 소득 안정 등을 위한 1997년 경영이양 직불사업을 시작으로 2019년까지 9개 세부 사업이 시행 중이었다. 1999년 친환경농업직불, 2001년 쌀소득보전 고정직불, 2004년 조건불리지역직불·피해보전직불·폐업지원직불, 2005년 쌀소득보전 변동직불과 경관보전직불, 2012년 밭농업직불 등 다양한 형태의 직불사업이 도입되는 등 농업정책에서 중요성이 높아지면서 농가지원제도의 핵심 정책 수단으로 자리 잡았다. 최근 15년간(2005~2019) 직불제 예산 추이를 살펴보면 2005년 7,886억 원에서 증감을 거듭했지만 2019년 1조 6,142억 원으로 늘어나는 등 전반적인 증가 추세였다. 농림축산식품부 예산 대비 직불제 예산 비중도 2005년 7.1%에서 2019년 11.0%로 증가하였다. 특히 쌀 목표가격 대비 농가 수취금액의 비중이 평균 99.7%에 이를 정도로 쌀 농가의 소득 보전 및 경영 안정에 기여해 왔다.

그러나 기존 체계의 직불금은 여러 가지 문제를 갖고 있었다. 첫째, 직불금이 쌀에 집중되어 있어 다른 작물 생산 농업인과의 형평성 문제가 있으며, 전체 농가에 대한 소득 보전 장치로서의 역할에 한계가 있었다. 전체 직불사업

표 5-1 공익형 직불제 개편 이전의 농업직불사업 현황

사업명	사업내용
쌀소득보전 고정직불	농가소득 안정을 위해 농지의 형상을 유지할 경우 100만 원/ha 지급
쌀소득보전 변동직불	소득 보전을 위해 목표가격과 수확기 산지 쌀값 차액의 일부를 보전
밭농업직불제	밭작물 재배농가의 소득 안정 도모와 생산 기반 유지를 위해 직불금 지원
조건불리지역직불	농업 생산성 및 정주 여건 불리한 농촌 지역에 직불금 지원
친환경농업직불	친환경농업 실천농가의 초기소득 감소분 및 생산비 차이를 보전
경관보전직불	농촌의 경관을 형성·개선하기 위해 경관작물 재배·관리지구에 직불금 지원
경영이양직불	농업 경영을 이양하는 고령·은퇴농의 소득 안정을 위해 직불금 지원
피해보전직불	FTA 이행으로 인한 수입 피해 품목에 대하여 가격 하락분의 일부를 보전
폐업지원	FTA 이행으로 재배·사육이 곤란한 품목에 대한 폐업지원금 지급

주: 기타 직불제(농업재해보험, 송아지 생산 안정, 논 타작물 재배 지원) 및 직불성 복지사업(농업인 건강연금보험료 지원, 농업인 안전재해보험, 농촌 보육 여건 개선, 취약농가 인력 지원)을 제외한 순직불제 사업임.
자료: 농림축산식품부.

에서 쌀 직불이 차지하는 비중은 평균 74.4%인 것으로 나타났다. 둘째, 쌀 직불금은 쌀 생산을 조건으로 지급하는 생산연계 방식으로 시행되고 있어 오히려 과잉 생산을 유발한다는 지적이 있었다. 셋째, 기존 직불제도는 또 면적 기준으로 동일한 단가를 지급하여 중·소규모 농업인에 대한 소득 보전 기능이 미흡한 측면이 있었다. 쌀고정직불의 경우 2018년 기준 영세농(경영 규모 1.0ha 미만) 농업인 수는 57만 명으로 전체 농업인 수의 72.5%를 차지하고 있지만, 직불금 수취금액은 2,373억 원으로 전체 직불금의 29%에 그치고 있다. 반면 대농(경영 규모 3.0ha 이상) 농업인 수는 5만 1,000명으로 전체 농업인 수의 6.5%에 불과하지만, 직불금 수취금액은 3,106억 원으로 전체 직불금의 38.0%를 차지하고 있다. 대농의 평균 직불금 수령액은 607만 원으로 영세농의 42만 원 대비 14.6배에 달했다.

표 5-2 공익형 직불제 개편 방향

개편 전	개편 후		
쌀소득보전직불(고정, 변동)	공익형 직불제	기본형 직불제	소농직불금(정액)
밭농업직불			면적직불금(역진적)
조건불리지역직불		선택형 직불제	경관보전직불, 친환경직불 (농업, 축산) 등
경관보전직불, 친환경직불(농업, 축산)			
FTA피해보전직불, FTA 폐업 지원	FTA피해보전직불, FTA 폐업 지원		

자료: 농림축산식품부.

이에 정부는 2020년 기존의 쌀 중심의 직불금 체계를 공익형으로 개편했다. 공익형 직불제로의 개편은 쌀 집중, 대농 편중, 쌀 과잉 생산 등 현행 직불제의 문제점을 개선하고, 농가소득을 안정시키며 농업·농촌의 공익 기능을 유지·증진시키기 위한 것이다. 예산도 지난 10년간 평균 1조 7,000억 원 대비 7,000억 원 늘어난 2조 4,000억 원으로 늘렸다. 정부는 공익형 직불제로의 개편 기본 방향으로 ① 중·소규모 농업인에 대한 소득재분배 기능 강화, ② 쌀 편중 및 쌀 생산 연계 문제 해소를 위해 쌀직불과 밭직불을 통합하여 모든 작물을 대상으로 동일 금액 지급, ③ 농업·농촌의 공익 증진을 위해 생태·환경 관련 준수 의무 강화 등 3가지를 들고 있다.

정부는 공익적 직불제로의 개편을 통해 쌀 생산면적 감소로 쌀 수급 균형을 회복하고, 밭작물 재배 여건 개선 및 재배 확대로 곡물자급률 향상과 국토 공간의 효율적 이용이 가능할 것으로 보고 있다. 또한 밭작물 재배 농업인에 대한 직불금 지급액이 증가하여 논·밭작물 재배 농업인 간의 형평성(기존: 논고정직불 100만 원/ha, 밭고정직불 55만 원/ha)이 이루어지고, 일정 규모 이하 농업인에 대해 기본 직불금을 지급하여 영세소농의 소득 안정이 이루어질 것으로 기대하고 있다. 사람 중심의 직불제 개편을 통해 소득재분배에 기여하겠다는 의지를 담고 있다.

전 가구인이 농어촌정비법 등에 의해 인정되는 '농업인'이면서 농지면적 합이 0.5ha 이하 농가는 '소농직불금'을 받을 수 있다. 면적과 관계없이 120만 원으로 고정이다. 영농 종사기간 및 농촌 거주기간이 각 3년 이상이어야 한다.

농지면적이 0.5ha를 초과하는 대농은 경작면적에 따라 금액이 다른 '면적직불금'을 받는다. 면적이 클수록 기준 단가가 낮아지는 역진제가 특징이다. 기준 면적은 1구간(2ha 이하), 2구간(2~6ha), 3구간(6ha 초과) 등 3단계로 구분되고, 구간별로 1ha당 100만~205만 원이 지급된다. 정부나 지방자치단체가 정한 '농업진흥지역' 안에서 농사를 짓는 농가에는 직불금이 더 많이 지급된다.

공익적 직불금은 환경 보전, 식품안전성, 국토의 균형 발전, 공동체 유지, 경관 보전 기능 등 국민적 요구에 부응하기 위하여 공적으로 지급되는 만큼 다양한 공익적 활동을 상호준수 의무(compliance)로 설정하고 있다. 2020년 첫 시행된 공익직불제는 농업·농촌의 공익가치 향상 실현을 목표로 삼고 있는 만큼 준수사항이 기존의 3개에서 17개로 확대되었다. 직불금을 신청한 농가·농업인들은 17개 준수사항 의무를 이행하여야 하며, 이를 이행하지 않을 경우 직불금 감액 등 불이익을 받게 된다. 준수사항으로는 ▲ 농지 형상 및 기능 유지 ▲ 농약·비료 사용 기준 준수 ▲ 농업·농촌 공익 기능 증진 관련 교육 이수 ▲ 마을 공동체 공동 활동 참여 ▲ 개인 영농기록 작성 및 보관 등이 있으며, 이행하지 않을 때는 항목당 10%씩 직불금이 감액된다. 여러 항목 위반 시 최대 100%까지 감액될 수 있어 준수사항을 성실히 이행하여야 한다.

정부는 새로 개편되는 직불제의 조기 정착을 유도하기 위해 쌀 수급 상황에 따른 생산 조정·시장 격리·방출 등을 매뉴얼로 관리하는 수확기 시장 안정

장치 제도화 방안도 마련하였다. 직불제 개편 시 벼 재배면적 감소로 쌀 가격은 안정될 것으로 보이나, 대규모 농가의 불안 해소를 위해 쌀시장 안정 장치를 마련해 적정 가격대를 설정하고 가격·수급 상황에 따라 시장 격리, 방출 물량 조정 등 시장의 예측 가능성을 높이고자 하는 것이다.

공익적 직불제는 여러 가지 논란이 있으나 성공적으로 순항하고 있다. 그렇지만 공익적 직불제가 앞으로 농가소득 증대와 지속 가능한 농업을 위한 소기의 목적대로 안착하기 위해서는 아직도 해결해야 될 과제가 많다는 지적이다.

우선 농업인들은 선진국 수준의 직불금 증액을 요구하고 있다. 따라서 2020년 예산 2조 4,000억 원으로는 턱없이 부족하다는 것이다. 획기적인 예산 확보가 필요하다. 또한 공익직불제는 농업·농촌의 공익적 기능과 가치 확산이 주목적이므로 주요 정책 대상 품목에 대한 가격·수입 변동 대응책이나 농업수입보장보험제도 등 추가적인 농가 경영·소득 안전 장치 확충은 지속되어야 한다. 공익직불제는 중·소농의 소득 안정을 위한 소농직불금과 면적직불금으로 대표되는 기본형 직불제 중심이다. 따라서 주요 선진국처럼 지역·농가별 특성을 감안하여 지방자치단체·지역민·시민사회 등과 함께하는 다양한 공익 증진형 프로그램을 개발·지원하는 시스템을 갖추어야 한다. 아울러 공익직불제를 정착시키기 위해서는 공익직불금 혜택을 받는 조건으로 약속한 의무 준수사항을 성실히 수행하고, 국민에게 그 성과를 보여 줄 수 있는 체계를 구축해야 한다. 국민적 지지 속에 공익직불제를 성공적으로 운영하려면 국민과 지역민이 공감할 수 있는 성과지표를 개발하고 이를 잘 관리·홍보하는 체제 구축이 시급하다. 나아가서 농가의 소득 안정 역할을 넘어 농업 활동을 통해 온실가스 배출을 낮추고 생태계 보전, 생명자본주의의 싹을 틔우는 데

표 5-3 공익형 직불제 준수사항 이행 등 지급요건

대분류	준수사항 (지급제한 평가 단위)	미이행자에 대한 지급제한 기준
농지의 형상 및 기능 유지	① 농작물의 생산이 가능하도록 토양을 유지·관리할 것	미이행한 농지 등 부분을 기본 직불금 지급 대상에서 제외하고, 남은 농지 등에 대하여 기본 직불금의 10% 감액
	② 다음의 활동을 실시할 것 • 농작물을 재배하거나, 휴경하는 경우는 연간 1회 이상 경운할 것 • 이웃 농지 등과의 구분이 가능하도록 경계를 설치하고 이를 관리할 것 • 논농업에 이용되는 농지 등은 농지 등 주변의 용수로·배수로를 유지·관리할 것	기본 직불금의 10% 감액
	※ 다만, 이행점검 과정에서 등록된 농지 중 일부 면적이 아래의 사항에 해당하는 경우는 해당 면적은 직불금 지급 대상에서 제외(10% 감액은 적용하지 않음) * 1) 유지(웅덩이), 2) 양·배수 시설, 3) 수로, 4) 포장된 농로, 5) 제방, 6) 고정식 온실, 버섯재배사, 비닐하우스 내 토양 유지·관리가 되지 않은 농지, 7) 간이퇴비장, 8) 농막(20m^2 이하, 주거목적 제외), 9) 간이저온저장고(33m^2 이하), 10) 간이액비저장조(저장용량 200톤 이하)	
농약 등의 사용 기준 준수	① 농약 안전 사용 기준 및 잔류 허용 기준 준수	기본 직불금의 10% 감액
	② 농산물의 기타 유해물질 잔류 허용 기준 준수	기본 직불금의 10% 감액
비료 사용 기준 준수	① 비료 사용 기준 준수	기본 직불금의 10% 감액
농업·농촌 공익 기능 증진 관련 교육 이수	① 농업·농촌 공익 기능 증진 관련 교육 이수	기본 직불금의 10% 감액
농업경영체 등록 정보 변경 신고		기본 직불금의 10% 감액
마을 공동 활동, 영농폐기물 관리 등 기타 준수사항	① 등록 농지 등 및 그 주변에 있는 영농폐기물 관리	('20~'21) 주의장 발급 ('22~'23) 기본 직불금의 5% 감액 ('24~) 기본 직불금의 10% 감액
	② 마을 공동체 공동 활동 참여	('20~'21) 주의장 발급 ('22~'23) 기본 직불금의 5% 감액 ('24~) 기본 직불금의 10% 감액
	③ 영농기록 작성 및 보관	('20~'21) 주의장 발급 ('22~ 23) 기본 직불금의 5% 감액 ('24~) 기본 직불금의 10% 감액

표 5-3 계속

대분류	준수사항 (지급제한 평가 단위)	미이행자에 대한 지급제한 기준
관련 법령상 의무 준수(해당 법령의 위반에 의해 과태료·형벌 등 처분을 받은 경우 적용)	① 비료 적정 보관 및 관리	기본 직불금의 10% 감액
	② 공공수역 농약 및 가축 분뇨 유출 금지	기본 직불금의 10% 감액
	③ 하천수 이용 기준 준수	기본 직불금의 10% 감액
	④ 지하수 이용 기준 준수	기본 직불금의 10% 감액
	⑤ 가축 분뇨의 퇴비·액비화 및 살포 기준 준수	기본 직불금의 10% 감액
	⑥ 생태계 교란 생물의 반입·사육·재배 금지	기본 직불금의 10% 감액
	⑦ 병해충 발생 신고	기본 직불금의 10% 감액
	⑧ 농산물 출하제한 명령 준수	기본 직불금의 10% 감액

자료: 농림축산식품부, 국립농산물품질관리원.

기여하는 제도로 거듭나야 한다.

이제 공익적 직불제는 국민의 기대 속에 출범한 만큼 성공적으로 정착되어 농업·농촌이 발휘하는 다양한 공익적 기능과 가치에 대한 국민의 인식이 높아지고, 이를 바탕으로 한국 농업·농촌의 새로운 발전과 도약을 위한 발판이 될 것으로 기대되고 있다.

29.
의무자조금

농업정책의 기본은 생산자 중심이 되어야 한다. 우리나라는 산업화 과정에서 생산자인 농업인이 정책의 뒷전에 밀려 있던 것이 사실이다. 수입 개방도 그렇고, 농산물 수급 조절 및 가격 결정 등 어느 것도 농업인들의 의지와는 멀리 떨어져 있었다. 그나마 2000년대 들어서 수입 개방 확대에 따른 농업인 피해를 다소나마 보전해 주는 차원에서 농정의 중심에 농업인을 두기 시작했다. 농·축산 자조금정책도 그렇게 도입되기 시작하였다.

농업자조금은 농업인·생산자단체·유통업자 등 해당 품목 산업 관계자가 그 품목의 발전을 위해 자율적으로 거출하는 기금이다. 생산자단체(자조금 거출단체)가 특정한 목적을 위하여 자발적 자금을 모아 기금을 마련하고, 그 재원으로 농·축산물 수급 조절, 소비 촉진, 수출, 연구개발, 품질 관리 등을 스스로 추진하고, 시장을 규모화해 품질경쟁력과 시장교섭력을 강화하고자 하는 것이다.

농업 부문의 자조금제도는 미국·영국·네덜란드·호주·뉴질랜드 등 선진국에서는 오래전부터 시행하고 있는 일반화된 제도이다. 우리나라는 1990년 '농어촌발전 특별조치법'에 자조금에 관한 조항을 포함시키면서 처음으로 자조금 법제화가 이루어지고, 축산 부문부터 도입되었다. 축산 부문에서는 양돈·한우·양계·낙농 분야에서 자조금제도가 활발하게 추진되고 있다.

반면 원예 부문 자조금은 2000년에 '농수산물 유통 및 가격 안정에 관한 법률'(농안법)에 의하여 시작되었다. 2009년 품목별 대표 조직 사업 등이 추진되면서 자조금사업 활성화를 도모하였으나 생산자 및 생산자단체의 인식 부족 등으로 어려움을 겪다가 2013년 '농수산자조금의 조성 및 운용에 관한 법률'이 제정되면서 '의무자조금' 도입 등 제도적 기반이 마련되었다. 그 후 품목 여건에 따라 주로 '임의자조금' 형태로 시행해 오다가 2016년 5월 21일 원예작물 중에는 최초로 인삼의무자조금이 출범하면서 의무자조금에 불을 붙였다. 농업을 경영하는 농업인이면 자조금 가입이 의무라는 이야기다. 인삼의무자조금 활성화를 통하여 지속 가능한 우리 고려인삼의 발전과 세계인에게 사랑받는 명품 인삼으로 거듭날 계기가 마련된 것이다. 원예농산물 의무자조금은 특히 문재인 정부 들어 더욱 적극적으로 추진되었다. 이는 생산자조직이 수급 및 산업발전을 주도하고, 정부는 직접적인 수급 개입을 줄이되 정보의 제공, 자금 지원 등 생산자조직을 통해 수급을 관리하는 정책 방향에 따른 것이다. 또한 의무자조금단체 육성과 이를 활용한 가치사슬 체계 구축을 위한 정책 추진 주체로 연계한다는 의지가 깔려 있다. 게다가 APC, 도매시장, 기업화된 유통 채널 등이 조성되어 있어 자조금 거출을 쉽게 할 수 있는 통로가 마련된 것도 한 몫을 하였다.

자조금제도는 몇 가지 일반원칙이 있다. 첫째, 자조금은 품목별 농가 등으로 구성된 자조금단체와 정부의 공동 프로그램이다. 그래서 정부는 농가 등이 조성한 금액에 대응한 자금(matching fund)을 지원하게 된다. 둘째, 수익자 부담 및 소액 부담이다. 자조금은 사업을 통해 그 이익을 얻는 농가가 직접 부담하며, 거출 금액은 농가의 수익에 지장을 주지 않는 범위 내에서 이루어진다. 법률에 원예자조금은 해당 품목 평균 거래가격의 100분의 1 이내로, 축산자조금

표 5-4 농축산물 의무자조금제도 개요

구분	내용
목적	• 농축산물의 소비 촉진, 품질 향상, 자율적인 수급 조절 등 품목 산업 발전
근거	• '농수산자조금의 조성 및 운용에 관한 법률' • '축산자조금의 조성 및 운용에 관한 법률'
자조금 용도	• 농수산물의 자율적 수급 안정, 유통구조 개선 및 수출 활성화 사업 • 농수산물의 소비 촉진 홍보, 농수산업자 등에 대한 교육 및 정보 제공 • 농수산물의 소비 촉진, 품질 및 생산성 향상 등을 위한 사업 및 조사·연구 등
자조금 재원	• 의무거출금 • 정부의 출연금(보통은 거출금과 50:50 매칭) 또는 지원금 • 농수산물의 유통·가공·수출·수입 등과 관련된 자의 지원금 등
도입 품목	■ 21개 품목 • 축산: 양돈, 낙농, 한우, 계란, 닭고기, 오리, 육우 • 원예: 인삼, 친환경, 백합, 키위, 배, 파프리카, 사과, 감귤, 콩나물, 참외, 절화, 포도, 양파, 마늘 등

자료: 농림축산식품부 자료를 참고하여 재작성(2020. 7 기준).

은 축산물의 평균 거래가격의 1,000분의 5 이내로 제한하고 있다. 셋째, 무임승차 배제이다. 해당 품목 농가 모두가 자신의 경영 규모에 비례하여 공평하게 자금을 부담해야 한다. 넷째, 특정 시점에 일괄 납부하고 생산자단체에 의해 관리되어야 한다.

의무자조금은 짧은 기간에도 불구하고 빠르게 체제를 갖추어 가고 있다. 특히 원예작물 부문의 의무자조금은 축산 분야와 달리 유통경로가 다양하고 생산자 조직화·통합 마케팅 조직을 주체로 하는 일관된 수직적 계열화의 어려움 속에서도 많은 품목이 참여하고 있다. 아직 갈 길도 멀다. 생산액이 가장 큰 쌀이 여러 가지 이유로 자조금제도를 도입하지 못하고 있고, 주요 수급 품

표 5-5 품목별 원예자조금 도입 현황

<table>
<tr><th rowspan="2">구분</th><th rowspan="2">품목</th><th colspan="2">2018(2019년)통계</th><th rowspan="2">자조금단체명</th><th rowspan="2">단체
설립연도</th><th rowspan="2">의무전환</th></tr>
<tr><th>생산액
(억 원)</th><th>농가 수
(호)</th></tr>
<tr><td rowspan="14">의무
(14)</td><td>인삼</td><td>8,303</td><td>16,981</td><td>(사)한국인삼협회</td><td>2014</td><td>2015. 5. 14</td></tr>
<tr><td>친환경</td><td>12,868</td><td>58,516</td><td>친환경농산물의무자조금관리위원회</td><td>2016</td><td>2016. 7. 1</td></tr>
<tr><td>백합</td><td>120</td><td>220</td><td>(사)한국백합생산자연합회</td><td>2009</td><td>2017. 1. 1</td></tr>
<tr><td>키위</td><td>730</td><td>2,481</td><td>(사)한국키위연합회</td><td>2009</td><td>2017. 2. 15</td></tr>
<tr><td>배</td><td>3,117</td><td>14,718</td><td>(사)한국배연합회</td><td>2010</td><td>2017. 7. 6</td></tr>
<tr><td>파프리카</td><td>2,661</td><td>1,005</td><td>(사)한국파프리카생산자조회</td><td>2000</td><td>2017. 7. 14</td></tr>
<tr><td>사과</td><td>9,682</td><td>44,806</td><td>(사)한국사과연합회</td><td>2010</td><td>2017. 7. 21</td></tr>
<tr><td>감귤</td><td>9,609</td><td>20,524</td><td>(사)제주감귤연합회</td><td>2008</td><td>2017. 9. 29</td></tr>
<tr><td>콩나물</td><td>1,692</td><td>981</td><td>(사)대한두채협회</td><td>1994</td><td>2017. 11. 30</td></tr>
<tr><td>참외</td><td>3,276</td><td>6,777</td><td>(사)한국참외생산자협의회</td><td>2006</td><td>2018. 11. 8</td></tr>
<tr><td>절화</td><td>1,786</td><td>2,369</td><td>(사)한국화훼자조금협의회(절화)</td><td>2019</td><td>2019. 9. 18</td></tr>
<tr><td>포도</td><td>6,239</td><td>20,630</td><td>(사)한국포도협회</td><td>2010</td><td>2019. 12. 30</td></tr>
<tr><td>양파</td><td>9,141</td><td>43,844</td><td>(사)한국양파산업연합회</td><td>2010</td><td>2020. 7. 24</td></tr>
<tr><td>마늘</td><td>10,151</td><td>134,484</td><td>(사)한국마늘산업연합회</td><td>2010</td><td>2020. 7. 24</td></tr>
<tr><td rowspan="11">임의
(11)</td><td>단감</td><td>2,190</td><td>31,808</td><td>(사)한국단감연합회</td><td>2009</td><td>전환 추진</td></tr>
<tr><td>복숭아</td><td>7,282</td><td>39,414</td><td>(사)한국복숭아연합회</td><td>2008</td><td>전환 추진</td></tr>
<tr><td>무배추</td><td>14,996</td><td>229,251</td><td>(사)한국무배추생산자연합회</td><td>2010</td><td>전환 추진</td></tr>
<tr><td>고추</td><td>10,179</td><td>315,402</td><td>(사)한국고추산업연합회</td><td>2010</td><td>전환 추진</td></tr>
<tr><td>난</td><td>464</td><td>364</td><td>(사)한국난재배자협회</td><td>2003</td><td>전환 추진</td></tr>
<tr><td>떫은감</td><td>1,763</td><td>50,728</td><td>(사)한국떫은감협회</td><td>2018</td><td>전환 추진</td></tr>
<tr><td>가지</td><td>611</td><td>1,034</td><td>(사)한국가지생산자협의회</td><td>2005</td><td>전환 추진</td></tr>
<tr><td>오이</td><td>6,026</td><td>6,989</td><td>(사)한국오이생산자협의회</td><td>2008</td><td>전환 추진</td></tr>
<tr><td>풋고추</td><td>6,138</td><td>31,766</td><td>(사)한국풋고추생산자협의회</td><td>2012</td><td>전환 추진</td></tr>
<tr><td>딸기</td><td>12,936</td><td>10,096</td><td>(사)한국딸기생산자대표조직</td><td>2006</td><td>-</td></tr>
<tr><td>밀</td><td>251</td><td>3,700</td><td>(사)국산밀산업협회</td><td>2012</td><td>-</td></tr>
</table>

자료: 농림축산식품부 자조금통합지원센터(2020. 9. 30 현재).

목인 배추·무·고추와 오이, 토마토, 복숭아, 딸기 등도 마찬가지다.

의무자조금 조성을 위해서 품목 대표성을 가지려면 품목 단체가 해당 품목의 총생산량·생산액 또는 재배면적의 50%를 초과해야 하고, 자조금단체의 완전 자율 운영보다 아직도 정부에 대한 의존도가 높아 농가의 부정적인 인식이 남아 있다. 또한 의무자조금단체에 가입한 농가만 자조금을 내고, 혜택은 자조금단체에 참가하지 않은 농가까지 받게 되는 '무임승차'에 대한 문제도 꾸준히 제기되고 있다. 이러한 문제들은 제도의 정비와 농업경영체 교육을 통해 해결해야 한다. 향후 농산물 무역자유화 추진 기조는 계속되고 농가의 자율성과 책임성은 강화되는 상황에서 국내 자조금제도의 활성화는 불가피하다.

저자는 2016년 농협중앙회 인삼특작부장 재직 당시 원예작물 첫 의무자조금인 인삼의무자조금 출범과 자조금단체인 사단법인 한국인삼협회 설립 추진에 인삼농협 조합장 및 농식품부 공무원들과 주도적 역할을 하였다. 또 2017년 농협중앙회 제주지역본부장 재직 때는 감귤의무자조금을 출범시키는 실무를 총괄하여 이래저래 의무자조금과는 인연이 깊다. 자조금 성공의 지름길은 참여 품목 생산 농업인들의 응집력이다. 개별 농가의 힘은 약하지만 하나로 뭉쳐진 힘은 강하다. 농업인들의 적극적 참여가 중요한 까닭이다.

30.
푸드 플랜, 지역 먹거리 순환

현행 농산물 유통은 도매시장과 대형 유통업체 중심으로 양분되어 있다. 2017년 기준으로 도매 부문은 도매시장이 58.9%를, 소매 부문은 대형 유통업체가 31.1%를 취급하여 집중화와 효율화되어 있으나 부가가치가 농업·농촌에 적절히 분배되지 못하는 구조를 형성하고 있다는 지적이 많다. 이러한 구조 속에 특히 중·소농은 안정적인 출하처를 확보하기 매우 어려운 상황이다. 효율성을 강조하는 기존 먹거리시장은 식품 안전 사고, 먹거리 양극화, 탄소 배출 증가, 지역경제 침체 등 다양한 문제들을 발생시키기 마련이다. 한편, 우리나라는 1995년 WTO 출범 당시 학교급식 등에 대한 인식이 부족하여 관련 예외조항 없이 전면 개방을 허용하였으나 2016년 발효된 정부조달협정 개정에서 공공급식에 국내산 또는 지역산 농식품(로컬 푸드) 우선 공급이 가능해졌다. 이에 따라 공공급식 등을 중심으로 지역농산물을 지역 내에서 우선 소비하는 지역 단위 먹거리 선순환 체계를 구축함으로써, ① 신선하고 안전한 먹거리 보장, ② 중·소농 소득 증대, ③ 가공·물류 등 지역 일자리 창출, ④ 유통비용 및 푸드 마일리지 감축 등 다양한 사회적 가치 실현이 가능해진 것이다. 이처럼 먹거리를 공공재로 인식하고, 생산·소비·안전·영양·복지·환경 등 먹거리 관련 이슈를 통합 관리하는 지역 먹거리 선순환 종합전략을 '푸드 플랜'이라 한다.

지역 단위의 푸드 플랜 수립은 선진국 중심으로 2010년을 전후 급속히 확

그림 5-1 푸드 플랜 체계

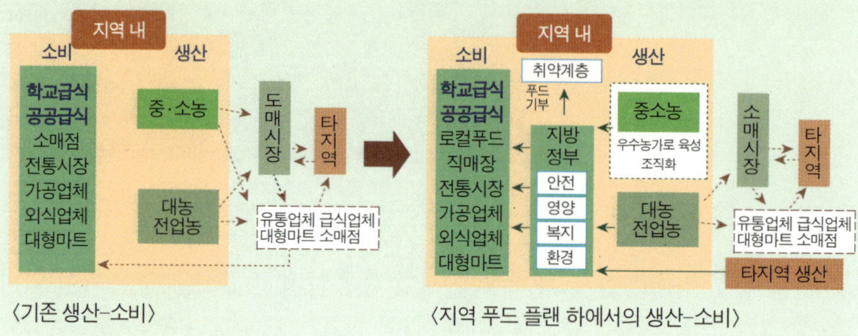

자료: 농림축산식품부.

대되었으며, 2015년 기준으로 세계 90여 개 도시(광역 단위)에서 푸드 플랜이 수립되고, 북미 지역만도 푸드정책협의회가 280개에 달하는 것으로 알려져 있다.

지역 푸드 플랜은 먹거리 생산·유통은 물론 소비와 관련된 안전·영양·복지·환경·일자리 등 다양한 이슈를 통합 관리하는 지역 내 먹거리 순환 종합전략이라고 생각하면 된다. 푸드 플랜을 통해 로컬 푸드 활성화 등 신선·안전 먹거리의 지역 내 공급 체계를 마련할 수 있는 것이다. 푸드 마일리지가 짧은 친환경적이고 지속 가능한 지역 먹거리의 선순환 체계를 갖추는 것이야말로 FTA를 극복하고 지역의 먹거리 주권을 지키는 것이다. 거기에 시행 여부에 따라 중소농가들의 판로를 열어 주는 등 일석삼조의 역할을 만들어 낼 수 있다.

푸드 플랜 유형으로는 대체로 지역별 여건·특성 및 추진 단계에 따라 로컬 푸드형, 먹거리보장형, 지속가능형 3가지로 나누며, 일반적으로 로컬 푸드형 또는 먹거리보장형으로 푸드 플랜을 수립하고, 지속가능형은 궁극적인 푸드 플랜의 완성 단계라 할 수 있다.

서울시는 푸드 플랜을 통해 취약계층의 먹거리 빈곤 문제를 해결하고 있다. 서울시 자체의 농산물 생산 지역이 없어서 강원·충남·전북 등 광역 지자체와 공동으로 서울시의 구청과 각 광역자치단체의 시군을 1:1로 연결해 준다. 그러면 시군의 산지 공공급식지원센터는 생산자와의 계약재배, 물류, 품질 관리를 담당하고, 각 구청의 공공급식지원센터는 학교급식, 고아원 등 빈곤층 무료급식 및 공공기관 식재료 공급 등을 통합 관리하는 것이다.

세종시도 푸드 플랜을 통해 도·농 격차를 해소해 나가고 있다. 세종시와 농협·SK·농업인이 공동으로 농업법인 '(주)세종로컬푸드'를 설립하고, 세종시가 (주)세종로컬푸드에 로컬 푸드 매장과 공공급식지원센터 운영을 위탁하고 있다. (주)세종로컬푸드는 직매장, 레스토랑, 식품가공, 학교급식 등으로 농가소득을 높이고, 공공급식 수혜자들에게 식교육을 통해 농업·농촌에 대한 이해를 증진하고 있다.

김해시는 2014년 학교급식지원센터를 설립해 지역 중소농가들이 생산한 농산물을 학교급식에 공급하기 시작했다. 첫해 11개 학교가 참여해 34억 원에 달하는 로컬 푸드 공급액을 기록했지만 2015년 66개교 61억 원, 2018년에는 109개교 중 101개교가 로컬 푸드 공급에 참여해 75억 원어치의 로컬 푸드를 공급하고 있다. 김해시는 특히 APC 및 농협 유통 시설 등 기존 유통 시설과 기존 식자재 공급업체의 연계 체계를 잘 갖추어 식재료의 조달과 배송 협력을 받고, 전체적인 행정업무는 안정적인 공급 체계를 갖추고 있는 사회적 기업 및 비영리법인에 위탁하고 있다. 식재료 조달 체계 구축, 식재료 구매의 조직화, 학교의 그룹화 등은 학교급식지원센터가 컨트롤타워 역할을 수행하고, 행정자치와 교육자치 등 협의 체제를 구축해 민관 협치로 운영하고 있다. 식재료의 공급은 친환경 농산물을 원칙으로 하고, 지역 내 생산된 로컬 푸드 농산물을 우선으로 하는 체제이며, 학교급식을 식생활 교육과 결합했다.

2019년까지 공공급식 지원 조례를 제정한 지자체는 세종·서울·경기·충남 등 광역자치단체 4곳이며, 완주·부여 등 기초자치단체 41곳 등이다. 또한 지역 푸드 플랜 추진을 하고 있거나 계획 중인 지자체는 광역 15곳(대구·광주 제외), 기초 50곳으로 전국적 확산 추세에 있다. 앞으로 정부는 공공급식에 대한 로컬 푸드 공급 선도 모델을 구축하고, 시민사회–지자체 중심의 지역 단위 먹거리 선순환 체계를 정착·확산할 수 있도록 적극 지원할 예정이다. 또한 공공기관·군대 급식을 중심으로 지역 단위 먹거리 선순환 체계 구축의 마중물로서 역할을 하도록 하고, 로컬 푸드 공급 모델도 만들어 이를 전국적으로 확산하게 된다. 한편, 농림축산식품부는 최근 먹거리 공공성 확대를 위해 먹거리 복지사업을 펼치고 있는데, 취약계층 농식품 바우처, 초등 돌봄 과일간식 지원, 임산부 친환경 농산물 꾸러미 지원, 학생가정 친환경 농산물 꾸러미 지원 등이 있다.

푸드 플랜이 정부의 계획대로 2020년까지 100개 이상의 지자체가 참여하고 활성화되면 소농·고령농·여성농 참여의 길이 넓어지고, 지역 가공 산업도 촉진되는 계기가 될 것이다. 또한 지역 먹거리의 중심이 지역 농축산물로 이어져 농식품 안전성 제고와 시민건강 증진에 크게 기여할 것으로 기대되고 있다.

31. 청년 농업인 · 여성 농업인, 지속 가능 농업의 미래

청년 농업인, 미래 농업의 기둥

2018년 12월 소년 농부 한태웅 군이 청와대 초청 농업인간담회에서 홍세민의 노래 '흙에 살리라'를 구성지게 부르고 자신이 직접 생산한 '태웅미(米)'를 대통령에게 전달해 화제를 모았다. 태웅 군의 꿈은 농업에서 성공하는 것이다. 그런데 최근 들어 농업에서 성공을 꿈꾸는 청년 농업인이 점차 줄어들어 우리나라 농업·농촌의 지속 가능성에 우려를 표하는 사람들이 많다. 2019년 농림어업조사 결과 이미 40세 미만 농가 경영주의 수는 7,000명 수준으로 떨어졌다. 한국농촌경제연구원에 따르면 향후 청년 농가 수 변화를 전망한 결과 현재보다 매년 청년 농업인이 1,000명 이상이 추가 유입되어야 청년 농업경영주 감소 추세가 전환될 수 있다고 전망했다.[1] 청년들에게는 농업·농촌을 통해 일과 미래에 대한 희망을 주고, 농업·농촌에는 지속 가능성에 대한 기대를 가지려면 과감한 유인책이 있어야 한다.

청년 농업인 육성정책이 과거에도 없었던 것은 아니다. 1970년대 농업계 학교 집중 육성, 1980년대 후계 농업경영인 육성, 1990년대 한국농수산대학 설

1 한국농촌경제연구원, 《고령화시대 청년 창업농업인 육성체계 개선방안》, 2017. 10.

립·운영, 그리고 2000년대 후반부터 귀농·귀촌 지원 사업 등을 새롭게 펼쳐 왔다. 특히 한국농수산대학(이하 한농대)은 청년농 육성의 모범이 되고 있다. 지난 2017년 기준 영농 정착률이 86%이고, 평균 연령 31.8세, 평균 연소득 8,954만 원으로 나타났다. 평균 연소득은 일반농가(3,824만 원)는 물론 도시 근로자 가구(6,063만 원) 및 같은 연령대의 대기업 직원 연봉보다 훨씬 높다. 또한 40세 미만 농가 경영주의 50% 정도가 한농대 출신인 것을 감안하면 사실상 우리 농촌의 미래는 이들 손에 달려 있다고 할 수 있다. 그래서 제2 한농대 설립 추진이 거론되고, 일부 지자체는 이미 유치경쟁에 뛰어들고 있다. 그런데 한농대는 신입생 정원(2021년 570명: 농업계 520명, 수산계 50명)을 선발할 때 영농·영어 기반을 가산점으로 반영하는데, 이는 지원자 본인 또는 직계 존·비속이 소유·임차하고 있는 농지·축사·선박 등을 말하는 것으로 불공정 시비의 원인이 되고 있다. 한농대 측은 초기 투자비용이 큰 농수산업의 특성을 고려하고, 졸업 후 성공적으로 영농·영어에 정착할 수 있도록 하기 위해서는 불가피하다는 입장이지만, 스마트 농업 시대 농지 등의 소유가 없더라도 실력과 열정이 있으면 입학할 수 있는 개방형 선발도 늘려 나가야 할 것이다. 그런데 한농대가 청년 농업인 부족 문제의 부분적 대안은 되지만 여전히 청년 농업인 부족 문제는 해소되지 못하는 상황이다. 이에 정부와 관련 기관·단체들도 여러 가지 청년 농업인 육성정책을 펼치고 있다.

우선 영농 초기 소득이 불안정한 청년 창업농에게는 영농정착 지원금을 지급한다. 영농경력에 따라 1년차는 월 100만 원, 2년차 월 90만 원, 3년차 월 80만 원을 차등 지급한다. 다만 일정 수준 이상의 재산 및 소득이 있는 자는 제외한다. 젊은 농업인에게 생애 첫 농지 취득 지원도 한다. 영농경력 2년 이상의 청년 농업인에게 3.3m²당 4만 5,000원을 연 1%로 11~30년 분할상환 조건으로 지원한다. 또한 은퇴농의 농지를 농지은행이 매입하여 청년 농업인에게 장기(5~10년) 임대하여 안정적으로 농업을 영위할 수 있도록 돕고 있다. 농업법인에 청년 농업인이 단기 취업하는 경우도 월 100만 원 한도 내 6개월 인건비를 지원한다. 특히 전북 김제, 전남 고흥, 경북 상주, 경남 밀양의 스마트팜 밸리에 '스마트팜 청년창업보육센터'를 설치하여 창업 지원은 물론 4차 산업혁명 시대의 첨단 농업을 경험할 기회를 제공한다. 농림축산식품부는 18~40세 미만으로 독립 영농경력 3년 이하의 청년들에게 창업자금, 기술·경영 교육과 컨설팅, 농지은행 매입비축 농지 임대 및 농지 매매를 연계 지원하여 건실한 경영체로 성장을 유도하고, 농가 경영주의 고령화 추세 완화 등 농업 인력 구조 개선을 꾀하고자 하는 것이다.

농협중앙회는 청년농부사관학교를 운영하여 청년 예비농업인의 안정적 농촌 정착을 돕고 있다. 6개월간 교육생 전원 기숙사를 제공하고, 첨단 농업 기술 교육은 물론 국내외 선진지 견학, 졸업 후 상품 개발 및 판로 개척까지 패키지 비즈니스 플랜 교육으로 호평을 받고 있다. 선발 인원도 초기 60명에서 100명으로 늘렸다. 농협은 청년 농업인들에게 각종 금융 지원도 한다. 청년 창업농에게 최고 30억 원의 여신 지원과 농림수산업신용보증기금(농신보) 보증 비율도 90%까지 높였다. 아울러 원하는 농가에 대해 디지털농업지원센터를 통해 창업, 유통, 경영, 금융 등 맞춤형 컨설팅을 제공하고, 청년농부 CEO 단체를 육성하여 그들이 생산한 가공품 등의 판매를 특별 지원하고 있다. 또한 농협은 디지털 전환 시대를 맞아 농업·농촌이 청년 등에게 더 큰 기회와 도전의 장이 될 것으로 보고 이를 뒷받침할 준비를 하고 있다. 영농인력 부족 문제를 4차 산업혁명 기술에 기반을 둔 스마트 농업으로 해결하려 한다. 스마트 농업 전문 인력을 양성할 교육 담당 조직을 설치하는 등 농업의 디지털 혁신을 적극 추진

중이다. 드론으로 방제하고 스마트 영농기계가 파종·관리·수확 등을 하는 실용 기술의 보급은 농업 노동력 절감과 인력 부족 문제 해결에 도움이 될 것이다. 농업의 첨단화를 이끄는 디지털 농업은 농업의 부가가치를 높여 청년 등에게 농업을 매력적인 산업으로 인식시킬 것이다. 농업의 경쟁력 강화를 통한 농업인의 삶의 질 제고와 살기 좋은 농촌을 만드는 것이 농협의 사명이다. 이는 시대가 요구하는 소중한 사회적 가치인 지속 가능한 농업을 만드는 데 청년 농업인과 함께할 것이다.

농촌진흥청(이하 농진청)도 정예 청년 농업인 5,000명을 육성한다. 농진청은 청년들을 농업으로 끌어들이기 위한 선결과제로 노지농업 디지털화를 꼽고, 노지농업 스마트화에 박차를 가할 예정이다. 이를 위해 디지털농업추진단을 구성하고, 장기적으로 디지털농업과학원 신설도 구상하고 있다.

한편, 제주농협지역본부는 2017년부터 자체 '청년 농업인 아카데미'를 운영한다. 농업 이론과 현장 지식을 겸비한 지성적 청년농부 육성을 통한 지속 가능 제주 농업을 위해 매년 40세 미만 청년 농업인 50명을 대상으로 10개월간 진행한다. 토양학, 비료학 등 농업 기술뿐만 아니라 마케팅, 인문학, 현장실습 등 종합 프로그램으로 진행한다. 2018년 수료한 한 수료생은 "농업과 고향 제주의 가치를 새롭게 알았고, 나 자신의 변화가 중요함을 일깨워 준 교육이었다"고 만족해 했다.

미래 농업의 주역인 청년 농업인 육성을 위해서는 첫째, 청년 농업인의 인재상을 확고히 세우고, 청년 농업인을 통해 농업·농촌의 무엇을 어떻게 변화시키려고 하는지에 대한 비전과 명확한 목표가 있어야 한다. 둘째, 청년 농업인 육성 체계를 설정할 때 중앙정부뿐만 아니라 지자체별 특성을 반영하여 지역별 협치 체계를 구축하고 유형별·단계별 종합(패키지) 지원을 통한 청년 농업인 육성 생태계를 구축해야 한다. 셋째, 청년 농업인들이 마음 놓고 장기적으로 영농에 참여할 수 있도록 청년농부 수당을 일정 규모, 정규적으로 지원하는 제도를 신중하게 검토해 볼 만하다. 넷째, 다양한 청년 농업인의 유형(자립형, 승계형, 법인 취업형, 임대농형, 창농형 등)별 맞춤형 지원 사업을 실행해야 한다. 이와 같은 것을 한 곳에 묶을 수 있는 가칭 '청년 농업인 육성법'과 지자체별 조례 제정이 있어야 정책의 실효를 거둘 수 있을 것으로 보인다.

여성 농업인, 농업·농촌의 영원한 어머니

농촌 여성은 초인이다. 아내로서, 엄마로서, 마을 부녀회 회원으로서, 거기에 농사일의 실질적 경영자 역할까지 1인 4역을 한다. 그뿐이 아니다. 마을에 대소사가 있으면 자신의 일을 제쳐두고 품앗이를 가야 한다. 한 여성 농업인단체 회장은 "여성 농업인으로 산다는 것은 산전수전 공중전을 치르는 것"이라고 표현했다. 그러다 보면 자신을 돌볼 여유가 없어 각종 질병과 농부병[2]에 시달린다. 2019년 기준 여성 농가 인구는 114만 4,841명으로 전체 농가 인구의 51%를 차지한다. 그런데도 여성 농업인의 지위를 제대로 인정받지 못하고, 그것이 늘 당연한 것처럼 받아들이는 게 현실이다.

최근 들어 양성평등이 법적으로나 사회적으로 일반화되고 있어 많이 나아지고 있지만, 여성 농업인의 정체성과 사회적 편견 등 아직도 풀어 나가야 할 과제가 많다. 다행히 2001년 '여성 농어업인 육성법'이 시행되어 정부 차원에서 여성 농업인의 권익 보호와 지위 향상, 모성권 보장, 보육 여건 개선, 삶

2 농업인이 장시간 단순 반복 직업 및 부자연스러운 자세 유지, 과도한 힘 낭비, 불충분한 휴식 등에 노출되면서 근육, 혈관, 신경 등에 손상이 누적되어 나타나는 직업병이다.

의 질 향상, 전문 인력화를 적극적으로 지원하고, 이를 통해 건강한 농촌 가정 구현과 농업의 발전, 농촌사회의 발전에 이바지할 수 있게 되었다.

이에 따라 농림축산식품부도 여성 농업인 정책을 전담할 수 있는 '농촌여성정책팀'을 신설하고, 5년 단위의 기본계획 및 연간 세부 시행계획을 마련해 추진하고 있다. 2019년 한국양성평등교육진흥원과 업무협약을 맺고 양성평등 교육 확대 및 농촌형 성평등 인력 양성의 토대를 마련했다. 여성 농업인 인력 육성을 위해 리더십, 회계, 농기계 등 96개 과정의 교육을 실시하고, 청년 여성 농업인 279명을 선발하여 정착금 및 농지 구입 지원 등 창업 기반을 마련토록 했다. 또한 고령·영세 농업인 등의 복지 서비스 제공을 위해 어린이집, 돌봄센터, 놀이교실 등을 지원하고 있다. 농업경영체에 등록된 여성 농업인에게 지급되던 출산급여를 공동경영주까지 지급 가능하도록 했다. 이 밖에도 결혼이민여성 농업교육을 현장 중심으로 개편하고, 지속적인 교육으로 다문화가정 구성원 간의 이해 증진과 소통 증진을 통해 원활한 농촌 정착에 도움을 주고 있다.

2020년도에는 5개 분야 39개 과제를 발굴해 추진하고 있다. 양성평등 농업·농촌 구현을 위해 지자체 전담부서 설치 및 '여성 농업인 육성 조례' 제정을 유도하고 있다. 또한 여성 농업인의 공동경영주 등록을 확대하여 여성의 직업적 지위를 향상시키고, 농업에 대한 자긍심을 높여 갈 예정이다. 후계 여성 농업인의 영농창업 및 영농정착을 활성화하기 위해 농업 경영자금 지원 조건을 5년 거치 10년 상환으로 늘린다. 일명 농부병이라고 하는 근골격계 질환의 예방 및 노동 경감을 위해 농작업 편의 장비를 농기계임대사업소에서 장기로 빌려 쓸 수 있도록 하고, 여성친화형 농기계 사업도 속도를 내고 있다. 복지 부문에서도 보육 시설 지원 대상 및 운영기간을 확대하고, 결혼이민여성에 대한 기초농업교육 및 수준별 1:1 맞춤형 교육을 실시한다. 여성 농업인 문화접근성 강화를 위해 지자체 단위의 '행복바우처' 지원을 늘리고, 취급 기관도 확대한다. 특히 여성 농업인 특화건강검진 사업이 2020년부터 시범사업으로 실시되고, 2022년도 본 사업에 도입 예정이다. 여성특화검진은 여성 농업인들이 농작업은 물론 가사·육아로 질병에 취약하다는 점이 강조되어 시범사업 이후 본 사업에 들어간다. 여성 농업인들은 농부병도 산업재해처럼 인정받아 체계적으로 관리될 수 있는 시스템이 구축되어야 한다고 주장한다.

한편, 지역에서 여성 농업인의 역할 확대를 위해 추진하는 지역 농·축협의 여성 조합원 비율은 32.9%이며, 여성 이사를 둔 농·축협은 838개소로 75%에 이르고 있다. 앞으로 매년 늘어날 것으로 보인다.

여성 농업인단체에서는 ▲ 기초 및 광역 지자체의 여성 농업인 전담부서 배치 ▲ 농업인 등록제 도입 ▲ 농촌 지역 성평등 교육 강화 ▲ 여성 농업인 생산 지원 및 노동가치 보장 ▲ 여성 농업인 모성권 및 건강권 강화 등을 계속해서 주장하고 있다. 특히 대부분 농업정책이 농가 단위로 추진되어 농민수당 등에 여성 농업인이 소외받고 있어 농업인 등록제를 통해 모든 농업인이 평등한 정책 혜택을 바라고 있다. 또한 농촌 지역 성평등지수가 도시 지역에 비해 현저히 낮다면서 농촌형 교육 강화 및 제도 개선을 요구하고 있다. 아울러 여성 생산공동체 육성 및 거점별 가공센터 확충으로 농업인의 자가 생산물에 대한 가공 및 안전성 보장을 요청하고 있다. 이 밖에도 농축협의 조합원 가입, 대의원 및 임원 진출 기회의 확대도 오래된 숙원사항이다.

"힘든 농사일과 끝없는 가사와 마을 일을 하면서도 세상에 제자리가 없지만, 오히려 생명을 키우는 강인한 힘으로 세상의 당당한 주체로 살아간다"는 한 여성 농업인의 외침이 귓전에 맴돈다. 앞으로도 여성 농업인은 미래 농업의 주역이고, 농업·농촌의 영원한 어머니이다. 여성 농업인의 특수성을 인정하고 육아·교육·농업 경영·문화욕구 충족·의료·복지 등 생애주기별로 정책 수요를 세세히 살펴 지원해야 한다. 성평등 농촌사회 구현을 통해 여성 농업인이 미래 농업의 당당한 주체가 되기를 기대해 본다.

32. 스마트 농업, 이제 시작이다

우리나라 스마트 농업은 2000년도 들어 '농업·농촌 정보화촉진계획'이 추진되면서 도입되기 시작되었다. 그러나 농업·농촌에 과학 기술 및 ICT를 접목하는 사업은 2010년대 들어 4차 산업혁명이 본격화되면서이다. 이 시기에 농림축산식품부의 '미래성장산업화 대책', 'ICT 융·복합 확산 대책', 농촌진흥청의 '스마트팜 대책' 등이 수립되어 스마트 농업 시현을 위한 기초과학 기술 및 정책적 대안들이 마련되었다. 특히 문재인 정부에서 '사람 중심의 농정개혁'이 본격화하고, 농식품 산업 혁신성장과 일자리 창출을 목표로 스마트 농업 육성에 적극적으로 참여하고 있다.

세계 스마트팜 시장 전망을 보면 2022년 시장 규모는 약 4,080억 달러로 2016년부터 2022년까지 연평균 약 16.4%의 성장률로 지속적인 증가가 예상된다.

표 5-6 세계 스마트팜 시장 규모 및 전망

(단위: 십억 달러, %)

연도	2016	2017	2018	2019	2020	2021	2022	평균 성장률
세계시장	196	221	250	283	320	362	408	16.4

자료: 중소기업전략 로드맵.

또한 국내 스마트팜 시장은 2017년 4조 4,493억 원에서 연평균 5%로 성장하여 2022년에는 5조 9,588억 원 규모에 달할 것으로 예상되고 있다.

표 5-7 국내 스마트팜 시장 규모 및 전망

(단위: 억 원, %)

연도	2017	2018	2019	2020	2021	2022	평균 성장률
국내시장	44,493	47,474	50,655	54,048	56,750	59,588	5.0

자료: 중소기업전략 로드맵.

한편, 각국 스마트팜의 기술 수준은 미국을 100% 수준이라 할 때, 네덜란드(99.1%), 일본(97.5%), 독일(93.3%), 영국(89.5%), 호주(83.4%) 등의 순인데, 미국, 네덜란드, 일본의 기술 수준은 0.5년 이내로 거의 비슷한 수준을 보인다. 우리나라의 스마트팜 수준은 각국의 최고 기술 보유국 대비 약 70%의 수준으로, 약 5년 정도의 격차가 있는 것으로 제시되고 있다.

표 5-8 세계 스마트팜 국가 간 기술 수준 및 격차

구분	미국	한국	일본	영국	네덜란드	독일	호주	중국
기술 수준(%)	100	75.0	97.5	89.5	99.1	93.3	83.4	61.0
기술격차(년)	0	5.2	0.5	2.3	0	1.2	3.6	7.2

자료: (주)비피기술거래, 〈국내외 스마트 농업 산업 동향 분석 보고서〉, 2017.

국내 스마트팜 정책 주요 동향을 보면, 우선 2013년 '농식품 ICT 융·복합 확산 대책'을 마련하여 생산·유통·소비 등 부문별 ICT 융·복합 현황을 진단하고, 스마트팜 보급, R&D, 산업생태계 조성 등 정책 기본 방향을 설정한 바 있다. 또한 정부는 '스마트팜'을 혁신성장 선도사업으로 선정, 종합대책을 마련하여 기존 농가 단위의 스마트팜 보급 전략을 보완하고 정책 대상을 청년 농업인, 전·후방 산업으로 확대하여 파급효과가 크도록 집중과 확산할 수 있는 거점을 조성하고 있다. 이를 위해 스마트팜 전·후방 산업 경쟁력을 강화하기 위해 '스마트팜 실증단지'를 중심으로 스마트팜 기자재 전시 및 테스트, 스마트팜 체험, 스타트업 창업 지원 등을 통해 기자재·바이오 등 실증연구와 제품화를 추진한다. 농림축산식품부는 특히 '스마트팜 확산방안'을 통해 2022년까지 전국에 혁신밸리 4개소를 조성할 계획인데, 1·2차 공모를 거쳐 경북(상주), 전북(김제), 경남(밀양), 전남(고흥)을 이미 선정하였다. 스마트팜 혁신밸리는 청년 농업인 유입을 위한 기술 개발의 거점으로 활용되고, 중소 농업인들에게도 교육훈련의 기회를 제공하며 실증 단계에서의 참여도 촉진할 계획이다. 혁신밸리에서 산출되는 데이터를 체계적으로 수집·분석·제공할 수 있도록 39억 원을 들여 빅데이터 센터를 1차 조성 지역(경북, 전북)에 설치할 예정이다. 아울러 생산·유통 등 농식품 전 분야의 데이터를 수집·저장·분석하기 위해 신규 사업으로 47억 원을 투입해 중앙 기반 플랫폼을 구축할 계획이다. 이 밖에도 영세한 스마트팜 기자재 업체들이 국가 표준을 적용할 수 있도록 전문 상담(컨설팅) 및 시제품 검정 비용 등을 지원하는 '스마트팜 정보통신 기술(ICT) 기자재 국가 표준 확산 지원' 사업을 추진할 예정이다.

그런데 우리나라 스마트 농업이 가야 할 길은 멀다. 우선 외국의 경우 대부분 민간 중심이 되어 ICT, 빅데이터, 인공지능(AI) 기술을 적용하는 방향으로 성장하여 온 것에 비해 국내에서는 시장 규모의 영세성과 기술 부족으로 기업들이 다양하게 성장하지 못하고 있다는 지적이다. 또한 최적의 자율제어와 의사결정을 위한 유효한 데이터 확보가 중요한데, 데이터 자체도 부족하고 정부와 민간이 가지고 있는 데이터 공유도 쉽지 않아 이를 인공지능 기반의 스마트팜 적용에 어려움을 겪고 있다. 그래서 생육·재배 단계에서는 스마트 시스템이 적용되고 있으나 노동력이 많이 드는 파종과 수확기에는 로봇이나 스마트 기기의 활용이 미미한 실정이다. 전통적인 노지농업, 특히 밭농업의 경우 거의 스마트 농업의 혜택을 받지 못하고 있다. 앞으로 전동·자율 농기계의 생산·보급을 통해 영농의 편의도 제공하고 데이터 확보를 통한 진정한 스마트 농업의 길이 여기에 있다고 할 수 있다. 한편, 대동공업은 우리나라 농기계 기업 가운데 처음으로 미국 IT기업 인텔과 손잡고 농기계 자율주행 기술 개발에 나섰다. 자율주행 기초 단계인 위치 추적을 통한 농기계 자율주행 기술을 보유한 대동공업이 인텔의 환경 인식 기술로 최적의 작업 경로를 만들고, 이 경로에 맞춰 농기계가 운전자 없이 자율주행 하는 기술을 개발하게 된다.

하우스 내 또는 노지의 환경 정보, 생육 정보 이외에 기상 정보, 외부 환경 정보, 농산물 유통 정보, 농산물 생산량 정보, 농산물 가격 정보 등을 빅데이터/클라우드 기반의 정보 처리를 통해 고부가가치의 다양한 지식 서비스로 제공할 수 있는 기술을 개발하는 것도 매우 중요하다. 아울러 스마트팜의 생산 효율성은 매우 높아졌으나, 시세와 물량에 따라 생산량 조절 측면의 고려가 없어 높은 생산량을 유지할 경우, 오히려 수익이 낮아지는 풍년의 역설 같은 역효과가 발생할 수 있다. 스마트 농업의 핵심이 기술과 인간의 초연결이듯이 농가·농민단체·기업·연구기관·대학·정부로 이어지는 농업의 공익성과 혁신 욕구에 대한 공감이 중요하고, 4차 산업혁명의 대세에 맞게 과감한 투자와 연구 개발이 필요한 시점이다.

농업인의 영농 편의를 위한 전동·자율주행 농기계 산업도 더는 미루어져서는 안 된다. 전동·자율주행 농기계 산업이 발전하기 위해서는 정부에서 확고한 방향성을 가지고 대규모 시험단지 구축 등 생태계 조성이 필요하다. 아울러 기술 단계별 인증제도 확립, 전기자동차와 같이 연구 및 보급 단계에서의 보조 지원 등이 있어야 할 것으로 보인다. 모든 스마트 농업의 중심에는 사용자인 농업인이 있어야 한다.

한편, 농협중앙회는 2020년 이성희 회장이 새로 취임하면서 농·축산 생산·유통의 스마트화에 적극적으로 나서기로 했다. 농협은 스마트팜 일관 지원 체계를 구축해 농사 준비에서부터 농산물 판매까지 지원하게 된다. 우선 스마트팜 농사를 시작하려는 청년 및 귀농인들에게 스마트팜 상담·설치 및 금융 지원을 한다. 정부가 육성하는 스마트팜 혁신밸리와 농협의 청년농부사관학교 졸업생들을 연계해 영농 정착을 적극적으로 지원할 예정이다. 농업인들의 스마트팜 농자재 구입의 혼란을 방지하기 위해 스마트팜 플랜트(생산·제조·설비 일체) 공급사업도 주도한다. 스마트 영농에 필요한 비료·농약·종자 등 종합적인 서비스 체계를 갖춘다. 남해화학, 농협케미컬, 농우바이오 등 농협 계열사들과 외부 전문 스타트업 기업들이 참여한다. 2021년 스마트팜 표준 모델을 개발하고 2022년 시설 설치 및 전용 자재 공급에 나선다. 스마트팜에서 생산된 농산물의 판로 개척에도 앞장선다. 가칭 '농협스마트출하회'를 구성하고, 회원들이 생산한 농산물을 하나의 브랜드로 만들어 책임 판매에 나설 예정이다. 농작업 생력화를 위해 스마트 농기계의 활용도를 높인다. 드론 방제단을 획기적으로 확대하고, 자율주행·원격제어 농기계도 순차적으로 공급한다. 온라인 농산물거래소를 더욱 활성화하고, 축산물 온라인 경매 플랫폼도 새로 구축한다. 농산물산지유통센터(APC)와 농협미곡처리장(RPC)도 스마트 공장 개념을 도입하여 생산·가공·유통 관리 효율화에 박차를 가하게 된다.

33.

농업정책보험도 진화한다

저자가 제주농협본부장으로 재직하던 2018년 2월 서귀포 지역에 갑작스런 폭설이 내려 한라봉 하우스 등 농업용 비닐하우스 100여 동이 맥없이 무너져 농업인들이 큰 피해를 입었던 적이 있다. 그 당시 일부 농가는 원예시설보험 덕분에 재기할 수 있었지만 보험 가입을 미룬 농가들은 재기에 그만큼 힘들 수밖에 없었다. 보험 가입을 했던 한 농가는 가입 당시 42만 5,000원의 보험료를 내고, 재해 발생 이후 9,000만 원가량의 보험금을 받아 하우스를 복구할 수 있었다. 그가 받은 보험금은 납입한 보험료의 213배에 이르는 큰 금액이다.

앞의 농가 사례와 같이 사람은 사회·경제 생활을 영위하는 과정에서 질병, 사고, 화재, 자연재해 등 여러 가지 우발적 위험에 노출된다. 농작업 과정에서도 의도하지 않은 사고가 발생하거나 계절에 따라 냉해, 풍수해, 병해충 피해 등으로 경제적 곤란에 처하게 되는 경우가 많다. 조류독감(AI), 돼지열병, 구제역 등 가축질병도 늘 불안하게 하는 요소이다. 특히 최근 들어 기후 변화로 인한 자연재해가 빈번해지면서 농업인들의 어려움은 가중되고 있다. 2018년에는 111년 만의 기록적 폭염이 한 달 이상 계속되었고, 2019년에는 60년 만에 가장 많은 7번의 태풍이 한반도를 강타했다. 2020년에도 중국의 대홍수, 호주·미국의 대형 산불, 시베리아 고온 현상 등 지구촌 기상이변이 속출했다. 우리나라도 봄철 이상저온과 역대 최장인 54일간 이어진 장마로 농업 피해는 천

표 5-9 농업정책보험 현황

(2020. 9 현재)

구분	농작물재해보험	가축재해보험	농기계종합보험	풍수해보험
근거법	농어업재해보험법	농어업재해보험법	농업인 삶의 질 향상 특별법	풍수해 재해보험법
도입연도 (최초 품목)	2001 (사과·배)	1997 (소)	1989 (경운기)	2006 (주택·온실)
보험 대상	농작물 67종, 농업용 시설	가축 16축종, 축산시설물	농기계 12기종, 대인, 대물, 자기신체사고	주택, 온실, 상가, 공장(소상공인)
정부 지원 사항	순보험료 50%·운영비 100%·국가재해보험	총보험료 50%	총보험료 50%	순보험료 35%·부가보험료 90%
보험사업자	농협손해보험	농협손해보험, KB, 한화, DB, 현대	농협손해보험	농협손해보험, KB, 한화, DB, 현대

자료: 농협손해보험.

문학적으로 커졌다. 이같이 우발적으로 발생하는 일정한 위험(사고)에서 생기는 경제적 타격이나 부담을 덜어 주기 위하여 다수의 경제주체가 협동하여 합리적으로 산정된 금액을 조달하고 지급하는 경제적 제도를 보험이라고 말한다.

농업은 특성상 다른 산업에 비해 자연재해 피해가 가장 큰 분야이기 때문에 정부가 나서 자연재해로 인한 농가 경영의 위험을 회피하고 농업 경영의 안정을 위한 정책 수단으로 농업정책보험을 도입하고 있다.

농업정책보험은 크게 농작물재해보험, 가축재해보험, 농기계종합보험, 풍수해보험 등 총 4가지 종류가 있다. 농업정책보험 사업은 꾸준히 증가하여 2019년 현재 가입금액이 33조 2,716억 원, 계약건수 213만 건, 순보험료 7,454억 원, 지급 보험금 1조 1,298억 원으로 농축산업 위험의 안전 장치 역할을 톡톡히 하고 있다.

이 중 농작물재해보험은 농어업재해보험법에 의거 농업재해로 인하여 발생하는 농작물, 가축, 농업용 시설물의 피해에 따른 손해를 보상하고 농업인 경영의 안정, 생산성 향상, 국민경제의 균형 있는 발전이라는 공공의 목적 달성을 위하여 정부 주관으로 운영된다. 농협손해보험에 따르면 농작물재해보험은 2001년 사업 시작 이후 19년간 3조 2,572억 원의 보험료를 거출하고, 3조 1,461억 원의 보험금을 지급한 것으로 나타나 상호부조의 원칙에 충실하여 농업인의 경제적 위험 부담을 완화하고 농가소득 증대에 크게 기여했다. 보험 대상 품목도 대폭 확대되었다. 대상 품목은 67품목[3]이다. 과수 품목은 사과, 배, 감귤, 단감, 떫은 감, 복숭아, 포도, 자두, 키위, 밤, 매실, 대추, 복분자, 오디, 오미자, 무화과, 유자 등 17개 품목이다. 벼·맥류는 벼와 밀 2품목이다. 밭작물은 차, 인삼, 고구마, 양파, 콩, 마늘, 고추, 옥수수, 양배추, 감자(봄재배, 고랭지재배, 가을재배), 무(고랭지재배, 월동재배), 배추(고랭지재배, 월동재배), 당근, 파(대파, 쪽파), 단호박, 메밀, 브로콜리 등 18품목이다. 버섯류는 느타리버섯, 표고버섯, 새송이버섯, 양송이버섯 등 4품목이다. 이 밖에도 사료용 벼와 옥수수도 보험 대상이다. 농업용 시설물·부대시설에 대한 자연재해·조수해·화재 피해와 시설작물의 생산비를 보장해 주는 원예시설보험은 농업 시설이면 대나무나 목재로 된 시설을 제외하고 다 보장이 된다고 보면 된다. 그 속의 작물 중 딸기, 오이, 토마토, 참외, 풋고추, 호박, 수박, 멜론, 파프리카, 가지, 국화, 장미, 상추, 부추, 시금치, 배추, 대파, 쪽파, 파, 카네이션, 무, 백합, 미나리, 쑥갓 등 24개 품목과 감귤류 중 만감류 일부(한라봉, 천혜향, 레드향, 황금향)를 보험 대상으로 하고 있다. 사업량도 매년 증가하여 2020년 기준 18조 원의 농업 생산 위험을 보장하

---

3 농업정책보험금융원 홈페이지(www.apfs.kr) 참조.

고, 가입농가 43만 2,000호, 가입면적 54만 8,000ha, 가입면적률 45%, 순보험료 7,000억 원을 각각 넘어설 것으로 예측되고 있다.

농업정책보험, 특히 농작물재해보험이 농업인들에게 큰 힘이 되어 주고 있지만, 최근 들어 위기를 맞고 있다는 소식이다. 농작물의 성격상 생산시기, 보장시기 등이 다르고, 피해율, 생산량 등 통계의 정확성이 문제가 되어 손해 사정이 어렵다는 것이다. 그래서 누적손해율이 증가하고, 손해 분산을 위한 글로벌 재보험사의 재보험도 농작물보험을 기피하는 현상이 나타나고 있다는 것이다. 게다가 정부의 예산은 이를 뒷받침하지 못해 보험사의 사업 운영에 심각한 우려를 낳고 있다. 또한 기후 변화 등에 따른 자연재해의 증가와 그에 따른 보험사고가 늘어나고 있지만, 오히려 보장 수준을 낮추려는 움직임마저 보인다. 농작물재해보험의 위기는 한국 농업의 위기이며, 그 피해는 고스란히 농업인에게 돌아간다. 하루빨리 정부와 관련 업계가 적극적인 소통과 협치를 통해 합리적인 대책을 마련해야 한다. 그래야만 지난 20년 동안 우리나라 농업인이 크게 의지해 왔던 농작물재해보험이 선진국 수준의 농가 경영위험 관리의 확실한 안전망으로 자리매김할 수 있을 것이다.

농업인들이 안정적으로 농업에 종사하기 위해서는 자연재해의 위험으로부터 보호도 중요하지만, 가격 등락에 따른 수입 하락 위험을 막을 수 있는 제도가 마련되어야 한다. 그중 하나가 자연재해와 가격 하락으로 인한 손해를 보장하는 '농업수입보장보험'이다. 농산물 가격이 하락하거나 생산량이 줄어 농가 수입이 일정 수준 아래로 떨어지면 차액 일부를 보전해 주는 상품이다. 정부는 고구마·마늘·양배추·콩·양파·감자·포도 등 7개 품목을 대상으로 일부 지역에서 시범사업을 진행 중이다. 정부가 보험료의 50%를, 지방자치단체가 15~40%를 지원한다. 제도의 취지는 매우 좋으나 제역할을 못하고 있다. 2015년부터 도입되었지만 아직도 시범사업으로 운영되는데다 예산도 한정되어 극히 일부 지역 소수 농가만 보험에 가입할 수 있기 때문이다.

수입보장보험 예산은 2015년 41억 3,000만 원에서 2020년 53억 6,500만 원으로 5년 사이 12억여 원 증가하는 데 그쳤다. 농작물재해보험 예산 2,713억 원과 비교해도 아주 적은 편이다. 예산이 부족하니 가입 가능한 전체 면적 대비 가입률은 3.7%(1,643농가 1,207ha)에 불과하다. 농업인단체에서는 농업재해보험 중심으로 운영되고 있는 농업정책보험을 미국·일본 등에서 시행하고 있는 수입보장보험 중심으로 개편해야 한다고 강하게 주장하고 있다. 가격 하락 위험이 왔을 때 보장되는 보험은 수입보장보험뿐이기 때문에 품목 확대가 절실한 편이다. 반면 정부는 객관적으로 소득을 증빙할 방안이 부족한데다, 손해율 증폭이 커서 일관된 정책을 펴기 어렵다는 이유로 이 제도의 확대를 꺼리고 있다. 우리나라는 경제·국방 등은 세계 10대 강국이지만 농업의 앞날은 멀다. 앞으로 종합적 위험 관리 시스템 구축을 통한 농가 경영 안정을 도모하기 위해서는 궁극적으로 농업수입보장보험으로 진화해야 한다. 농산물 생산 및 가격통계, 농업경영체 관련 자료 등을 체계적으로 구축해 수입보장보험을 본 사업으로 제도화하고 품목도 확대해야 할 것이다.

34. 사회적 농업

사회적 농업(social farming)이 관심을 끌고 있다. 우리나라에서는 생소한 분야이지만 유럽에서는 농업의 다원적 기능이라는 기본 틀 아래 다양한 형태의 사회적 농업이 발전하여 왔다. 사회적 농업은 농업의 다원적 기능에 기반을 둔 공공의 건강, 교육과 훈련, 사회통합과 포용, 지역개발의 이익 창출 기능 수행 등 다양한 사회적 서비스를 취약계층에 제공하는 농업이라 할 수 있다. 즉, 농업자원을 활용하여 사회적 약자의 재활을 돕고 심신 치유와 일자리 창출, 농가소득 증대와 지역 활성화 등에 기여하는 농업이다.

사회적 농업은 생산 중심의 농업에서 벗어나 농업의 새로운 가치 창출과 외연을 확장해 농가소득 증대와 일자리 창출에 기여한다는 측면에서 의미가 매우 크다. 농가소득 증대와 일자리 창출 효과는 농촌 지역 활력화로 이어져 농업·농촌의 지속 가능 발전을 위한 하나의 대안이 될 수 있다. 특히 국민 건강 및 행복 증진과 취약계층의 재활을 통한 사회적 비용의 절감을 가져올 수 있다는 점도 부각되고 있다. 이에 문재인 정부에서도 100대 국정과제에 사회적 농업을 포함하고, 2018년 이래 사회적 농업 시범 실시와 관련 법제정을 추진하고 있다.

벨기에는 2005년을 기점으로 돌봄농가의 등록제와 공공지원 체계를 도입하였고, 2017년부터 장애인들의 개인예산 형태로 공공보조가 지급되어 선택

표 5-10 사회적 농업의 유형

구분	대상	내용
교육	장애인, 아동, 학생, 청년 등	영농 체험, 식생활 개선 등 교육 프로그램 운영
돌봄	장애인, 아동, 고령자, 다문화가족 등	건강 관리, 요양, 관계회복, 재활 서비스 제공
고용	장애인, 고령자, 귀농·귀촌 희망자 등	농업실습, 일자리 제공

자료: 농림축산식품부.

에 따라 사회적 농업 서비스를 활용할 수 있게 되었다. 등록 농가는 2015년 기준 580호이며, 복지부가 인정하는 농가, 농민단체의 지원센터와 연결된 농가, 영농 활동에 대해 고등학생을 자문하는 전문농가 등 다양하다.

이탈리아는 2015년 세계 최초로 사회적 농업을 국가의 법으로 승인하고, 사회적 협동조합 형태로 사회적 농업에 참여하는 농가도 2,000호에 이른다. 사회적 농업에 대한 지원으로는 공공식당에 대한 판매 알선, 국영 농지의 우선 사용권 부여, EU공동농업정책(CAP)상의 농촌 개발 프로그램을 통한 지원 등이 있다.

네덜란드는 1970년대부터 사회적 농업이 발달하여 왔다. 사회적 농업에 참여하는 농가는 공인된 복지기관의 하부계약자로서 지원되거나 서비스 이용자의 개인예산(PGB, 고객이 케어팜과 직접 계약할 수 있는 예산)을 통해 지원된다. 2000년대 200개 내외였던 케어팜 농가가 2013년 1,100여 개의 농장이 참여하고 2만 5,000여 명이 돌봄 서비스를 받고 있을 정도로 발전을 거듭하고 있다.

영국은 2003년 설립된 자선기관(Care Farming UK)을 기반으로 농가와 관련 기관 사이에 연결망을 구축하며 녹색돌봄 서비스를 지원하고 있다. 농가에 대한 지원으로는 자선기금, 건강기금, 지자체가 서비스 이용자에게 지급하는 보조,

사회적 기업자금, 중앙정부의 재원 등 다양하다. 아직 법적인 뒷받침은 미흡하여 소규모 농가의 참여에는 한계가 있다는 지적이 있다.

우리나라의 사회적 농업은 아직 초기 단계로 치유농업이 대세를 이루고 있다. 치유농업이란 농업·농촌 또는 이와 관련한 활동 및 산출물을 활용한 치유 서비스를 통해 국민의 심리적·사회적·인지적·신체적 건강 및 유지, 증진을 도모하는 사업 및 활동을 말한다. 질병 자체의 치유보다는 주로 개인의 대처 능력 강화에 초점을 맞춘 것이 특징이다.

경북 경산시 '뜨락원예치료센터', 경기 양평군 '아토피 안심마을', 경북 영주시 '국립녹색농업치유단지' 등에서 농업 체험과 원예 활동 중심의 전문적인 교육과 체험 활동을 제공하고 있다. 충남 홍성군 협동조합 '행복농장'은 전국 최초 생산 기반 치유농업으로 지역의 친환경적 환경과 결합한 다양한 비즈니스 모델을 개발하고 있다. 강원도는 2017년 지자체 중 처음으로 '치유농업 육성 및 지원 조례'를 제정하고, 치유농업 육성을 위한 기본계획 수립, 정책 개발, 평가, 전문 농업인 육성 등을 체계적으로 추진하고 있다. 전라북도 순창군도 2015년부터 치유농업을 선도사업으로 추진하여 수십 개의 치유농장을 선정하고 국립원예원·군보건의료원·전북대학교 병원 간의 네트워크를 구축해 지역농산물을 이용한 당뇨·고혈압·비만 등의 치유 상차림을 제공하는 등 치유농업을 통한 6차 산업 성공 모델 확산에 박차를 가하고 있다.

국내 첫 치유농업(Agro-Healing)센터도 들어선다는 소식이다. 경상북도는 2022년까지 국비 5억 원 등 10억 원을 들여 경북농업인회관에 4,410m^2 규모로 '경북치유농업센터'를 짓는다. 이는 2020년 3월 제정된 '치유농업 연구·개발 및 육성에 관한 법률'에 따라 국비 공모사업으로 지어지는 첫 작품이다. 경상북도는 치유농업센터에 치유과학실, 체험교육관, 치유카페 등을 설치하여 치유 프로그램을 운영하고, 온실, 정원, 텃밭, 동물사육장 등 직영 치유농장을 조성할 예정이다. 또한 의사, 한의사, 심리치료사 등 전문 인력과 연계한 대상자 맞춤형 프로그램을 운영하여 실질적 치유 효과를 높이고, 치유농업사 양성에도 적극적으로 나설 계획이어서 치유관광과 일자리 창출에 크게 기여할 것으로 기대되고 있다. 경상북도는 계속해서 2025년까지 70억 원을 치유농업 분야에 투입하여 새로운 일자리와 농가의 새로운 소득원을 창출할 예정이다. 서울시도 서울시광역치매센터와 업무협약(MOU)를 맺고, 치유농업을 활용한 치매안심센터 인지 강화 프로그램 활성화를 위해 힘을 모으기로 했다는 소식이 들린다. 경기도 고양시도 치매안심센터 환자와 가족을 대상으로 치유농업 프로그램을 지원하고 있다.

우리나라는 국민소득 3만 달러 시대를 넘어 선진국으로 진입하고 있다고는 하지만 자살률이 세계 1위이다. 2019년 자살한 사람은 1만 2,889명으로 교통사고 사망 3,349명, 산재사고 사망 855명에 비해 월등히 많다. 인구 10만 명당 자살률도 26.6명으로 OECD 국가 평균 11.2명의 두 배가 넘는다. 특히 노인 자살률이 높은데, 빈곤과 질병 이외에도 고독, 소외감, 외로움, 상실감 등 심리적 요인이 크다는 분석이다. 65세 이상 노인의 치매 유병률도 10%를 넘어서고 있다. 서울대병원 정신건강의학과 김붕년 교수팀이 대구가톨릭대 병원 및 제주대 병원 정신건강의학과와 공동으로 2016년 9월부터 2017년 12월까지 서울·고양·대구·제주 4개 권역 초·중·고등학생 4,057명을 대상으로 소아·청소년 정신질환 유병률과 관련 위험 요인을 분석하였다. 그 결과 진단된 유병률은 적대적 반항장애(5.7%)가 가장 많았으며, 특정 공포증(5.3%), 주의력 결핍 과잉행동장애(3.1%), 틱장애(2.6%), 분리불안장애(2.3%)가 뒤를 이었다. 고위험군 유병률은 주의력 결핍 과잉행동장애(11%), 적대적 반항장애(10%), 분리불안장애(5%), 사회

그림 5-2 치유농업의 체계

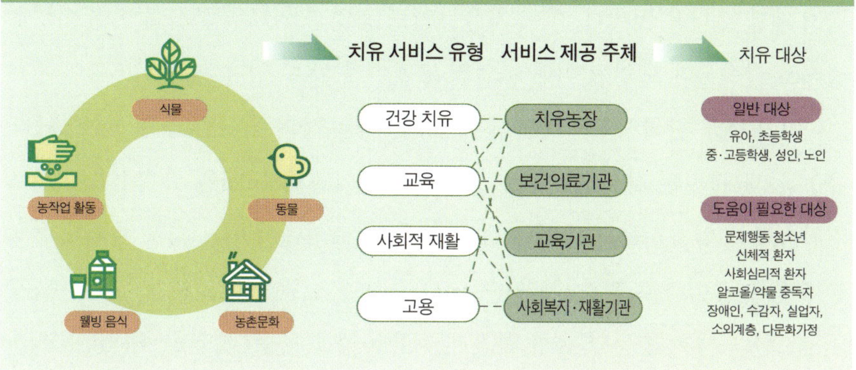

자료: nongsaro.go.kr.

공포증(5%), 틱장애(5%) 순이었다. 특히 중·고등학생을 대상으로 한 자살 관련 설문에서는 대상자의 17.6%가 자살에 대해서 생각한 적이 있었으며, 3.7%는 자살 의도를 가졌고 응답했다. 자살과 소아·청소년 정신질환이 남의 이야기가 아니다. 농업과 보건·복지 융·복합으로 이들을 치유할 수 있다면 체계를 갖추고 운용하는 것이 답이다.

치유농업도 유럽에서 먼저 도입되었다. 네덜란드, 노르웨이, 벨기에, 스위스 등은 소규모 가족농 중심의 치유농업(care farming)이 발달하였다. 반면 프랑스, 이탈리아 등은 협동조합 또는 지역 주도의 사회적 농업이 발달하였다. 이들 국가는 특히 치매환자 마을 같은 치유공간을 운영하는데, 연명 공간이 아닌 여전히 삶을 즐길 수 있는 공간으로 활용하고 삶의 질 향상을 위해 환자들이 여전히 할 수 있는 것에 초점을 둔다. 애기애타(愛己愛他) 정신을 농업에서 배우는 것이다. 애기애타 정신은 '나를 긍정하고 남을 사랑하는 것'이다. 이를 통해 사회가 밝아진다면 이 얼마나 멋진 일인가!

우리나라도 코로나19 이후 포용적·사회적 경제에 초점을 맞추고 다양한 정책 제안이 나올 것이다. 이에 치유농업도 농업과 의료 부문을 결합한 다양한 형태로 급속하게 도입될 미래 농업의 모델이라 할 수 있다.

이 밖에도 한국사회적기업진흥원에 등록된 사회적 기업 중 농산물 생산·유통 등과 관련된 사회적 기업은 2016년 기준 108개로, 이들 사회적 농기업도 취약계층에 일자리를 제공하는 등 노동 통합 측면에서 어느 정도 사회적 농업을 수행하고 있다고 볼 수 있다.

그런데 사회적 농업 유형 가운데 치유농업을 육성·지원할 수 있는 '치유농업 육성 및 지원에 관한 법률'은 2020년 3월 제정되었으나 사회적 농업 전체를 아우르는 법률은 아직 제정되지 않고 있다.

농림축산식품부는 아직 관련 법 제정은 안 되었지만 2018년부터 '사회적 농업 활성화 지원 사업'을 펼치고 있다. 농업 활동을 통해 돌봄·교육·고용 등 다양한 서비스를 공급하는 사회적 농업 실천조직을 육성하여 사회적 농업의 확산을 도모한다는 취지이다. 사업 대상자는 사회적 농업을 실천하고 있는 농촌 소재 조직으로, ① 농업 생산 활동을 포함하여 농촌 자원을 활용한 활동을 기반으로, ② 취약계층에 서비스를 제공하면서, ③ 지역사회와 지속적으로 협력하는 사회적 경제 조직, 농업법인, 비영리 민간단체 등이다. 사회적 농업 프로그램 운영비, 지역사회와 네트워크 구축비, 사회적 농업 활동에 따른 시설비 등을 지원하고 있으며, 2019년까지 18개 조직이 선정되었다. 사회적 농업을 통해 취약계층의 자활과 고용을 유도하여 사회 통합을 실현하고 관련된 일자리 창출 및 공동체 활성화에 도움을 줄 것으로 기대하고 있다.

외국의 연구 사례들을 볼 때, 사회적 농업은 농업 분야 자체는 물론이고 교육, 건강, 사회 등 여러 부문들과 연계되어 새로운 기회를 제공하고, 다양한 부문에 긍정적인 영향을 미치는 것으로 나타나고 있다. 젊은 세대와 사회 전반의 농업에 대한 인식 변화를 가져오고, 농업 및 농기업의 사회적 책임과 명성을 높이는 데에도 기여한다. 특히 농촌 지역의 사회적 자본을 개선하고, 사회적 서비스를 강화하여 건강하고 활기찬 농촌 사회 및 경관 보호에 기여하는 것으로 평가되고 있다. Steigen 등(2015)의 연구에 의하면 사회적 농업이 제공하는 서비스 이용자의 입장에서도 정신적 웰빙, 긍정적 자세, 자기 수용, 자기 성찰 등 정신건강에 긍정적인 효과를 발휘하고 스트레스를 감소시킨다. 또한 활발한 신체적 활동을 통해 기분과 취침에도 도움을 주고, 일거리 제공에 따른 노동의 존엄성도 가지게 한다. 특히 비슷한 처지의 사람들과 관계망을 형성하여 결속력과 자기 효능감을 강화하고 더욱 활발한 삶을 살 수 있도록 한다. 이 밖에도 동식물과 교감을 통해 내적 평안을 경험하고 확대된 자아의식을 얻고 성장하게 된다는 것이다.

이제 한국 사회의 전환기적 시대 상황은 사회적 농업을 요구하고 있다. 농촌은 고령화, 지역 소멸 우려, 농산물 가격 불안정, 기후 변화 등으로 지속 가능성의 위기를 맞고 있고, 도시민은 과밀화와 심화되는 경쟁에 성인병, 정신병, 자살, 실업, 식품 안전 위협, 다문화 등 또 다른 문제를 안고 있다. 따라서 사회적 대전환의 시대에 사회적 농업이 혁신적 수단으로서 농촌과 도시가 새로운 관계를 형성하여 서로의 이익을 창출하는 새로운 상생 모델로 발전할 가능성이 크다. 농가는 소득 안정과 지역 개발에 기여할 수 있고, 도시민은 효과적으로 양질의 공공 서비스를 제공받을 수 있다. 하루빨리 법체계를 갖추고 사회적 농업을 제도권 속에 포함시켜 지원하고, 농가와 지역공동체의 역량을 높여 지속 가능한 새로운 농업의 모형으로 발전시켜 나가야 한다.

35.
농민수당, 농촌기본소득

기본소득에 대한 논쟁이 뜨겁다. 코로나19에 따른 경제 침체가 길어지면서 국민재난지원금이 소득·재산과 상관없이 전 국민에게 지급되면서 논쟁에 불을 붙였고, 급기야 정치권에서까지도 이에 대한 정책 경쟁을 하기에 이르렀다. '기본소득제'는 재산이나 소득의 유무, 노동 여부나 노동 의사 등과 관계없이 사회 구성원 모두에게 최소생활비를 지급하는 제도이다. 기본소득이 필요한 이유는 한편으로 현재의 시장경제가 더 이상 '일자리=생존'을 보장할 수 없기 때문이며, 다른 한편으로 생태적 위기로 인해 성장 지향 사회가 어려워졌기 때문이다. 기본소득제도는 앞으로 정치권은 물론 국민 여론의 중심이 될 가능성이 크다.

이와 유사하게 '농민수당'에 대한 논쟁 역시 활발하다. 농민기본소득과는 다소 성격이 다르지만 일부 지방자치단체에서는 농민수당 지급을 시작했다. 농민수당이란 농민이 농업으로 경제적 활동을 하며 사회에 기여한 바에 대해 국가나 지방자치단체가 참여소득을 주는 것을 뜻한다. 농민수당은 농촌 인구 감소 최소화 및 농가소득 보장이라는 취지에서 특정 지자체에서 해당 지역의 농가에게 경영면적 등에 상관없이 일정 금액을 주는 제도로 영농면적에 따라 단가를 차등 지급하는 공익형 직불제와는 다르다. 농민수당 지급 근거는 논란이 있지만 '농업의 공익적 기능'에 있다는 것이 다수 의견이다. 2018년 말 유엔

총회에서 채택된 '농촌노동자 권리선언'에도 각국 정부가 농업의 공익적 기능에 대한 농민 기여를 인정하고, 국가별로 이를 위한 정책 의무를 명시하고 있다. 우리나라의 경우 2008년 제정된 '농업·농촌 및 식품 산업 기본법'에서 농업의 공익적 기능을 규정하고, 이를 담보하기 위한 국가와 지자체의 노력 필요성을 강조하고 있다. 문재인 대통령도 2016년 대선후보 당시 21회 농업인의 날 행사장 방명록에 "농민은 우리의 식량안보를 지키는 공직자입니다"라고 썼다. 농업인이 농업의 공익적 기능을 수행하고 있어 이에 대한 보상으로 농민수당을 지급하고 있다는 것이다.

전남 해남군의회가 2018년 12월 '해남군 농업 보전 등을 위한 농민수당 지원 조례'를 만들고, 우리나라에서는 처음으로 공식적인 '농민수당'을 도입했다. 해남군 조례에서는 농민수당을 "농산물 시장 개방화에 대비하여 농업인의 소득 안정 및 농업·농촌 공익적 기능 유지·증진을 위해 지급되는 지원금"으로 정의하고 있다. 대상은 신청연도의 직전 1년 이상 관내 주소를 두고 계속하여 거주하고 실제 농업에 종사하는 농업인이며, 세대당 1명이다. 지급 금액은 반기별 30만 원으로 군 관내에서만 사용이 가능한 수단(지역화폐나 상품권 등)으로 지급한다. 또한 수당을 받는 농민들은 '가축전염병 예방법' 준수, 농지·산지 훼손 금지, 토양유실 및 홍수 방지를 위한 논·밭 둑 등 농지 형상 유지, 영농폐기물 스스로 처리, 철저한 가축방역과 적정 사육밀도 준수 등의 의무를 이행하고, 친환경 농업과 농산물 수급 안정 사업에 적극적으로 참여할 의무를 진다. 해남군은 조례에 따라 2019년 9월 90억 원의 예산으로 1만 5,212명의 농업인에게 첫 농민수당을 지급했다.

해남군의 농민수당 도입 후 최근 들어 다른 농어촌 시·군, 도에서도 농민수당제를 속속 도입하고 있다. 전남 강진·화순·순천·영암·장흥·함평군 등이

2019년부터 농민수당을 지급하고 있고, 전남은 2020년부터 광역자치단체 단위로 제도를 정비, 지급할 예정이다. 이들 지자체는 코로나19로 인해 가계경제 피해가 한참 컸던 2020년 5월 상·하반기분 수당을 일시에 지급해 지역경제에도 순기능을 하였다. 충남에서는 2019년 도 단위 및 부여군이 첫 테이프를 끊어 농민수당 지급을 본격화했다. 전북 역시 도 단위 및 고창군, 경북은 봉화·청송군, 경기 여주군 등도 50만~70만 원의 농민수당을 지급하고 있다. 제주의 경우도 '제주특별자치도 농민수당 지원에 관한 조례안'이 통과되어 2022년부터 농민수당이 지급될 것으로 보이며, 경남 역시 조례를 마련하고 조만간 도입할 예정이어서 지자체별 농민수당 도입에 박차를 가하고 있다.

그런 가운데 경기도는 인구가 감소하고 있는 농촌 지역 한 곳을 선정하여 해당 지역 거주 주민에게 농사 여부에 상관없이 지역화폐를 기본소득으로 주는 '농촌기본소득제'를 2021년 시범 실시할 계획이다. 한겨레신문사가 주최한 제11회 '아시아 미래포럼'에서 이창한 지역재단 이사는 〈경기도 농촌기본소득 사회실험 효과성 제고 방안〉에 대해 발표하고, "경기도의 농촌기본소득은 인간의 존엄한 삶을 위한 보편적 기본소득으로 확장할 수 있는 모델을 개발하는 사회실험이라는 점에서 의미가 있을 뿐만 아니라, 농촌의 지속 가능한 발전이라는 측면에서 필요하다"고 주장했다.

한편, 서삼석 국회의원실이 농업인 1,201명을 대상으로 조사한 '2020 농업인 의견조사' 결과를 2020년 10월에 발표했는데, 정부가 중점을 두어야 할 정책에 대해 농업인들은 농민 기본소득 보장(58%), 최소 생산비 보장(42.5%), 국산 농축산물 저렴·안정 공급(34.8%), 안전한 농식품 공급(18.1%), 식량자급률 제고(14.3%)로 나타나 농민 기본소득에 대한 논쟁이 앞으로도 뜨거워질 가능성이 높다.

36.
한국판 뉴딜과 농업·농촌

정부는 2020년 7월 코로나19로 인해 최악의 경제위기와 일자리 충격 등에 직면한 상황에서, 위기를 극복하고 코로나 이후 글로벌 경제를 선도하기 위해 한국판 뉴딜정책을 발표했다. 한국판 뉴딜은 튼튼한 고용안전망과 사람 투자를 기반으로 하여 디지털(digital) 뉴딜과 그린(green) 뉴딜 두 개의 축으로 추진한다. 2025년까지 총 160조 원(국비 114.1조 원)을 투입해 190만 개 일자리를 만든다는 목표이다. 이를 통해 추격형 경제에서 선도형 경제로, 탄소의존 경제에서 저탄소 경제로, 불평등사회에서 포용사회로 도약해 과거와는 다른 새로운 선도국가로 도약하겠다는 의지를 담고 있다.

문재인 대통령은 한국판 뉴딜 국민보고대회 기조연설에서 "한국판 뉴딜은 선도국가로 도약하는 '대한민국 대전환' 선언"이라며, "대한민국을 근본적으로 바꿔 새로운 100년을 설계하는 것"이라고 강조했다.

디지털 뉴딜은 온라인 소비, 원격근무 등 비대면 경제의 확산으로 '디지털 역량'의 중요성이 더욱 높아진 상황에서 나왔다. 전 산업의 디지털 혁신을 위해 D.N.A.(데이터(data)-연결(network)-인공지능(AI)) 생태계를 강화하고, 교육 인프라의 디지털 전환, 비대면 산업 육성, 교통·수자원·도시·물류 등 기반 시설의 디지털화를 추진한다는 것이다.

그린 뉴딜은 경제·사회의 구조의 전환 필요성이 높아짐에 따라 '탄소중립'(net-zero)[4] 사회를 지향점으로 추진한다. 도시·공간 등 생활 환경을 녹색으로 전환하고 저탄소·분산형 에너지를 확산한다. 혁신적 녹색산업 기반을 마련하여 저탄소 산업생태계를 구축하고자 하는 것이다. 그린 뉴딜 추진을 통해 2030년 온실가스 감축 목표, 재생에너지 3020계획 등을 차질 없이 이행한다는 목표이다.

안전망 강화는 위기 발생 시 더 큰 어려움을 겪는 취약계층을 보호하고 사각지대를 해소하기 위해 전 국민을 대상으로 탄탄하고 촘촘한 고용·사회 안전망을 구축한다는 계획이다. 이를 위해 한국형 상병수당[5] 도입, 국민취업지원제도 도입, 생계급여 부양의무자 기준 폐지 등을 추진한다. 또한 미래의 경제구조 변화 및 고용시장에 맞춰 새로운 일자리로 이동할 수 있도록 인력 양성·취업 지원·디지털 격차 해소 등 포용적 사람 투자를 확대한다.

그런데 대한민국의 미래를 결정한 이러한 방대한 투자계획에 농업·농촌은 없다는 지적이 제기되었다. 사실 9개 역점 분야 28개 사업 중 농업·농촌과 직·간접 관련이 있는 분야는, ▲ 1·2·3차 전 산업 5G·AI(인공지능) 융합 확산 ▲ 스마트 물류센터 구축 ▲ 신재생에너지 확산 기반 구축과 공정한 전환 지원 ▲ 농어촌·취약계층 디지털 격차 해소 정도이다. 농업인단체들은 "한국판 뉴딜에 코로나19 사태로 드러난 농업계의 구조적 문제에 대한 개선 의지와 농업·농촌 비전은 눈에 띄지 않는다"고 비판한다. 또한 "각국의 강도 높은 봉쇄조치로 식량안보의 중요성이 높아진 만큼 장기적인 관점에서 안정적인 식량 조달, 국산 농산물 수요 확보, 후계인력 육성 등 농업 구조 개선을 위한 고민이 반영되어야 한다"고 지적했다. 이들 단체는 한국판 뉴딜에 농업·농촌의 지속

4 이산화탄소를 배출하는 만큼 흡수하는 대책을 세워 실질적인 배출량을 '0'으로 만든다는 개념이다.
5 업무와 관계없는 질병·부상으로 쉴 경우 발생하는 소득 손실을 보상해 주는 제도이다.

성 확보를 위한 의제를 담아야 한다고 목소리를 높이고 있다.

농업·농촌은 탄소 등 온실가스의 흡수처이자, 발생처이기도 하다. 농업 부문의 온실가스 배출량 비중은 2016년 기준으로 총배출량의 3.1%다. 그런데 우리나라는 생산 단위의 농축산물을 대상으로 삼는 데 반해, 유럽 국가들은 토지 이용, 모든 먹거리의 생산 과정, 해외 수입 농축산물까지 포함하여 온실가스 배출량을 측정한다. 그 결과 덴마크의 농업 부문 온실가스 배출량 비중은 17%, 독일 6%, 영국 7% 등을 감안하면, 사료곡물 등의 수입 의존도가 큰 우리나라는 이들 국가보다 온실가스 배출량이 훨씬 클 것으로 추정된다. 또한 토지 면적당 질소·인산 집약도, 가축 집약도, 농약 사용량이 OECD 국가 중 2위 수준이다.

황수철 농정연구센터 이사장은 한 정당이 주최한 '한국판 뉴딜, 농어민과 지역이 답하다' 정책토론회에서 "국가 균형발전을 이야기하면서 도시의 과밀화만 중시해 왔지, 농촌의 과소화는 간과해 왔다"면서 "365일 국민과 농어촌 주민이 거주하고 즐기는 곳이자 1년 내내 건강한 농산물을 제공하는 곳"을 만들기 위한 '농산어촌 365뉴딜'을 제안했다. 이를 위한 중점과제로 ▲ 2030년까지 비료·농약·항생제 사용량 30% 감축 ▲ 재생에너지 비중 확대 ▲ 스마트 농업정책 방향 재설정 ▲ 데이터 통합성 확보 ▲ 국가 푸드 시스템 전환 ▲ 축산과 음식 폐기물 문제의 근본적 해결 등을 제시했다. 황 이사장은 이를 위해 중앙정부에 농산어촌뉴딜특별위원회를 설치하고, 농어촌재생특별법 등 제도 개선이 필요하다고 주장했다.

농업·농촌에서 주목해야 할 또 하나는 '저밀도 경제와 사회적 경제'이다. 과거에 집적경제, 규모의 경제 논리에서는 주목받지 못하던 농촌이 새로운 성장 동력으로 새롭게 조명받고 있다. 앞으로 도시민의 농촌 거주 욕구가 증가할 것으로 보여 이를 체계적으로 뒷받침할 다양한 형태의 거주 욕구 지원이 필요하다. 독일의 클라인가르텐[6] 같은 한국형 모델을 추진해 나갈 수 있다. 또한 일자리 창출을 위한 공격적 투자가 이루어져야 한다. 창조적 일자리 계층과 청년층 취업·창업 활동 ▲ 귀농·귀촌인의 영농 기반 구축 ▲ 푸드 플랜 및 지역사회 서비스 공급과 관련한 농촌형·지역순환형 일자리 확대가 필요하다. 농업·농촌의 공익적 기능 유지를 위한 농촌 유산 자원 발굴·보전 활동 지원, 농업 환경 보전 프로그램 확산도 병행되어야 한다. 아울러 새로운 도·농 상생의 공동체 형성을 위한 '관계 인구' 확대 시책 도입도 제기되고 있다. 온·오프라인의 플랫폼 기능을 하는 일종의 재능은행 도입을 통해 다양한 분야와 계층의 인재들이 농촌 지역사회가 필요로 하는 분야에서 역량을 발휘할 기회를 가질 수 있도록 해야 한다. 이를 통해 소외·취약계층 대상 돌봄, 일자리, 교육 등의 지역사회 활동을 추구하는 사회적 농업 육성·확산이 더욱 촉진될 수 있다.

코로나19 이후 사회 가치관의 변화에 따른 지속 가능 사회를 위한 농업의 중요성이 커지고 있다. 비대면 비즈니스 증가로 디지털·스마트 농업이 불가피하게 다가오고 있다. 글로벌 공급망 위기에 따른 식량안보와 로컬 푸드의 중요성도 커졌다. 기후 변화에 따른 자연재해의 증가와 기후위기는 저탄소 농업을 강하게 요구하고 있다. 정부는 이미 2050년 목표의 탄소중립을 선언했다. 환경과 공존하는 농업이 불가피하다. 특히 일자리 안전판으로서의 농업·농촌과 농업 노동력의 유지, 늘어나는 베이비부머의 귀농·귀촌 욕구도 자연스럽게 받아들일 수 있는 체계를 갖추어야 한다. 사회 양극화 심화에 따른 공공급

6 '작은 텃밭이 딸린 별장주택'이란 뜻으로, 농촌에 100평 내외의 농지에 오두막·정원·텃밭이 딸린 시설임. 장애인·이민자·다자녀 가정·연금수급자 등에 임대해 주고, '햇볕을 쬐고 흙을 만지며 채소를 길러 먹어라'라는 신조를 가지고 있다.

식, 취약계층 먹거리 공급 체계도 세워야 한다. 이러한 농업·농촌 환경 변화의 모든 것들이 한국판 뉴딜과 맞닿지 않은 것이 없다.

마침 미국 대선에서 민주당 소속 조 바이든(Joe Biden)이 제46대 대통령에 당선되어 기후 변화 대응 및 친환경 산업 육성 정책을 펼칠 것으로 기대하고 있다. 이에 따라 농업 부문에서도 농업 보호 및 소득안전망 강화, 친환경 기술 농업과 온실가스 감축을 목표로 정책을 추진할 것으로 보여 우리나라도 스마트·친환경 농업정책이 탄력을 받고 재생에너지 확산, 청정축산 환경 조성, 로컬 푸드 확산 등 친환경 농업 생산 유통 기반의 농업·농촌 뉴딜정책 추진이 불가피할 것으로 보인다. 미래학자 제러미 러프킨은 매일경제신문과의 인터뷰[7]에서 바이든 미국 대통령 당선자가 취임하면 "글로벌 그린 뉴딜 정책을 강력히 추진할 것이며, 향후 20년간 16조 달러를 쏟아부어 미국의 인프라를 완전히 바꿀 것"이라고 예측했다. 또한 "한국은 산업 변혁을 이끄는 소통·운송은 준비가 잘 되었지만, 화석연료 투자 비중이 여전히 높다"며 그린 뉴딜 정책의 적극적 추진을 위해 각 지방마다 학자·기업인·시민단체로 구성된 '피어 어셈블리'(peer assembly)[8]를 갖추어 논의할 것을 권장했다.

이에 대응하기 위한 정부의 대응도 재빠르다. 문재인 대통령은 2020년 11월 2050년 탄소중립을 강력히 추진하기 위해 대통령 직속 '2050 탄소중립위원회'를 설치한다고 밝혔다. 정부는 2020년 12월 '2030 국가 온실가스 감축 목표(NDC)'와 '2050 장기 저탄소 발전전략(LEDS)'을 유엔기후변화협약 사무국에 제출했다. 2017년 온실가스 배출량 대비 24.4%를 2030년까지 감축한다는 목표이다. 제조업을 저탄소 친환경 중심으로 전환하고, 민간기업의 과감한 기술혁신

7 매일경제신문, 2020. 11. 26 기사 참조.
8 구성원들이 동일한 자격을 갖춘 모임.

그림 5-3 한국판 뉴딜의 구조

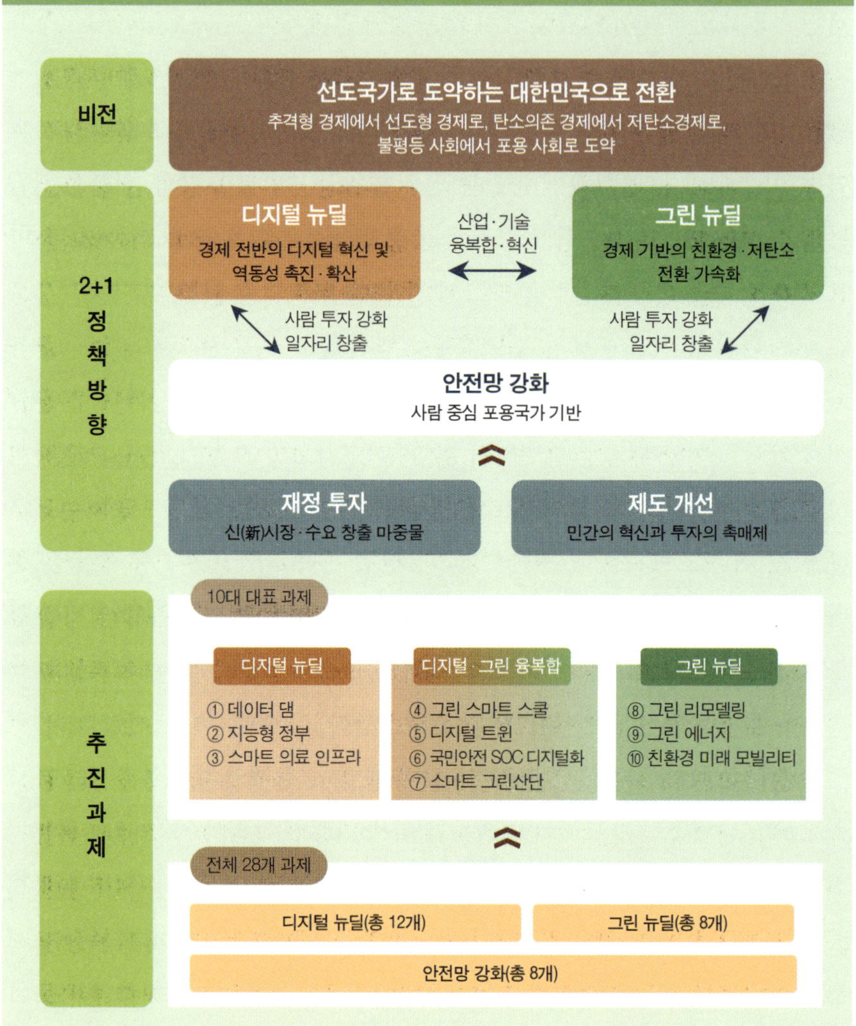

자료: 대한민국 정책브리핑.

을 총력 지원한다. 아울러 국가적 차원에서 신기술 개발 투자를 획기적으로 확대하고 연구개발 지원 체계를 대폭 강화할 예정이다. 이 과정에서 불평등이나 소외가 없도록 산업별 전환 로드맵을 마련해 안정적인 산업 재편과 고용 전환을 유도할 것이라고도 밝혔다.

앞으로 국가 전략과 연계성을 강화하고, 농업·농촌의 위상과 역할을 근본적으로 재설정하는 전략이 필요한 시점이다.

37.
국가중요농업유산

유엔식량농업기구(FAO)는 2002년 남아프리카공화국에서 열린 지속 가능한 개발에 관한 세계정상회의(WSSD)에서 전통적 농업 시스템의 보전을 목적으로 하는 'GIAHS 이니셔티브'를 발족하면서 세계중요농업유산시스템(Globally Important Agricultural Heritage Systems, GIAHS)을 창설했다. GIAHS는 어떤 국가 또는 지역의 사회나 환경에 적응하면서 몇 세기에 걸쳐 발달하고 형성되어 온 농업적 토지 이용, 전통적인 농업과 관련하여 육성된 문화, 경관, 생물 다양성이 풍부한 세계적으로 중요한 지역을 차세대에게 계승하는 것을 목적으로 하고 있다. 다시 말해, 농업 유산은 지역사회의 지속 가능한 발전에 대한 열망과 환경과의 동반 적응을 통해 진화되어 온 생물 다양성이 잘 유지되고 있는 토지 이용 시스템과 경관을 말한다.[9] GIAHS 인정 지역의 기준은 식량·생계 수단의 확보, 생물 다양성 및 생태계의 기능, 전통적 지식·농업 기술의 계승, 사회제도·문화 습관, 경관이 수려한 토지 이용, 특수한 토지·수자원 관리 등이다.

2019년 기준 세계중요농업유산에 등재된 곳은 21개국 57지역인데, 우리나라는 4곳이다. 유엔식량농업기구(FAO)가 전남 완도군 청산도 '구들장 논', 제주 '밭담', 충남 금산군 '인삼농업', 경남 하동군 '전통차 농업'을 세계중요농업

9 www.fao.or.kr/html/library/statistical_data.php.

유산으로 등재해 세계적으로 이름을 알리고 있다.

2014년도에는 청산도 '구들장 논', 제주도 '밭담' 농업 시스템이 등재되었다. '구들장 논'은 구들장 모양의 통수로를 바닥에 설치하고 그 위에 흙을 덮어 조성한 논으로 토지의 가용면적을 극대화하고 주변 산림~주연부(둘 이상의 서로 다른 환경이 만나는 경계)~구들장 논의 생태 순환 구축으로 생물 다양성을 높이는 체계이다. 제주 '밭담'은 2만km가 넘는 검은색 돌담으로 '흑룡만리'로 불린다. 강한 바람과 동물로부터 작물을 보호하고 토양 유실을 막기 위하여 현무암으로 쌓은 돌담 밭으로 생물종 다양성과 농업문화 보존에 크게 기여하고 있다. 2017년 하동 '전통차 농업' 시스템이, 2018년에는 금산 전통 '인삼농업' 시스템이 차례로 등록되었다. 하동 '전통차 농업' 시스템은 지리산 산비탈에 차밭을 조성하고 전통적인 방식으로 차를 생산하며, 척박한 환경을 극복, 자연과 어우러져 우수한 경관을 형성하고, 문화가 함께 어우러진 점이 인정받았다. 금산 전통 '인삼농업' 시스템은 토양 환경과 생물 다양성을 회복하는 순환식 이동농법과 반음지성 식물로 직사광선을 피하고 여름철에 햇빛을 적게 받는 방향과 바람의 순환을 이용한 해가림 등 자연친화적 농법 보전을 인정하고 있다.

한편, 농림축산식품부는 2013년부터 농업인이 해당 지역의 환경·사회·풍습 등에 적응하면서 오랫동안 형성시켜 온 유형·무형의 농업 자원 중 보전 가치가 있는 주요 농업 유산에 대해 '국가중요농업유산'으로 지정해 보전하고 있다. 국가중요농업유산에 등재되려면 일정한 절차를 거쳐야 한다. 전문가로 구성된 '농업유산자문위원회'가 ① 농산물의 생산 및 주민 생계유지에 이용되고 있는지, ② 고유한 농업 기술이나 기법을 보유하고 있는지, ③ 농업 활동과 연계된 전통 농업문화를 보유하고 있는지, ④ 농업 활동과 관련된 특별한 경관이 형성되어 있는지, ⑤ 생물 다양성의 보전 및 증진에 기여하고 있는지 등을 매우 깊이 있게 심사하고 평가한다. 현재 15개 농업 유산이 국가중요농업유산으로 지정되고 있다.

정부와 각 지방자치단체는 세계중요농업유산과 국가중요농업유산에 대해 유산·생물 다양성·경관·문화 등 자원조사를 하고, 시설·경관·시스템·농법·생태 등 전통 자원을 복원·정비하게 된다. 이러한 과정을 거쳐 가치를 더욱 높이고, 교육·홍보, 스토리텔링, 브랜드 메이킹, 연계 상품 개발 등을 통해 농업인 소득과 연결하게 될 것이다. 그 과정에서 지역농업인의 역할이 가장 중요하다고 할 수 있다.

'슬로시티' 운동이라는 것도 있다. 전통 보존, 지역민 중심, 생태주의 등 이른바 느림의 철학을 바탕으로 지속 가능한 발전을 추구하는 도시를 뜻하는 것으로 농촌 어메니티(amenity)와 맥을 같이한다. 성장에서 성숙, 삶의 양에서 삶의 질로, 속도에서 깊이와 품위를 존중하는 운동이다. 느림의 기술(slowware)은 느림(slow), 작음(small), 지속성(sustainable)에 둔다. 전남 완도군 청산도·신안군 증도처럼 아름다운 자연경관을 보며 느릿느릿 걷고, 지역의 전통문화를 체험하고, 지역의 토속 음식을 먹으면서 행복을 느끼는 대표적 슬로시티이다. 제주 올레도 궁극적으로 슬로시티 정신을 실현한 것이다. 한편, '인삼 재배 및 약용문화'가 농경 분야에서는 처음으로 국가무형문화재로 지정되기도 하였다.

문태준 시인은 "느리게 걷는 일은 나와 자연의 생명들을 생생하게 느끼는 일이요, 신선한 생기를 호흡하는 일이다. 그로 인해 무엇보다 자애(慈愛)가 생겨난다"고 예찬했다. 농협여행(www.nhtour.co.kr)은 국가중요농업유산에 대한 탐방여행 상품을 내놓고 있다. 추억과 흔적 사이를 쉬면서 놀면서 걸으며, 슬로푸드 음식도 맛보고 우리 삶에 진정한 행복이 무엇이지 생각하는 인생길이 바로 농업·농촌이다.

표 5-11 국가중요농업유산 지정 현황

지정번호(연도)	명칭	지정범위	주요 특징
제1호※ (2013)	청산도 구들장 논	완도청산도 전역(5.0ha)	급경사로 돌이 많고 물 빠짐이 심하여 논농업이 불리한 자연환경에 적응하기 위해 전통 돌 방식을 도입, 독특한 구들장 방식의 통수로와 논 조성
제2호※ (2013)	제주 밭담	제주도 전역 (542ha, 22,108km)	돌, 바람이 많은 척박한 자연환경을 극복하기 위해 밭담을 쌓아 바람과 토양 유실 방지, 농업 생물 다양성, 수려한 농업 경관 형성
제3호 (2014)	구례 산수유 농업	구례군 산동면 (228ha)	생계지를 위해 집과 농경지 주변 등에 산수유를 심어 주변 경관과 어우러지는 아름다운 경관 형성, 다양한 생물 서식지, 시비와 씨 제거 등 전통 농법
제4호 (2014)	담양 대나무밭	담양읍 삼다리 (56.2ha)	다양한 생물의 서식지이며 대나무 숲은 독특한 농업경관 형성, 죽초액과 대나무숯을 활용하여 병충해 방재 및 토양 개량 등 전통 농법
제5호※ (2015)	금산 인삼농업	금산군 일원 (297ha)	인삼 재배의 최적지, 재배지 선정, 관리, 재배, 채굴, 가공 등 전통 농법 유지, 주변 산과 하천이 어우러지는 경관 형성
제6호※ (2015)	하동 전통차 농업	하동군 화개면 일대(597.8ha)	생계유지를 위해 1,200년 동안 전승된 전통적인 농업, 풀 비배 등 전통 방식의 차 재배 유지, 차밭 주변의 산림과 바위가 어우러지는 독특한 경관 형성
제7호 (2016)	울진 금강송 산지 농업	울진군 금강송면 북면 일대 (14,188ha)	왕실에서 황장봉산으로 지정 관리, 산림을 보호하기 위해 송계와 산림계를 조직하여 관리, 주변 계곡과 기암괴석이 어우러져 아름다운 경관 형성
제8호 (2017)	부안 유유동 양잠농업	부안군 변산면 유유동 일대 (58.9ha)	뽕 재배에서 누에 사육 등 일괄 시스템이 보전·관리되고 친환경적 뽕나무 재배, 생물 다양성, 주변 산림과 뽕나무 밭이 조화된 우수한 경관
제9호 (2017)	울릉 화산섬 밭농업	울릉군 일대 (7,286ha)	급경사지 밭을 일구면서 띠녹지를 조성하여 토양 유실을 방지하고 주변 산림 지역의 유기물을 활용하였으며, 울릉에 자생하는 식물 경관을 재배하였고, 산림과 해안이 어우러지는 패치 형태의 독특한
제10호 (2018)	의성 전통 수리 농업 시스템	의성군 금성면 등 4개 면 일원	삼한시대 조문국 시대부터 2,000년의 농업 역사를 지닌 금성면 일대는 약 1,500개의 제언이 축조되어, 이를 통해 농업용수를 저장, 활용함으로써 이모작 전환 시스템 구축
제11호 (2018)	보성 전통차 농업 시스템	보성군 일원	새끼줄을 기준 삼아 경사지 등고선에 따라 간격과 수평을 맞추는 계단식 차밭 조성 기술과 경관 형성
제12호 (2018)	장흥 발효차 청태전 농업 시스템	장흥군 일원	반음반양의 차 재배 환경 조성 및 친환경 농법, 발효차 전통 제다 지식 체계, 굽는 과정이 추가되는 독특한 청태전 음다법 등 구축·전승

표 5-11 계속

지정번호(연도)	명칭	지정범위	주요 특징
제13호 (2019)	완주 생강 전통 농업 시스템	완주군 일원	겨울철 생강 종자 보관을 위해 토굴을 활용한 저장 시스템으로 농가의 아궁이 열을 이용한 온돌 방식, 수직강하 방식 등이 있음.
제14호 (2019)	고성 해안지역 둠벙 관개 시스템	고성군 일원	농업용수 공급을 위해 둠벙을 조성하고 활용하여 빗물이 바다로 빠져나가는 해안 지역의 자연적 특성 극복
제15호 (2019)	상주 전통 곶감	상주시 일원	'상주둥시' 전통 품종 보전을 통한 감 재배 적지 선정·관리·가공 등 곶감의 전통적 방식 계승

주: ※표는 세계중요농업유산 등재.

자료: 농림축산식품부 홈페이지(https://www.mafra.go.kr/).

38.
통일농업

세계적인 투자회사 골드만삭스(Goldman Sachs)는 한반도가 통일될 경우 남한의 기술·자본과 북한의 자원과 인력의 시너지 효과로 통일한국의 경제 규모는 30~40년 안에 일본과 독일, 프랑스 등 주요 G7 국가를 추월할 것으로 전망했다. 골드만삭스는 2009년 《통일한국? 대북 리스크에 대한 재평가 Part 1》이라는 보고서에서 통일한국의 GDP 규모가 2015년 1조 6,430억 달러, 2030년 3조 2,800억 달러, 2040년 5조 5,190억 달러로 늘고 2050년에는 6조 560억 달러에 이를 것으로 예측했다.

북한은 남한과 달리 석탄과 우라늄 등의 풍부한 천연자원을 보유하고 있는 점을 주목해야 한다는 것이다. 골드만삭스는 북한에 앞으로 40년간 쓸 수 있는 양의 천연자원이 매장되어 있고, 이를 현재 순가치로 평가하면 북한 GDP의 18배에 달한다고 분석했다. 특히 에너지와 천연자원의 97%를 수입하고 있는 남한이 필요로 하는 6개 전략적 천연자원의 대부분이 북한에 있다고 설명했다. 이러한 북한의 노동력과 천연자원이 남한의 자본·기술과 결합했을 때의 시너지는 통일한국에 이르면 생산성 면에서 큰 이익을 낼 것이라고 내다보았다.

짐 로저스는 2018년 농민신문사가 주최한 제3회 '미농포럼'에서 "남한의 자본과 기술에 북한의 잘 훈련된 노동력이 결합할 통일농업은 여러분에게 엄청난 기회가 될 것"이라며, "제 나이가 35세라면 당장 한국에서 농지를 구입하겠다"고 말했다. 또 "통일한국은 8,000만 명에 이르는 인구와 세계 최고의 근면성, 국경을 접하고 있는 중국 등으로 인해 세계에서 가장 매력적인 투자처가 될 것"이라며, "농업은 통일한국의 단초를 제공하는 차원에 머물지 않고 미래를 밝게 할 분야"라고 역설했다. 그는 또 첫 한국어 저서인《짐 로저스 앞으로 5년 한반도 투자 시나리오》에서 "한국경제의 걸림돌인 부채 상황이나 낮은 출산율은 통일이 된다면 해결될 수 있다"고 예상했다. 로저스는 남북의 경제통합이 이뤄지면 교통 인프라 부문에서 막대한 투자가 유입되고 많은 일자리가 창출될 수 있을 것으로 내다본다. 특히 대륙횡단철도와 북극 항로는 지금까지와는 전혀 다른 차원의 국제협력을 가능케 하고 통일한국에는 새로운 기회를 제공하게 될 것이라는 전망이다. 비무장지대(DMZ)와 나진·선봉 경제특구 등을 직접 방문한 적이 있는 로저스는 한반도를 가로지르는 총길이 248km, 면적 907km^{2}로 맨해튼의 10배에 이르는 DMZ 지역은 아름다운 생태계가 잘 보존되어 관광지로서 잠재력이 매우 큰 곳이라고 평가하며 서독과 동독을 가르는 국경지대에서 생태관광지로 변신한 '그뤼스네반트' 개발 사례를 참고할 수 있다고 조언했다. 일부 진보 농업단체에서도 남과 북의 경제교류와 확고한 민족공조하에 남북을 단일한 내수시장으로 발전시킨다면 수출에 의존하지 않고도 자립적인 민족경제를 일으켜 세울 수 있다고 주장한다. 남북 평화 정착과 교류만이라도 이루어진다면 남북 교통 인프라 구축을 통한 농식품 가공·물류단지 육성, 비무장 지역의 생태 및 친환경 농업 단지 조성, 고려인삼·약초연구소 설립, 빅데이터 및 인공지능 적용 농업 혁신 밸리 구축, 농촌인력 교류 등 농업 부가가치 및 시너지를 높일 프로젝트가 무궁무진하다.

북한 농업은 만성적인 식량난에 2019~2020년 집중적인 수해로 많은 어려움을 겪고 있다고 한다. 또한 내부적으로 비효율적인 제도와 자본 부족으로 발전이 더딘 상태이다. 특히 영양 부족을 겪고 있는 북한 주민들의 적정한 칼로리 확보를 위해서도 매년 530만 톤의 식량이 필요하지만 실제로는 450만 톤에 그치고 있다는 소식이다. 따라서 북한도 명분만 있으면 농업 기자재 확보와 농업 생산 기반 정비를 위한 도움이 절실한 실정이다. 더구나 우리의 농업 기술과 ICT가 더해지고, 북한의 토지와 상대적으로 저렴한 노동력이 합쳐진다면 농업 생산성이 폭발적으로 늘어날 것이다. 남북 및 주변국 정세만 개선된다면 젊은 벤처기업가들도 즉시 투자에 나설 것이다. 궁극적으로는 남북통일에도 큰 도움을 줄 것이다. 남북의 농업 협력은 개성공단과 같은 '복합농촌단지 조성사업' 을 통해 점진적으로 접근하면, 기후 변화에 대응한 지속 가능한 농업 실현과 남·북 간 상호보완적인 농업 시스템으로 남북격차를 줄이는 효과로 이어져 통일비용을 절감하는 성과까지 얻을 수 있다는 게 전문가들의 의견이다. 남북 농업 교류는 상상만 해도 매우 매력적인 프로젝트이다. 한국판 뉴딜을 넘어 한반도 뉴딜로 확산되는 꿈을 꾸어 본다.

북한산

가을빛 고요한
북한산에 올라보니
장엄한 봉우리들
생명 넘쳐 기운차고
반도의 주인으로
수억 년을 버티어
꿈을 찾는 백성의 애환
가슴으로 보듬었네.
거친 숨소리 잠시 멈추어
먼 하늘 바라보니
네 운명을 사랑하라 또 말하네.

제6부

뉴노멀 시대: 우리의 대응

Accept Science: 농업은 과학이다
Grow Creativity: 농업은 창조이다
Resilience: 농업은 회복탄력성이다
Innovation: 농업은 혁신이다
Challenge: 농업은 도전이다
Uphold Top Quality: 최고의 품질을 지향하자
Life-First: 생명을 중시하자
Think Digitally: 디지털적 생각을 하자
Unite in Community: 협력하고 소통하고 연대하자
Rookie to Major Leaguer: 초보자에서 메이저리거로 도약하자
Elevate Dignity: 농업인의 존엄성을 지키자

앞에서 뉴노멀 시대의 도래와 농업 환경의 주요 변화 상황들을 돌아보았다. 그런 가운데 우리 농업의 현상과 문제점도 들여다보았다. 새로운 농업이 대두되고 그에 따른 농업정책 방향도 살펴보았다. 농업의 길은 멀고도 험하지만 그만큼 길도 다양하다. 기존의 관행적인 농업만이 농업이 아니다. 이제 농업은 최첨단 산업이며, 6차 산업이며, 미래 생명 산업이다. 농업·농촌을 둘러싼 네트워크 효과에 의한 전후방 산업의 생태계는 무궁무진하다. 그러면서도 변하지 않는 것은 인류를 구원하는 산업이라는 사실이다. 그럼 뉴노멀 시대 우리는 어떤 길을 가야 할 것인가? 그것은 우리가 어떠한 태도를 취하고 어떻게 행동하느냐에 달려 있다.

뉴노멀 시대의 우리 농업의 길, 농업인의 길은 결국 농업(agriculture)에 있다고 생각한다. agriculture의 머리글자를 응용해 11가지 길을 제시하고자 한다.

① Accept Science(농업은 과학이다)

② Grow Creativity(농업은 창조다)

③ Resilience(농업은 회복탄력성이다)

④ Innovation(농업은 혁신이다)

⑤ Challenge(농업은 도전이다)

⑥ Uphold Top Quality(최고의 품질을 지향하자)

⑦ Life-First(생명을 중시하자)

⑧ Think Digitally(디지털적 생각을 갖자)

⑨ Unite in Community(협력하고 소통하고 연대하자)

⑩ Rookie to Major Leaguer(초보자에서 메이저리거로 도약하자)

⑪ Elevate Dignity(농업인의 존엄성을 지키자)

A: Accept Science
농업은 과학이다

인류가 지금까지 기하급수적으로 늘어나는 인구 수에 식량을 조달할 수 있었던 것은 과학 기술과 농업 기술을 효과적으로 개발하여 농산물 생산량의 양과 질을 획기적으로 개선한 덕분이다. 점차 경쟁력을 잃어 가고 있는 국내 농업·농촌·농업인의 침체를 막고 세계 농업시장에서의 경쟁력을 확보하기 위해서는 R&D 투자를 통한 과학 기술과의 융·복합을 시도해야 하는 것은 당연하다. 최근에는 지구 온난화로 인한 기후 변화로 농업 생산성 및 농경 환경이 급변해 나갈 것으로 예측된다. 안정적인 농산물 생산 체계 구축을 통해 식량안보를 확보하고, 농작업 효율성 증대, 고부가가치 품종 재배를 통한 시장 창출, 자원의 재활용을 통한 신성장동력 확보 등 우리나라 농업의 지속 가능성을 위해서도 과학이 필요하다.

이스라엘은 1948년 건국 당시 기다리고 있던 것은 옥토가 아니라 먼지만 풀풀 날리는 사막뿐이었다. 그래서 노동력 투입보다는 과학 기술 혁신을 통한 하이테크 농업을 택했다. 그 결과 수십 배의 농업 생산성 향상을 가져오고 농업 선진국으로 성장하였다. 시몬 페레스 전 대통령은 "농업은 95%의 기술과 5%의 노동력으로 이루어진다"며, 부단한 기술혁신으로 농업에 활기를 불어넣었다. 네타핌이라는 기업은 세류 관개 시스템이라는 혁신적인 기술을 개발해 40% 적은 물로 농산물 수확량을 50% 증가시킬 수 있는 농업 생산의 무한 가능성을 열어 주었다. 정부·기업·농업인의 삼위일체로 과학 기술 농업을 일으킨 것이다.

개별 농업인의 입장에서도 과학농업이 중요하다. 관행농업[1]은 일정 시간이 지나면 생산성이 떨어지는 수확체감의 법칙이 존재한다. 그리고 비료·농약의 오남용 원인이 되기도 한다. 또한 소비자와의 지속적인 신뢰를 쌓기도 어렵다. 과학영농, 계획영농을 실천하여 동일한 품목, 비슷한 영농 규모에서 최고의 수익성을 올려야 미래가 보장된다. 과학영농의 첫걸음은 영농일지를 쓰는 것이다. 영농일지가 데이터(data)가 되기 때문이다. 처음에는 미미하지만 몇 년의 자료가 쌓이고, 같은 품목, 주산지 등 여러 농업인의 자료가 쌓이면 데이터 농업, 정밀농업으로 가는 지름길이 될 수 있다. 컴퓨터 활용도가 높아지면서 토양 및 시비 관리, 가축 관리, 소비지 정보 등 과학적 관리가 훨씬 수월해졌다. 스마트팜을 도입한다면 두말할 나위 없다. 지자체, 농업기술센터, 농협, 농식품부, 농과계 대학 등에서 농업인들에게 교육과 농업 경영 컨설팅을 해준다. 이를 활용하면 큰 도움이 된다. 농촌이 고령화와 노동력 부족으로 어려움을 겪고 있으나, 자연과학에 대한 이해가 높고 IT와 마케팅 분야의 전문성을 가진 젊은이나 귀농인이 많아지고 있다. 이들이 농산물 품평회에서 좋은 성적을 얻고 시장에서 높은 가격을 받는다. 토양을 잘 이해하고 GCM[2] 농법 같은 과학영농을 실천하기 때문이다. 이들에게서도 배울 기회가 있다. 2020년 '제주감귤박람회' 감귤 품평회 대상과 같은 해 '대한민국 과일산업대전'에서 대상을 차지한 제주시 송두옥 농업인도 현대중공업을 다니다 은퇴하고 제주에 정착한 귀농인이다. 송씨는 감귤나무 중심적 사고로 철저한 과학영농을 실천한다.

성장과 발전은 늘 익숙한 것과의 결별에서 온다. 그냥 남이 하는 대로 했다면 지금 당장 버리자. 당장은 두렵겠지만 더 좋은 일이 있을 것이다.

---

1 일반적으로 유기농업의 상대 개념으로 쓰이는 용어이나 여기에서는 개별 농업인의 경험과 직감에 의존해 농사를 짓는 방식을 의미한다.

2 작물에 해가 되는 미생물의 껍질을 먹는 미생물을 배양하여 농약이나 화학비료 대신 사용하는 농법이다.

G: Grow Creativity
농업은 창조이다

아프리카 탄자니아 세렝게티 초원에는 멀리 킬리만자로의 만년설을 배경으로 오늘도 쫓고 쫓기는 치열한 생존경쟁이 벌어진다. 아침에 눈을 뜬 사자와 가젤도 쉼 없이 뛴다. 둘 다 살아남기 위해 뛰는 것이다. 사자는 500m 이내에서 가젤을 낚아채야 1주일간의 생명을 담보할 수 있다. 사자가 전력 질주할 수 있는 거리는 500m이기 때문이다. 가젤은 사자보다 더 빨리 뛰어 500m를 벗어나야 사자의 먹이 신세를 면할 수 있다. 사자든 가젤이든 나름의 사냥법과 위기를 벗어나는 방법을 가지고 있지만, 본능적인 반복력에 의존한다. 만일 사자나 가젤 중에 반복력이 아닌 지식력을 쌓도록 학습할 수 있다면 그만큼 살아남을 확률은 높아질 것이다.

비즈니스, 예술, 스포츠 등의 세계도 비슷하다. 2002년 한·일 월드컵 당시 대한민국 대표팀의 거스 히딩크 감독은 '세계 4강' 신화를 우리 국민에게 안겼다. 그는 늘 '창조적 플레이'를 강조했다. 축구 같은 스포츠는 물론 가정·기업·학교, 그리고 국가경영까지 '창조적 플레이'를 하고 있는지가 그 조직의 미래와 운명을 결정하는 중요한 요소이다.

무엇이 창조력을 키우는가? 개인과 조직, 그리고 상황에 따라 다르겠지만 이스라엘 테크니온 공과대학 다니엘 바이스 교수는 창조력을 발휘하기 위해 필수적으로 요구되는 것은 "광범위한 지식, 열정과 성취동기, 실패를 두려워하지 않는 용기와 훈련"이라고 말했다. 《탁월한 사유의 시선》의 저자 최진석 교수는 "창조란 새로운 흐름을 포착한 상태에서 거기에 어떻게 반응할 것인가에 대하여 극한으로 몰입할 때 일어나는 일"이라고 정의했다. 농업 분야도 예외가 될 수 없다. 그럼 창조적 플레이어가 되려면 어떻게 해야 할까?

첫째, 전례를 흉내 내지 말고 늘 새로움을 추구해야 한다. 아무것도 하지 않으면 실패하지 않는다. 그러나 큰 성공을 진정으로 원한다면 아무도 가지 않은 새로운 길을 찾아내는 데 목숨을 걸어야 한다. 창조적 플레이어의 핵심은 고객이든 경쟁자이든 그들의 기대치를 뛰어넘어야 한다.

둘째, 질문의 힘이다. 자신이 스스로를 발동시킬 수 있는 대표적인 방법이 바로 질문이다. 최진석 교수는 "질문이란 내 안에 있는 궁금증과 호기심이 밖으로 튀어나오는 것으로, 이것은 다른 누구와도 공유할 수 없는 자신만의 것이다. 따라서 인간은 질문할 때에만 고유한 자기 자신으로 존재할 수 있다. 우리가 알고 있는 답은 과거일 뿐이다. 미래로 가기 위해서는 질문을 해야 한다"라고 강조한다. 인테러뱅(interrobang)이라는 기호(‽)가 있다. 이어령 교수에 의해 소개되었는데, '생각하는 물음표(호기심)와 행동하는 느낌표(놀라움)가 합쳐진 창조적 지성의 물음느낌표'이다. 고정관념에 늘 의문을 품고 질문을 던짐으로써 새로운 결과를 얻어 내는 인테러뱅 정신이 농업 분야에도 확산되어야 한다.

셋째, 상상력이 가장 큰 자산이다. 인문학과 문화·예술, 디지털의 바다에 풍덩 빠져야 한다. 그 속에서 미쳐 보아야 한다. 언택트 시대의 강자로 부상한 넷플릭스의 창업자 리드 헤이스팅스는 "파괴적 비즈니스의 예술은 10년 후를 상상하는 것"이라며 상상력이 기업 성장의 동력임을 주장한다. 캐논의 최고경영자(CEO) 미타라이 후지오 사장은 "우리는 사람들이 미친 짓이라고 말하는 행동을 해야 한다. 사람들이 좋다고 말하면 이미 누군가 하고 있다는 뜻이다"라며 상상력과 불광불급(不狂不及: 미치지 않으면 미치지 못한다)의 정신을 강조한다. 농업을 통해 상상을 초월하는 맛, 상상을 초월하는 아름다움, 상상을 초월하는 재미, 상상을 초월하는 스케일, 상상을 초월하는 놀라움과 감동을 꿈꾸는 새로운 상상의 습관을 길러 가야 한다.

넷째, 농업·농촌의 창조적 플레이어를 발굴하고 키워 나가야 한다. 창조적 플레이에는 항상 위험이 뒤따른다. 청년 농업인이든 귀농·귀촌인이든 창조적 아이디어를 낼 수 있는 인재들을 귀하게 대하고, 그들을 잘 활용해야 한다.

우리 모두는 놀라움을 만들고 싶은 꿈이 있다. 아무리 상황이 어렵고 힘들지라도 상대의 예상을 훌쩍 뛰어넘는 창조적 플레이를 해낸다면 어떠한 놀라움도 만들어 낼 수 있다. 벤처기업인의 대부였던 고(故) 이민화 교수는 4차 산업혁명 시대에 창조적으로 도전하는 혁신적 리더십이라는 기업가 정신이 부상하게 될 것이라며, 이 시대를 이끌 인재상은 자기 일을 즐기며 '협력하는 괴짜'인 호모 파덴스(Homo fadens)라고 주장하였다. 호모 파덴스는 근면한 인간상을 뜻하는 도구적 인간 호모 파베르(Homo faber)와 물질적 이해와는 관계없이 놀이에 몰두하는 호모 루덴스(Homo ludens)의 융합 인간을 말한다. 호모 파덴스는 의미 있는 목표에 재미있게 도전하고, 창조적 도전을 통해 마음의 근육을 키우고 더 큰 목표에 도전한다. 뉴노멀 시대 농업인은 단순한 보호 대상이 아닌 불확실성의 위기를 함께 극복하고 시대의 새로운 가치를 읽어 내 끊임없이 진화하는 주인공으로 변화해야 할 것이다.

R: Resilience
농업은 회복탄력성이다

코로나19 대감염 사태 이후 대부분 국가와 기업들은 우선적으로 '보호'에 집중했다. 문자 그대로 국민, 직원, 고객, 비즈니스를 안전하게 유지하는 것이 무엇보다도 중요해졌기 때문이다. 이 과정에서 과거 오랜 기간 '효율성 극대화'라는 목표와 성과를 추구해 오면서 각급 단위의 '회복탄력성'(resilience)이 상당히 희생되어 왔다는 점을 발견하게 된 것이다.

농업·농촌도 마찬가지다. 산업화와 도시화, 고도성장을 맛본 국민들은 효율성을 앞세운 기업들에 환호했고, 국가의 정책 역시 탈농업정책에 맞추어졌다. 그러는 사이 수입 농산물이 봇물처럼 쏟아져 들어오고 식량자급률은 속절없이 떨어졌다. 농촌은 고령화와 공동화에 점점 황폐해지고 있다. 지방의 소멸이 현실화되면서 지속 가능 농업에 대한 우려를 자아내고 있다.

한국농촌경제원이 발표한 《농업·농촌에 대한 2019년 국민의식 조사 결과》에 따르면 2019년 농사에 '불만'(46.4%)이 '만족'(22.2%)보다 2배 이상 높았으며, 불만의 이유로 '농자재값 상승 등 농사 여건 악화'(35.8%), '농산물 수입 증가로 가격경쟁력 저하'(29.5%), '정부의 관심과 지원 부족'(11.8%) 등을 들었다. 또한 현재 얻고 있는 소득에 '만족'은 10.1%, '불만족'은 56.7%로 나타났다. 불만족 사유로 '노력에 비해 낮은 보수'(51.5%), '농산물 수입 개방 등으로 장래 불안'(14.4%), '고된 육체적 활동'(14.2%) 등으로 응답했다. 농업 경영에 가장 큰 위협 요소로 '농업 생산비 증가'(15.6%), '일손 부족'(15.3%), 'FTA 등 개방 확대'(10.7%) 등을 꼽았다. 5년 전과 비교 시 농촌의 생활 수준이 '좋아졌다'는 27.3%, '나빠졌다'는 33.5%, '마찬가지다'는 38.4%로 나타났다. 농업 경영, 농촌 생활, 농업·농촌의 미래 등에서 긍정보다는 불안감이 더 많아졌다는 것이다.

많은 이들이 코로나19 이후 과거의 '정상'(normal) 상태로 돌아가는 것을 기대하지만, 그것이 가능할지 누구도 대답하기 어렵다. 언제든 갑작스럽게 다가올 수 있는 위기에 대응하는 능력이 더욱 중요해졌다는 의미이다. 농업도 산업이고 비즈니스이다 보니 성공과 실패가 갈리기 마련이다. 항상 성공만 할 수는 없기 때문에 실패했을 때 스스로를 일으킬 수 있는 심리적 힘이 회복탄력성이다.

위기나 실패 뒤의 회복 과정에는 몇 가지 특징을 보인다. 이 시기에는 실수와 시행착오가 많이 발생하는 동시에 성과를 내기 위한 의외의 독특한 기회가 늘어난다. 기업의 역사를 보면 '절정기'(boom)보다는 '격변'(turbulence)의 시기에 한층 드라마틱한 이익과 손실을 경험한다. 만일 이 시기에 전략 수립과 실행상의 오류가 발생한다면 회복 단계에서 승리를 기대하기는 어렵다. 격변기에는 '떠오르는 스타'(rising stars)가 늘어나는가 하면 '거함의 침몰'(sinking ships)도 빈번해진다. 코로나19 사태는 디지털 기술과 자동화 확산의 중요한 계기가 되었다. 농업에도 예외가 아니다. 스마트 농업, 자율주행 농기계, 온라인 유통 혁신에 고삐를 당기고 있다. 지역 디지털 화폐가 등장하고, 농촌 노인들의 생활과 복지 시스템에도 스마트폰이 필수품이 되고 있다.

이제 우리나라 농업의 중요한 과제는 위기와 불확실성에 대비하는 '회복탄력성'을 키우는 일이다. 특히 이번 코로나19 사태를 통해 많은 글로벌 기업이 공급망(value chain)을 운영하는 데 탄력성이 부족하다는 것을 여과 없이 드러냈다. 공급망 중단에 따른 식량안보 등 농업의 중요성은 더욱 커졌다. 코로나19 이후 국민 생활의 질 향상과 진정한 행복의 보호처로서 농촌의 역할도 더 커졌다.

문재인 대통령은 2020년 농업인의 날 행사에서 "코로나 위기 속에서 우리의 자연생태계의 중요성을 더욱 절실히 느꼈고, 삶의 터전으로서 농촌이 가지고 있는 거대한 잠재력에 주목하게 되었다"면서 국가식량계획과 농촌공간계획을 수립하여 농촌이 한국판 뉴딜의 핵심 공간이 되도록 지원하겠다고 밝혔다. 최근 농협미래연구소가 주관한 '포스트 코로나 시대, 농업·농촌이 나가야 할 방향' 토론회에서 김미복 한국농촌경제연구원 연구위원은 주제발표를 통해 포스트 코로나19 시대 농정 방향으로 ▲ 위기대응 역량 강화 ▲ 디지털 농업 생산·유통으로 전환 ▲ 농촌 공간 가치 제고 ▲ 국민·농업인 취약계층 대응 강화 ▲ 농정 기반 고도화 등 5가지를 들고, 이를 시행하기 위한 10가지 과제로 △ 식량안보 △ 농업·농촌 그린 뉴딜 △ 농업 인력의 안정적 확보 △ 농업 부문 디지털 경제 강화 △ 농식품 디지털 유통 시스템 구축 △ 농촌의 정주기반 강화 △ 농업·농촌 부문 일자리 창출 △ 건강하고 안전한 먹거리 보장 △ 농업인 사회안전망 확충 △ 농정 추진 체계 개선 등을 강조했다.

이와 같은 농정 과제들을 효율적으로 수행하고 국민의 안전과 직결되는 지속 가능한 농업·농촌을 위해서는 앞으로 '회복탄력성'이라는 키워드의 중요성을 깊이 인식하고, 합리적이고 지속적인 관리가 요구된다. 냉혹한 현실은 직시하되 믿음을 잃지 않는 태도가 필요하다.

I: Innovation
농업은 혁신이다

농업은 역사적으로 인류의 지속 발전을 뒷받침하면서 혁신을 거듭해 왔다. 1800년대 영국에서는 삼포식에서 윤작법으로 전환해 농업 생산량을 획기적으로 증가시켰다. 1950년대에는 화학비료의 사용과 다수확 품종 개발로 미국의 농업 생산량이 비약적으로 늘었다. 2000년대 들어 세계농업은 4차 산업혁명 기술과 융·복합하여 새로운 부가가치 창출에 열을 올리고 있다.

우리나라에서도 열정과 집념으로 끊임없는 혁신을 통해 괄목할 만한 성장을 이루고 지역경제 성장에도 이바지하는 농업인 또는 농기업들이 많다. 농업을 혁신하는 경로는 여러 가지가 있을 수 있으나 크게 3P1B로 집약할 수 있다. 3P는 ① 남들과 1% 다른 창조적인 아이디어가 접목된 제품 혁신(product innovation), ② 기업의 경영 마인드와 효과적인 마케팅 기법을 농업에 도입하는 프로세스 혁신(process innovation), ③ 농업경영체를 이끌어 가는 데 있어 열정과 도전 정신이 충만한 기업가 정신으로 활동하는 사람 혁신(people innovation)이다. 1B는 앞의 3P 혁신을 궁극적으로는 수익 창출로 연결하는 비즈니스 모델 혁신(business innovation)이다.

농업에서의 제품 혁신은 새로운 품종의 개발이나 먹거리를 넘어선 다양한 확장 상품들을 개발하고 시장에 내놓는 것이다. 제주의 온주감귤 농가에서 한라봉·천혜향·황금향 등 부가가치 높은 만감류로 전환하는 경우가 여기에 해당된다. 장생도라지의 사례처럼 도라지는 나물이 아닌 '산에서 나는 도라지'의 이미지를 입혀 세계 유일의 독점적 특산물로 변화시킨 것도 제품 혁신의 대표 사례이다.

프로세스 혁신은 계약재배를 통한 규모화로 생산원가 절감 및 시장교섭력을 높이는 경우나 재배이력 시스템 도입, 친환경 인증, GAP 인증 획득 등 제품 투명성과 우수성 확보로 소비자의 신뢰를 높이는 사례 등이다. 또한 공선출하회와 같은 출하 조직의 철저한 회원 관리와 당도 중심의 선별 등 고품질화로 도매시장에서 압도적인 가격을 받는 경우도 프로세스 혁신의 사례이다. 이 밖에도 철저한 토양 검정을 통한 시비로 비료의 과잉 사용을 방지하고, 자동화 시스템을 도입하여 인건비 부담을 줄이는 것도 여기에 해당된다. 특히 가족농을 벗어난 규모의 농업인이나 농기업은 직원들에 대한 지속적인 교육을 통해 시장 변화에 대한 적응력을 향상시키고, 품질·재무·고객 관리 부문의 관리 체계를 갖추어야 한다.

농업에 있어서 사람 혁신은 농업인도 창업가와 마찬가지로 혁신성과 관리적 자질을 모두 갖추고 있어야 한다. 제프리 티몬스(Jeffry Timmons)는 "기업가 정신은 실질적으로 아무것도 아닌 것으로부터 가치 있는 어떤 것을 이루어 내는 인간적이고 창조적인 행동이며, 현재 보유하고 있는 자원이나 자원의 부족을 고려하지 않고 기회를 추구하며, 비전과 그 비전을 추구함에 있어 다른 사람들을 이끌 열정과 헌신을 요구한다. 또한 계산된 위험을 감수하는 의지를 필요로 한다"라고 정의하고 있다. 조지프 슘페터(Joseph A. Shumpeter)는 기업가를 "창조적 파괴를 통해 새로운 제품의 발명 등 새로운 결합을 창출하는 사람"으로, 피터 드러커(Peter F. Drucker)는 "언제나 변화를 탐색하고, 그것에 대응하고, 그것을 하나의 기회로 활용하는 사람"으로 정의하고 있다.

새로운 사업기회를 포착해 추진하는 기업가적 활동은 아무것도 없는 무(無)의 상태에서 가치 있는 무엇인가를 창조하고 구축하는 것을 의미한다. 농업·농촌이 어렵다고 하지만 코로나19 이후의 새로운 변화를 포착하고 4차 산업혁명과 융·복합을 통해 새로운 기회를 파고드는 기업가 정신이 절실하게 필요한 때이다.

농업에 있어서 비즈니스 모델이란 어떤 제품이나 서비스를 누구에게 어떻게 판매하여 수익을 창출할 것인가 하는 기본계획을 말한다. 클레이턴 크리스텐센(Clyton Christensen) 하버드대 교수 등에 의하면 비즈니스 모델의 주요 구성 요소로는 가치제안, 목표고객, 가치사슬/조직, 전달 방식, 수익흐름 등 다섯 가지를 들고 있는데 이를 농업인과 농업경영체에 응용하면 다음과 같다.

- 가치제안(value proposition): 상품(제품 또는 서비스)과 효용이나 솔루션(해결방안)

- 핵심 자원(key resources): 가치를 만들어 낼 수 있는 여러 자원
- 대상 고객(target customer): 목표로 하는 잠재고객 계층
- 연결과 흐름(connection & process): 가치를 창출하고 전달하는 일련의 과정
- 수익 창출(revenue generation): 수익을 창출하는 방식과 기대치

이들 구성요소들은 각기 따로 존재하는 것이 아니라 사슬처럼 연결되어 있어 어느 하나라도 소홀해서는 안 된다. 또한 경쟁력 있는 비즈니스 모델은 경쟁력 요소인 명확한 가치 제안과 수익 체계, 지속성 요소인 선순환 구조와 모방 불가능성(차별성)을 갖추어야 한다.

농업인은 이제 농업을 단순히 농산물을 생산을 하는 것이라는 인식을 넘어서 제품과 서비스 창출을 통해 고객의 효율을 높이고 혁신을 추구하는 것으로 인식할 필요가 있다. 그래야 고객 중심의 생각을 가지고 차별화된 경쟁력을 갖춘 프로 농업인으로 발전할 수 있다. 관행농업을 넘어 제품 혁신, 프로세스 혁신, 비즈니스 모델 혁신을 통해 혁신 잠재력을 끌어내고 부가가치와 소득을 높여 나가야 한다.

제주도 서귀포시에서 감귤농사를 짓는 한상숙(60) 농업인은 농협중앙회가 선정한 새농민이다. 그는 만감류 하우스 농업을 대규모로 경영하지만, 제주올레 5코스가 지나가는 해변가에 600여 평의 감귤과수원을 소유하고 있다. 몇십 년간 조생 온주감귤을 심어 연 600여만 원의 소득을 올렸다. 소득을 높일 방법을 찾던 중 만감류인 '황금향'으로 전환했다. 만감류는 보통 하우스 시설을 설치해 재배하지만, 한씨는 노지재배 황금향을 실험했다. 재배에 문제가 없었고, 오히려 소득은 연간 1,600만 원으로 좋아졌다. 제품 혁신을 한 것이다. 한씨는 2020년 코로나19 상황에서 외국여행이 차단되자 내국인 관광객이 제주로 몰려

그림 6-1 무엇(what)을 어떻게(how) 혁신할 것인가?

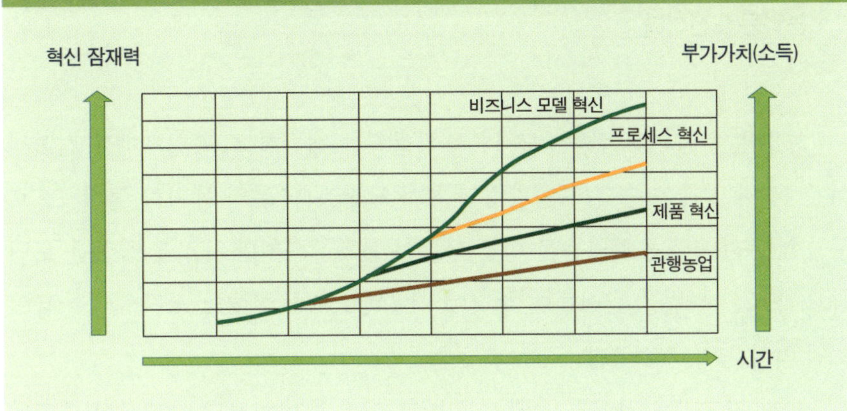

자료: 저자 정리.

들고 덩달아 올레길도 분주해지는 것을 목격하고 또 한 번 번득이는 아이디어를 떠올렸다. 그동안 산지 수집상들에게 판매했던 시스템을 올레길 관광객들에게 돌리고 시식과 택배를 병행했다. 반응은 폭발적이었다. 한 번 먹어본 소비자들이 대도시로 돌아가 재구매하고, 심지어 네트워크로 소개까지 해 주었기 때문이다. 같은 면적, 같은 제품으로 연 수입은 두 배로 증가해 3,600만 원이 되었다. 약간의 혁신으로 6배의 부가가치를 창출한 것이다.

이 밖에도 혁신의 수단으로 디지털 활용도를 높여 대기업 직원 부럽지 않은 억대 소득을 올리는 젊은 농부들이 수없이 배출되고 있다.

C: Challenge

농업은 도전이다

농업의 역사는 도전의 역사이다. 황무지를 개간하고, 자연재해를 견디면서 한 알의 알곡을 수확하는 과정 자체가 도전이다. 특히 농지가 절대적으로 부족한 우리나라 농업인들은 성공 확률이 불확실하지만 새로운 품종을 도입하고 새로운 농법을 받아들여 현장에 적용함으로써 기어코 성공하는 눈물의 도전 역사를 가지고 있다.

세계 최고의 인삼이라는 찬사를 받고 있는 고려인삼도 야생삼의 인공재배법과 가공법(홍삼제조법)을 발명하여 고려인삼의 산업화를 이끌었던 인삼농가들의 도전의 역사이다. 겨울철 비타민 주요 공급원인 제주감귤도 요즘은 풍요의 상징이 되어 있지만, 1960~1970년대 보리·고구마 등 밭농업에서 과수농업으로 이전하는 과정에서 3~4년의 배고픔을 이겨내야 했던 도전의 역사를 간직하고 있다. 노지감귤에서 하우스감귤로, 또는 한라봉 등 만감류로, 고부가가치 감귤로 전환해 가는 과정에서 실험적으로 시작하는 선구자적인 농업인들의 도전정신이 있었기에 가능하였다.

한 산업의 변화를 주도하고 새로운 분야를 개척하는 퍼스트 무버(first mover)[3]들이다. 제주도가 월동무의 주산지가 된 것도 지역농업을 혁신하고자 새로운 품목을 갈망하던 퍼스트 무버가 있었기에 가능했다. 제주도가 감귤이 주산지이지만 최근 기후 변화와 시설하우스 농업이 발달하면서 전남·북은 물론 충북, 경기도 안성에서까지 한라봉·천혜향·황금향 농사를 짓는 분들이 있

3 새로운 제품이나 기술을 빠르게 따라가는 전략 또는 기업을 일컫는 패스트 팔로어(fast follower)와 달리 산업의 변화를 주도하고 새로운 분야를 개척하는 창의적인 선도자를 말한다.

다. 만감류가 다른 밭작물에 비해 소득이 높은 것은 사실이지만 2~3년의 시행착오와 실패의 두려움을 극복하고 도전에 도전을 거듭해 성공에 이른 것이다.

260년 전 애덤 스미스는 그의《도덕감정론》에서 "우주에는 수많은 점들이 있고, 그중 몇 개를 이으면 무엇이든 그릴 수 있다. 하지만 사람들은 자신이 선택한 점으로 그린 그림을 가장 예쁘다고 칭찬한다. 그리고 나머지 점으로 멋진 그림을 그릴 수 있다는 사실은 잊어버린다"고 했다. 우리는 무한한 꿈이 있건만 꿈을 꾸는 것조차 잊어버리고 세상에 맞추어 살고 있지는 않은가. 중국 고전《중용》(中庸)에 "인일능지기백지(人一能之己百之), 인십능지기천지(人十能之己千之)"라는 구절이 있다. 남이 한 번 능하면 나는 백 번을 하고, 남이 열 번 능하면 나는 천 번을 하라는 뜻이다. 독일 프로축구 2019~2020 시즌 우승과 유럽챔피언스리그 우승을 차지한 '바이에른 뮌헨'의 공격수이자 올해의 선수상을 수상한 로베르트 레반도프스키(폴란드 출신)는 챔피언스컵 우승 후 인터뷰에서 "꿈꾸기를 멈추지 말라. 실패해도 절대 포기하지 말라. 목표를 이루기 위해 노력하라"며 불굴의 도전정신을 강조했다. 이어령 교수는 "새해를 시작하며 달력을 본 사람은 시대에 뒤떨어졌다. 지도책을 보는 사람이 100년을 끌고 갈 사람이다"라고 했다.

제주시 한림읍에 가면 '제주물마루된장학교'가 있다. 부정선 대표가 운영하는 농업의 6차 산업화 현장이다. 부 대표는 20년 전 고향으로 귀농해 농사를 지었지만 하늘만 쳐다보는 농사로는 발전이 없다고 생각하고, 농촌진흥청 '농촌 여성 일감 갖기' 사업에 참여해 된장에 도전했다. 현실의 벽은 높고 심신이 지쳐만 갔지만 육지부에서 진행된 매월 2박3일 과정의 농업경영비즈니스 교육 과정을 밟았다. 거기에서 '입맛이 농업경쟁력을 좌우한다'는 자기만의 지도를 찾고, 좋은 식재료에 품질을 높인 장(醬) 만들기에 매진했다. 연구에 연구를 거듭한 끝에 지역에서 나는 콩·밭벼·브로콜리를 이용한 장류 3건에 대해 특허도 받았다. 지역 어르신들과 친환경 콩을 계약재배하고, 학부모와 미래 소비자인 아이들에게 장맛을 체험하게 하는 프로그램을 운영했다. 2011년 아예 '제주물마루된장학교'로 문을 열었다. 신지식인, 스타팜으로 인증받는 등 사업은 성공을 거두었고, 6차 산업·여성 농업인·사회적 기업의 대표주자로 우뚝 섰다. 부정선 대표는 거듭된 도전 끝에 농업의 가치를 높이고 농가소득 증대, 일자리 창출, 우리 농업에 대한 미래 소비자의 인식 제고 등의 공로를 인정받아 2020년 '자청비 제주농촌문화상'[4]을 수상했다.

최성증(73) 황금향농원 대표는 경기 안성에서 처음으로 만감류 '황금향' 재배에 성공한 농민이다. 은퇴를 고민할 70대에 과감하게 작목을 전환하여 결실을 맺은 것이다. 30년간 포도농사를 지었지만 가격 등락이 심해 어려움을 겪던 중 기후 변화로 과수 재배 적지가 북상한다는 데서 기회를 찾았다. 2016~2017년 제주를 오가며 황금향 재배 기술을 배우고, 포도농사의 노하우를 접목해 성공을 거두었다. 3년차인 2019년 무려 9t을 수확했다. 당도 14~15브릭스(brix)에 특유의 향긋한 향과 과즙이 일품인 '명품 황금향'으로 품질을 인정받아 '안성만감류'라는 이름을 붙여 인기를 끌고 있다. 최 대표는 농민신문과의 인터뷰에서 "농사는 과학이다. 포도농사 30년 재배 기술을 만감류 재배에 적용하니 놀라운 결과가 나왔다"며 도전의 결실에 대해 보람을 느낀다고 했다.

'기회는 어디에도 없다'(Opportunity is nowhere)가 아니라 약간의 관점을 바꾸면 기회는 바로 지금 여기에 있다(Opportunity is now here). 뉴노멀 시대 나의 별과

4 자청비 제주농촌문화상은 제주 농업·농촌 발전에 기여한 사람을 발굴하여 시상한다. 농업인의 자긍심을 높이기 위해 하늘에서 오곡(五穀)을 가져와 사람들의 삶을 풍요롭게 했다는 농사의 신 '자청비'(서사무가 세경본풀이의 주인공)의 이름을 따 2019년 처음 제정되었다.

지도책과 나침반은 어디에 있는가.

U: Uphold Top Quality
최고를 지향하자

직장 생활을 하다 보면 가끔은 무엇 때문에 매일 출근하는가 하고 의문이 들 때가 있다. 자신을 돌아보고, 선후배들의 직장 생활을 들여다봐도 출근의 목적을 찾지 못하고 방황하는 사람들이 의외로 많다. 주어진 환경을 수동적으로 받아들이고, 조직의 규율 내에서 자신에게 정말로 최상이 될 수 있는 것이 무엇인지 좀처럼 생각하지 않는다는 뜻이다. 그런 사람들은 자신의 꿈을 이루기보다 혹시 남의 꿈을 이루어 주려고 출근하는 것인지도 모를 일이다. 자신의 신성한 노동을 주인이 시켜서 마지못해 행동하는 사람들은 자신이 늘 불행하다고 생각하고, 같은 일을 해도 보람이나 행복감을 찾을 수 없다. 반면 꿈을 소유하는 야무진 직장인들은 긍정적 주인의식을 갖고 철저히 몰입하는 삶을 산다. 어떠한 일도 최선을 다하고 매우 결단력 있는 선택을 한다. 당연히 결과를 두려워하지 않고 담담히 받아들인다. 생각과 행동이 유연하여 필요하면 도중에 경로를 수정하기도 한다. 어느 정도 위험(risk)을 받아들이고 결심을 즉시 행동으로 옮겨 자신의 운명에 정당한 소유권을 행사하는 사람들이다.

농업인도 마찬가지다. 개별 농업인이든 농업경영체이든 만일 내가 농업경영을 하지 않을 경우 시장 상인이나 소비자가 불편하다면 그 농업인은 프로 농업인이다. 그 반대의 경우라면 한계 농업인으로 시장에서 좋은 평가를 받기가 어렵다. 평가는 곧 가격이며, 소득과 직결된다. 그래서 항상 최고를 지향해야 한다. 지난 2020년 1월 10일, 설 대목을 앞두고 농협 가락공판장에 출하된 농산물의 경락가격을 예로 들어 보자. 사과(10kg) 한 상자에 최고 경락가는 5만 9,000원, 최저가는 3,000원으로 19.6배 차이가 난다. 딸기(2kg)도 최고가 4만 8,000원, 최저가 6,000원으로 8배 차이이다. 이 밖에도 감귤은 13.6배, 배(15kg)는 5.1배, 포도는 2.8배 차이가 난다. 하루 좋은 값 받아서 우쭐대거나 하루 값이 안 좋았다고 절망할 필요는 없다. 다만 작년에 내가 생산한 농산물보다 올해 내가 생산한 농산물이 더 나아야 한다. 최근 농산물 평가 기준이 많이 과학화되었다. 시장에서도 품질에 따라 가격이 차별화되고 있다. 최고의 품질은 최고의 가격을 가져다준다. 그러니 최고를 지향하는 것은 당연한 일이다.

최고가격을 받는 사람들은 자기만의 기술을 얻기 위해 엄청난 투혼을 발휘한다. 농업기술원, 농과계 대학, 농협, 소비지 유통매장을 수없이 드나든다. 농민신문 같은 농업 전문지를 보면서 우량의 정보를 얻고, 시대의 트렌드를 신속히 파악한다. 영농일지를 쓰고 개선방안을 찾아본다. 소득이 되니 좋은 시설을 위해 투자하고 좋은 농자재, 좋은 비료를 쓴다. 그래서 우수한 작품을 만든다. 좋은 가격을 받으니 선순환되는 것이다. 반면 최저가 경락을 받은 농업인은 그동안 투입된 자재비·인건비도 건지기 힘들다. 소득이 안 되니 농사 짓기 힘들다. 투자도 안 된다. 악순환의 연속이다.

'지루함의 일상화'라는 말이 있다. 가만히 있고 움직임이 없으면, 사는 게 재미없는 상태를 말한다. 사업이거나 농사이거나, 아니면 직장 생활 과정에서 성공하지 못했지만 그렇다고 실패한 것이 아니고, 현실에 너무 안주한 나머지 뭔가 발전이 없는 날이 지속되는 현상이다. 빨리 무엇이 문제인지 스스로 질문하고 성공의 핵심 열쇠인 OST – 목표(objective)와 전략(strategy), 전술(tactics) – 를 세워 즉시 행동에 옮겨야 한다. 영국의 정치 전략가 알래스테어 캠벨은 그의 저서 《위너스》(*Winners*)에서 "분명한 목표가 없으면 승리를 정의할 수 없고, 분명한 전략이 없으면 이길 가능성이 없으며, 전술만 있으면 이길 자격이 없다"고 강조한다. 농업 경영에서도 최고가 되기 위해서는 OST가 잘 짜여 있어야 한다. OST는 철저히 자신이 주도하고, 가급적이면 글로 표현하여 시각화해서 실천해 보는 게 좋다. 그런데 아무리 OST가 훌륭하게 수립되어도 이를 실행하지 않으면 아무런 의미가 없다. 하루 또는 한 주간의 추진할 실행계획을 한 페이지에 기술한 도표를 만들어 실천해 보자. '백기불여일성(百技不如一誠), 천사불여일행(千思不如一行)'이라는 말이 있다. "백 가지 기술은 한 번의 정성에 미치지 못하고, 천 번의 생각은 한 번의 행동(실행)만 못하다"는 뜻이다. 모든 요구사항을 반영해 한 번에 터트리는 폭포수(waterfall) 시대가 가고 민첩하게 먼저 뛰는 사람이 모두 가져가는 에자일(agile) 시대이다. 즉시 행동할 일이다.

"제자리에 있고 싶으면 죽어라 뛰어야 한다." 영화 〈거울나라의 앨리스〉에서 붉은 여왕이 앨리스에게 하는 말이다. 붉은 여왕의 나라에서는 주변 세계가 이미 앞으로 움직이고 있기 때문에 가만히 있으면 뒤처지고, 최소한 주변과 어깨를 나란히 하려고 해도 숨이 차도록 뛰어야 한다. 그렇다면 앞서고자 한다면 어떻게 해야 하겠는가. 최고를 목표로 힘차게 뛰어 보자.

L: Life-First

생명을 중시하자

생물 종들은 저마다 주위 환경을 이용해 영역을 넓히고 개체 수를 늘려 왔다. 다행인지 모르겠지만 인류는 식량을 얻어 내는 능력이 뛰어나 지구상에 최고 문명을 구가하고 있다. 식량은 인간의 모든 측면에서 궁극적인 에너지원이다. 식량이 문명의 원동력이 된 것이다. 우리 인류 역사는 식량을 확보하기 위해 쉼 없이 뛰어온 역사이다. 한반도만을 축소해 놓고 보아도 식량을 생산하는 농민과 축적된 기술이 없었다면 국가권력도, 관료제도, 도시도, 국방도, 산업화도 없었을 것이다. 그런데 인류의 배를 채우기 위해 자연을 너무 착취해 재난에 가까운 결과가 나타날 것이라는 경고가 늘고 있다.

농촌에서는 화학비료와 농약의 과다 사용이 문제가 되고 있다. 질소와 화석에너지 같은 자원에서 기인한 반작용은 너무나 심각해서 이전의 방식으로 그대로 유지하는 것은 선택지가 아니다. 축산 폐수와 냄새는 쾌적한 농촌의 폐해가 되고 있다. 밀집 사육은 동물 학대와 생명 경시의 대표적 사례로 비난받고 있다. 유기농업을 하는 농가들은 소득이 안 된다고 하나둘씩 떠나고 있다.

도시의 모든 사회계층에서도 비만 문제가 심각하다. 지방과 설탕이 과다 함유된 식단은 어린이에서 노인까지 건강에 가장 나쁜 영향을 주는 분명하고 즉각적인 문제로 제기되고 있다. 반면 모든 게 넘치고 많은 것을 누리는 세상이면서도 빈곤층의 배고픔은 아직 완전히 해결되지 않고 있다. 거기에 장기적으로 건강에 어떤 영향을 미칠지 모르는 유전자조작 농산물 및 가공품(GMO)이 야금야금 시장을 점령하고 있다. GMO 농산물은 국내 재배가 금지되어 있기 때문에 시중에 유통 중인 GMO는 모두 수입된 것이다. 경실련 등의 주장에 따르면 2013년부터 2017년까지 5년간 총 1,036만 톤, 연평균 207만 톤의 GMO 농산물이 수입되고 있는 것으로 확인되었다. 207만 톤은 1년 동안 국민 1인당 40.2kg, 1가구당 109.0kg에 해당하는 양이다. 가장 많이 수입되는 품목은 옥수수, 대두, 유채 순이며, 수입업체별로는 CJ제일제당, 대상, 사조해표, 삼양사, 인그리디언코리아 등 5개 업체가 총수입량의 99% 이상을 차지했다. 문재인 정부가 출범하면서 GMO 표시제도 개선을 공약사항으로 내걸었지만 아직까지 개선되지 않고 있다. GMO 표시제도 개선을 위한 적극적인 노력을 기울여야 할 것이다.

유엔식량농업기구(FAO)는 2020년 11월 '세계 항생제 인식 주간'을 맞아 항생제 내성의 위험과 올바른 사용을 알리기 위해 행동지침을 알리고, 농식품 분야 종사자의 책임을 강조했다. 항생제 내성이 코로나19처럼 감염병 대유행을 일으키는 원인으로 지목되고 있기 때문이다.

최근 작고한 녹색평론가 김종철 선생은 "생태학적 관심에 중심을 두지 않는 어떠한 창조적인 사상이나 사회운동도 있을 수 없는 상황"이라며, "인간의 삶과 문화는 이제 인간 자신의 존재의 궁극적인 근거에 대한 뼈저린 성찰 없이는 지속 불가능한 현실에 직면하였다"고 강조하였다. 첨단 기술과 자본의 힘으로, 또는 정책의 변화로 환경위기를 극복할 수 있다는 안일한 믿음을 경계하고 있다.

우리나라의 대표적 지식인인 이어령 박사는 아예 "생명이 자본"이라며 사랑·공감·감동·협력을 기반으로 하는 생명자본주의를 발전시켜 나갈 것을 제안한다. 태풍에 상처를 입은 못난이 사과도 '태풍에도 떨어지지 않는 합격사과'로 문화적 상징성을 부여하면 거기에 또 다른 문화적 가치·정신적 가치가 창출되고, 생명자본주의 관점에서 상품을 바라보면 그 시장도 판매 양식도, 상품 가치도 모든 것이 달라진다는 것이다. 슬로베니아의 세계적 석학 슬라보예 지젝은《팬데믹 패닉》에서 "인류를 자기 파괴에서 구하려는 노력만이 새로운 인류의 창조로 이어질 것"이라고 호소하고 있다.

이 모든 것이 생명에 귀착되는 문제들이다. 토종 종자 육성, 가축의 밀집사육 금지, 음식 낭비를 줄이는 습관 정착을 위한 교육, 채식 중심의 공공식단, 푸드 마일 기준의 식품 구매, 유기농 농가 인증 우대제도 등도 생명 사랑의 정책들이다. 농업과 관련되어 벌어지는 일들이지만 농업 자체에 한정된 문제만은 아니다. 문명을 어떻게 해석하고 문명을 어떻게 발전시켜 나가느냐의 문제이다.

일본의 자연농업의 대가 후쿠오카 마사노부(福岡正信)는 "생명이란 우주 삼라만상, 곧 대자연 그 자체의 합작품이다. 그 의미(과거)와 의지(미래)를 모른 채, 자연과 대립자가 된 인간은 오로지 자연을 이용하여 생명의 양식인 먹거리를 기르며 살아가고자 하였다. 인간의 어머니인 대지에 반역하여 더 이상 자연을 파괴하지 말자"고 호소한다.

현존하는 유럽 최고의 석학이라는 자크 아탈리는 코로나19 사태 이후 내놓은 저서《생명경제로의 전환》을 통해 "생명을 보호하는 건강에 나라와 가계는 수입의 많은 부분을 할애해야 한다"며 이는 부담이 아니라 부의 창출 기회로 여겨야 한다고 주장한다. 그는 특히 생명 유지에 필수적인 부분은 외국 생산에 의존해서는 안 된다는 점을 분명히 한다. 그는 또 "동물계의 건강이 전제되지 않고는 인간계의 건강이 보장될 수 없다"며 건강한 섭생을 위해서는 부단한 배움이 필요하다고 말한다. 생명경제는 환경 파괴와 기후 변화를 최소화하고 탄소에너지를 덜 쓰는 분야를 말한다. 생물 다양성 보호도 생명경제에 포함된다. 자크 아탈리는 산림 파괴, 야생 영역 축소 등은 질병의 확산 위험도를 높인다면서 "국토 개발과 관련된 법적 기제를 통해 보다 적극적으로 생물 다양성 보전, 동물 존엄성 존중, 유기농업의 구체적인 발전, 토양 인공화 방지 등에 나서야 한다"고 강조한다.

김누리 중앙대학교 교수는 아예 코로나19 이후 자본주의의 대안으로 라이피즘(lifism, 생명주의)을 주장한다.[5] 기존의 자본주의가 지나친 시장 중심, 경쟁

---

5 한계레신문(2020. 7. 6) 기고문 참조.

중심, 자연지배, 능력 중심으로 개인적 차원에서의 인간의 삶, 사회적 차원에서의 인간의 생존, 생태적 차원에서의 인간의 생명을 파괴하고 있다면서 인간의 삶과 생존과 생명을 중시하는 실천적 활동이 라이피즘이라고 강조한다.

백합, 튤립 등 구근초는 5일의 꽃을 피우기 위해 360일의 생명을 땅속에서 참아낸다. 연암 박지원,[6] 무위당 장일순,[7] 김종철,[8] 헨리 데이비드 소로우,[9] 다비드 르 브르통,[10] 후쿠오카 마사노부,[11] 얀다우판 더르 플르후,[12] 프란치스코 교황[13] 등은 한 알의 나락 씨앗에서도 우주를 본 위인들이다. 영국의 시인 윌리엄 블레이크는 아예 "한 송이 들꽃에서도 천국을 보자"고 했다. 생명자본주의 탄생을 생명 산업인 농업이 선도하면 어떨까.

T: Think Digitally
디지털적 생각을 하자

4차 산업혁명의 핵심은 디지털 기술을 기반으로 하는 혁명이다. 오늘날 세계경제의 파워를 장악하고 있는 기업들도 디지털 기업들이다. 애플, 마이크로소프트, 아마존, 구글, 페이스북, 알리바바, 텐센트, 삼성전자 등 글로벌 기업은 물론이고 국내의 네이버, 카카오 등도 디지털 기업이다. 디지털 혁명은 초연결, 초지능, 초속도가 특징이다. 우리 생활 곳곳에 스며들었다. 스마트폰

6 조선말기 실학자로 《열하일기》 등 주옥 같은 글을 많이 남겼다.
7 시민운동가로 한살림운동본부를 결성했다.
8 녹색평론가로 《녹색평론》을 발행했다.
9 미국의 자연주의자로 《월든》을 지었다.
10 프랑스의 걷기 예찬론자로 《느리게 걷는 즐거움》 저자이다.
11 일본의 자연농법주의자로 《짚 한오라기의 혁명》을 저술했다.
12 유럽농촌사회학회장을 지낸 네덜란드 학자로 《새로운 농민 세계화시대의 농촌발전》의 저자이다.
13 아르헨티나 출신의 제266대 교황이다.

을 시작으로 자동차, 방송, 유통, 교육, 금융 등 거의 모든 인류의 생활공간이 디지털 플랫폼으로 이동했다.

왜 디지털 플랫폼으로 이동하는가? 《포노사피엔스》의 저자 최재붕 성균관대 교수에 따르면, 그것은 생물학적으로 생존에 유리하기 때문이다. 그래서 절대 돌아가지 않는다는 전망이다. 코로나19 상황은 디지털 경제를 더욱 촉진시켰다. 소위 언택트(untact) 경제는 디지털 경제의 다른 말일 뿐이다. 뼛속까지 포노사피엔스[14]인 20~40대가 10년, 20년 후 경제의 주역이 되었을 경우에는 어떻게 되겠는가? 디지털 전환은 되돌릴 수 없는 일이다. 미국과 중국의 경제전쟁의 핵심도 디지털 문명으로의 교체 과정에서 주도권을 잡기 위한 패권 싸움이다.

농업 분야도 예외가 없다. 생산 부문에서 스마트팜이 속속 도입되고 있다. 자율·전동 농기계도 품목에 따라 이미 실용화되고 있다. 유통 부문에서 소매시장은 이미 온라인시장이 대세를 이루고, 심지어 도매시장마저 온라인 공판장을 도입하겠다고 나서고 있다. 앞으로 농업 관련 교육·컨퍼런스도 온라인으로 진행되고, 각종 농산물 축제, 박람회 등도 언택트 시스템으로 열린다. 디지털 기술에 적응하고, 디지털 문화에 젖지 않으면 살아남을 수 없는 세상이 된 것이다. 아이비엠(IBM), 구글, 알리바바 등 거대 글로벌 데이터 테크놀로지(DT) 기업들도 농업과 연관 산업에 4차 산업혁명 기술을 들고 뛰어들고 있다. 권민수 팜에어 대표는 최근 농민신문 기고를 통해 "과거에는 종자와 화학 분야를 기반으로 세계적인 기업들이 탄생했고, 그들이 세계농업을 지배했다"며, "DT와 인공지능(AI)을 활용해 더이상 우리의 식량 주권을 외국에 내주어서는

14 스마트폰을 신체의 일부처럼 사용하는 인류를 뜻한다.

안 된다"고 강조했다. 그렇다면 농업인도 농업 경영과 생활에서 디지털 마인드로 무장을 해야 한다.

실리콘밸리 상위 1%가 '인류 전체의 지능을 합한 것보다 뛰어난 인공지능(AI)을 지배할 수 있는 능력을 가진 사람을 육성하는 것'을 목표로 세운 싱귤래리티 대학교에서 주장하고 있는 디지털 시대의 사고의 틀을 참고로 정리해 보면 다음과 같다.[15]

첫째, 호기심과 창의적 사고(critical thinking)이다. 농업 경영과 실생활에서 당연하다고 생각하는 것에 대한 끊임없는 의문을 품는 데서 출발한다. 호기심을 갖고 진리와 가치를 제대로 찾아내야 한다. 열린 마음으로 다양한 시각에서 제한 없이 살펴보고 또 살펴보아야 한다.

둘째, 지능적 낙관주의(intellectual optimism)이다. 인간의 능력, 진보와 성취에 대한 신뢰, 실패에 대한 회복탄력성이 있어야 한다. 아무리 기술이 발전해도 인간은 위대하다는 믿음을 갖고 있어야 미래를 긍정적이고 확장적으로 이끌 수 있다.

셋째, 위험감수(risk-taking)이다. 디지털 혁명은 변화의 속도가 매우 빠르기 때문에 불확실성이 커진다. 불확실성에 대해 열린 마음으로 도전해야 한다. 그리고 유연성을 갖고 빠르게 대응해야 한다. 느리지만 완벽한 방법을 내놓는 게 아니라 빠르게 시제품을 내놓는 것이다. 그리고 수시로 수정해 가는 태도가 필요하다.

넷째, 큰 상상-깊은 몰두(moon-shot thinking)이다. 디지털 시대에는 몇 %의 생산성 향상이 아니라 몇백 배, 몇천 배의 향상을 요구한다. 불가능하다거나 감

---

15 오강선, 《디지털 혁명 사용설명서》, 클라우드나인, 2019를 참고하여 재구성하였다.

히 꿈꾸지 못한 일에 과감한 도전이 필요하다. 상상하고 그것을 이루기 위해 몰두하는 역량을 키워야 한다.

다섯째, 확대지향적 사고(cosmic perspective)이다. 크게 생각하자는 것이다. 스티브 잡스는 "우리는 우주에 발자취를 남기려고 태어났다"고 말했다. 농업 벤처기업 '엔씽'의 김혜연 대표는 화성에서 농사를 짓겠다고 하지 않았던가.

여섯째, 협력을 통한 가치 확산(peership)이다. 유아독존이 아닌 협업과 생태계가 있어야 더 크게 발전할 수 있다. 이어령 교수도 '공감이 가장 큰 자본'이라며, 방탄소년단(BTS)이 전 세계적으로 팬덤[16]을 모으는 것도 공감이 사람을 불러 모으기 때문이라는 것이다. 성공하는 농업인은 소비자 중심적이며, 소비자와 소통 능력이 뛰어난 사람들이다. 디지털 사고로 새로운 성공을 이끌자.

U: Unite in Community

협력하고 소통하고 연대하자

우리나라는 코로나19 위기를 겪으면서 아주 잘 대처한 모범국가로 세계인의 부러움을 사고 있다. 이는 정부의 적절한 대처도 있겠지만 무엇보다도 국민들의 연대와 협력이 있었기에 가능한 일이다. 단계별 행동 요령을 잘 지키고, 다른 사람을 배려하고, 함께 하면 국가적 재난을 극복할 수 있다는 믿음으로 개별 국민의 불편함을 참으며 협력했다. 공동체 안에서 서로 소통하며 개인의 욕망을 도덕적 의지와 사회적 규율 속에 스스로 통제해 왔다고 볼 수 있다.

16 특정한 인물이나 분야를 열성적으로 좋아하는 사람들 또는 그러한 문화현상을 말한다.

개인 생활이든 공동체를 꾸리든 기업을 경영하든, 혼자서는 생존할 수 없다. 국가의 발전뿐만 아니라 성공한 기업, 잘 사는 농촌 마을의 공통점은 협력, 소통, 연대의 사회적 자본을 잘 쌓아 가는 곳이다. 도와주고 끌어 주고, 심지어 건전하게 경쟁하는 생태계가 있어야 발전한다. 지금은 초연결 플랫폼 세상이다. 공동체 구성원 모두가 서로의 성공을 돕는 상생과 공진화의 파트너라는 인식이 중요한 때이다. 흔히 기업 생태계라 하면 고객, 공급자, 유통업체, 아웃소싱 기업, 관련 제품 및 서비스 조직, 여타 조직들의 유연한 네트워크를 만들어 다양한 기업이 상호작용을 통해 함께 진화하는 구조를 말한다. 예를 들어, 전기차 한 대를 만들더라도 설계업체, 배터리업체, 사물인터넷 등 IT업체, 타이어업체, 강판업체, 유리업체, 물류업체, 판매업체, 충전기 관련 업체, 연구기관, 고객 등 협력하고 소통해야만 하는 조직들이 존재한다.

박명규 서울대학교 교수 등이 공동으로 쓴 책인《커넥티드 파워》에서 "조직에 기초한 구권력은 약해지며, 기술 기반의 신권력이 떠오르는 대전환이 일어나고 있다"면서 "구권력은 남과 차별된 나만의 전문성이나 기능을 가짐으로써 생기는 것이고, 신권력은 남과의 연결, 공유, 대중적 활동으로 가능해지는 힘"이라고 내다보았다. 이러한 신권력을 가능케 한 가치는 협동·공유·배려·창의·공존·신뢰 같은 것들이라는 것이다. 김재인 교수는 심지어 감염병 사태 이후 '능력·시장가격'은 무의미해졌으며, '돌봄'이나 '배려'처럼 가격과 무관하게 존재하던 가치들이 세상을 떠받치는 힘이 되고 있다고 주장한다.

농업에도 건전한 생태계가 필요하다. 농업 생태계는 농업인(농식품기업)과 그 경쟁자, 소비자, 기타 이해관계자 등 상호작용하는 조직들과 개인들에 기반을 둔 경제 및 생활 공동체라 할 수 있다. 농업·농촌이야말로 공생의 생태계가 매우 중요한 곳이다. 기업은 사업체와 구성원의 삶의 터전은 다르지만, 농업·농촌은 일터와 생활 터전이 사실상 하나이다. 생태계가 무너지면 농업 경영도 생활도 그만큼 어려워진다.

제주 서귀포시 대정읍에 무릉리 마을이 있다. 이 마을에서 마을기업 '무릉외갓집'을 운영한다. 마을 주민들이 직접 생산한 다양한 농산물을 구입하고, 마을 사람들에 의해 꾸러미를 만들어 온라인을 통해 도시 회원들에게 판매한다. 매월 꾸러미를 이용하는 연회원이 400명이 넘고, 과일꾸러미 회원도 300명에 달한다. 연 매출도 10억 원에 이른다. 2009년 1사1촌 자매결연으로 시작한 농촌마을과 기업 간의 소통과 신뢰의 결과물로 현재까지 모범적으로 운영되고, 주민들의 만족도가 매우 높은 곳이다. 마을 주민들의 적극적 참여와 '무릉외갓집'이라는 브랜드를 만든 공기청정기 전문회사 (주)벤타코리아 임직원들의 열정, 그리고 이들의 연결을 더욱 촉진해 준 (사)제주올레의 연대가 맞아떨어진 것이다. 벤타코리아 김대현 대표는 모 언론과의 인터뷰에서 "남에게 보여 주는 게 아니라 실제 농촌에 도움을 주고 싶었는데, 이장님을 포함해 주민들이 사명감을 갖고, 우리 이야기에 귀를 기울여 줘서 가능했다"라고 했다. 무릉외갓집의 성공은 기업과 제주올레, 마을 주민들의 마음이 하나가 되었기 때문이다. 공감이다. 이런 의미를 살려 2017년 문재인 대통령이 무릉외갓집을 방문해 "지역주민들이 주도해 스스로 일자리와 소득을 창출하고, 지역경제 활성화에 기여하는 '무릉외갓집'의 경제모델이 인상 깊다"고 주민들을 격려하기도 했다. 기업이 마을을 혁신해 주고 있다는 점에 주목해 볼 필요가 있다.

SPC그룹은 '강원도 감자빵'에 이어 '제주 당근빵'을 출시해 생산농가를 지원하고 있다. 2020년 코로나19와 태풍, 장마 등으로 피해를 입은 농가를 돕기 위해 '행복상생프로젝트'의 하나로 추진하는 프로젝트이다. 롯데제과는 농협과 손잡고 이천쌀로 만든 '우리쌀 빼빼로'를 내놓았다. 이익에만 몰두한다는 비판을 받았던 대기업들이 '지역농가를 돕는다'는 스토리를 엮어 윤리적 소비와 지역경제 활성화라는 사회적 가치의 창출 등 선순환을 이루어 내고 있는 것이다.

앞으로 우리 농업·농촌이 더욱 발전하기 위해서는 우선 농업 기술의 고도화를 위한 농·산·학·관 협치 체계를 강화하고 내실을 기해야 한다. 청년 농업인이, 귀농·귀촌인들이 농업·농촌에 정착할 수 있도록 농업 기술, 금융, 정주 여건 개선 등 종합적인 지원책이 있어야 한다. 마지막으로 농업 생태계의 복원을 통해 농업에서도 성공할 수 있다는 기업가 정신을 심어 줄 필요가 있다.

최근 들어서 공동체지원농업(community supported agriculture, CSA)이 포스트 코로나 시대 농업의 대안으로 주목받고 있다. CSA는 소비자와 농민이 계약을 맺고 농사에 직접 참여하는 농업이다. 생산자와 소비자가 연대를 통해 불확실성이 큰 영농의 어려움과 위험을 공유함으로써 지속 가능한 농업을 실현한다는 것이다. 지금은 농사 체험, 판매 대행이나 꾸러미 배송 등의 수준에 그치고 있지만 농민과 소비자의 신뢰 속에 커뮤니티를 형성하고, 상호교류를 활성화하면 그 영역은 지속적으로 넓혀 갈 수 있을 것이다.

코로나19 사태가 장기화되면서 모두가 힘들다. 그렇지만 언젠가는 이겨 낼 수 있다. 이를 이겨 낼 수 있는 방법은 공생과 돌봄을 기반으로 생태적이고 민주적이고 평등한 삶의 시스템을 복원하는 것이다. 협력하는 종(種)이 우수한 종보다 생존능력이 강하다.

R: Rookie to Major Leaguer

초보자에서 메이저리거로 도약하자

우리나라 역사상 야구선수로 가장 성공한 사람은 아마도 추신수 선수가 아닐까 생각한다. 야구선수를 평가하는 방법은 기록과 연봉 등 여러 가지가 있지만 프로선수의 평가는 역시 연봉탑이 누구냐이다. 미국 프로야구의 등급은 8단계로 나누어져 있다. 루키리그 → 루키+ → 쇼트싱글 → A → A+ → AA → AAA → 메이저리그 순이다. 추신수 선수는 1982년생으로 이대호, 김태균, 정근우, 오승환 선수 등 우리나라 야구사의 황금세대에 태어나 국내 프로야구단 입단을 뒤로하고 미국 메이저리그에 도전했다. 2001년 시애틀 매리너스 구단의 루키리그에 뛰면서 받은 연봉은 13만 7,000달러(약 1억 5,000만 원)였다. 2005년 처음 메이저리그로 데뷔했지만 마이너리그를 오가며 고군분투하다 2006년 클리블랜드 인디언스로 이적하게 되는데 이때 받은 연봉이 38만 달러(약 4억 2,000만 원) 수준이다. 이때부터 두각을 나타내기 시작한 추신수 선수는 2014년 텍사스 레인저스로 이적하면서 향후 7년간 1억 3,000만 달러(약 1,459억 원)라는 천문학적인 계약을 체결하였다.[17] 이는 평균 연봉이 200억 원을 넘는다. 그는 현재 미국 프로야구사에 기록으로나 연봉으로나 아시아계 선수로는 최고로 남아 있다.

굳이 추신수 선수의 스토리를 소개하는 것은 농업 분야에서도 얼마든지 고소득의 스타 농업인이 나올 수 있으며, 이 글을 보는 농업인들이 농업계에서 나의 현재 위치를 프로야구와 견주어 보면 좋을 것이다.

---

17 언론보도 등을 종합한 수치로 실제 내용과 다소 차이가 날 수 있다.

각고의 노력과 도전으로 성공한 경우가 추신수 선수뿐인가? 프로골퍼 강성훈 선수의 스토리는 더 극적이다. 강성훈 선수는 운동선수치고는 키가 작은 편이다. 그래도 20대 초반에는 국가대표를 지내고 국내대회에서 네 번의 우승을 차지하는 등 유망주였다. 그도 2011년 과감히 세계적으로 특출한 선수들이 즐비한 미프로골프(PGA)에 도전한다. 할 수 있다는 자신감으로 도전했으나 세계의 벽은 높았고, 컷 탈락의 연속이었다. 그렇게 우승 없이 158경기에 출전했지만 포기하지 않았다. 드디어 2019년 'AT&T바이런 넬스 챔피언십'에서 첫 승을 거두었다. 그렇게 절실하게 꿈꾸고 도전했던 우승을 실로 159경기만에 맛본 것이다. 그는 우승 후 인터뷰에서 "PGA 우승의 꿈을 한 번도 의심하지 않았다. 절대 포기하지 않았다"고 힘주어 말했다.

기업의 경우도 루키에서 포기하지 않고 메이저리그로 성공한 사례가 수없이 많다. 가전업계의 애플로 불리며 신혼부부들의 필수 혼수품이라는 '다이슨 청소기' 제조업체 다이슨의 창업자 제임스 다이슨은 "하나의 성공은 무수한 실패에서 나온다"며, '먼지 봉투 없는 청소기는 5,126번의 실패의 결과'라고 말했다. 추신수 선수나 강성훈 선수, 다이슨의 경우 단번에 최고의 선수가 되거나 완벽한 제품을 만든 것이 아니다. 비록 루키 수준에 있지만 포기하지 않고 한 단계 한 단계 메이저리그로 진입했고, 다이슨도 버전1, 버전2, 버전3, … 버전n을 계속적으로 시장에 내놓고 평가를 받으면서 최고의 제품을 완성시켰다. 실패는 성공으로 가는 축적의 길인 것이다.

'쿨 버드'(cool bird), '핫 버드'(hot bird)라는 말이 있다. 덴마크의 철학자 키에르 케고르는 사람들이 주는 먹이에 길들여져 봄이 와도 북쪽으로 날아가지 않고 안락한 생활에 정착한 야생오리를 '쿨 버드'라 칭했다. 야성의 본질과 열정을 잃어버린 사람을 비유하는 말이다. 반면 '핫 버드'는 야성을 잃지 않고 본질을 찾아가기 위해 난관에 도전하는 열정적인 사람을 상징한다. 나는 쿨 버드인가, 핫 버드인가?

E: Elevate Dignity
농업인의 존엄성을 지키자

인간은 태어나면서부터 죽을 때까지 존엄성이 침해될 수 없다. 모두에게 주어지는 기본 권리이고 헌법에도 보장되어 있다. 우리나라 헌법 제10조에 "모든 국민은 인간으로서의 존엄과 가치를 가지며, 행복을 추구할 권리를 가진다. 국가는 개인이 가지는 불가침의 기본적 인권을 확인하고 이를 보장할 의무를 진다"고 규정하고 있다.

독일의 뇌과학자 게랄트 휘터는 "존엄은 내면에 확신으로 깊게 뿌리 박혀 한 사람에게 인간으로서의 특성을 부여하며 그 고유의 인간됨이 행동으로 표출되도록 만드는 관념"이라고 정의하고 있다. '나는 이러이러한 사람이 되고 싶다'는 내적 표상으로 자신의 존엄성을 인식하게 된 인간은 외부에 현혹되지 않는다고 한다. 자신의 생각과 행동을 이끌어 줄 내면의 나침반을 가지고 있는 사람은 당연히 방향을 잃지 않고 유혹에 흔들리지도 않는다. 타인의 존엄을 해치지도 않는다. 그것은 결국 자신의 존엄을 해치는 것이기 때문이다.

우리나라 농업인들은 이러한 존엄성을 간직하고 있을까? 논밭이 갈라지는 가뭄에 내리쬐는 태양을 원망하며 한 톨의 콩이라도 건지겠다며 김을 매고 있는 할머니는 존엄성을 가지고 있을까? 기나긴 장마의 물 폭탄에 수확을 앞둔 감귤 하우스가 물에 잠겨 허탈해 하는 농업인의 존엄성은 어떻게 되겠는가? 아프리카돼지열병(SFA)이 급습해 자식처럼 키운 돼지를 살처분해 땅에 묻는 농업인의 마음속에 존엄성을 남아 있을까?

자연재해는 그렇다고 치자. 하나둘 떠나는 농촌에서 이제는 폐가가 된 이웃집을 바라보며 언제 사라질지도 모를 마을의 정자목 아래서 옛 추억에 젖은 노부부의 회한에 존엄은 있는 것인가? 햇양파 수확을 앞두고 좋은 가격을 받을 것이라 기대에 부풀었는데 바로 수입산 양파를 시중에 풀어 가격을 떨어뜨리는 정부의 행태에 농업인의 존엄은 지켜지는가? 도시의 투기자본에 외국 자본까지 농촌 지역을 한바탕 휩쓸고 가니 농지 가격은 폭등하고 더 이상 농지에 투자할 수 없는 지역농민의 상실감은 어떻겠는가. 평생을 농사 짓다 몸이 아파 겨우 버스를 타고 읍내 병원을 찾았지만 긴 시간 기다림에 지쳐 눈을 붙인 우리의 어머니는 지금 무슨 상념에 젖어 있을까?

존엄한 사람들은 스스로 자신의 가치와 의미를 찾는다고 하지만 사방에서 조여 오는 극한의 공격적 에너지들이 감당할 수 없는 수준을 넘어서는 경우라면 상황은 다르다. 지금의 우리 농업·농촌이 감내할 수 있는 임계점에 아슬아슬하게 걸려 있는 형국이다. 이제 농업인들은 다시 전환점에 섰다. 그와 동시에 우리나라 농업·농촌이 지속 가능할 것이냐의 전환점이기도 하다.

농업인이 스스로 생각과 태도와 행동을 달리하고 존엄성을 지킬 수도 있다. 지금까지와는 다르게 살아가는 방식을 바꿀 수도 있다. 그중에는 분신과도 같은 농업·농촌을 떠나는 것도 한 방법일 것이다. 농업인의 입장에서 좋은 선택인지 나쁜 선택인지 판단할 수는 없지만, 국가나 국민의 입장에서는 매우 비극적이다. 인구 5,000만 명의 식량을 공급하고 쉼터를 제공하는 농업·농촌이 없는 국가가 좋은 국가로 남을 수 있는가?

어느 길인들 항상 평평하고, 늘 곧아 있던가? 울퉁불퉁하고 구불구불한 게 보통이다. 농업인의 인생길도 그렇다. 그래도 운명처럼 받아들이고 그 길을 사랑한다. 한낮에는 해와, 한밤중 들녘에서는 달과 별을 보며 대화할 수 있는 이들이 농업인이다. 늘 살아 있는 모든 것과 내 자식처럼 사랑하고 대화한다. 흙을 밟고, 맛보고, 두드리고, 만져보고, 뭐가 이상하면 물을 주고 거름을 준다.

농업인의 최대의 장점이자 단점은 늘 자유롭지만 늘 두려움이 상존한다는 것이다. 흔히 농업인들을 보고 '촌스럽다'고 표현한다. 느리고 새롭지 못하고 답답하다는 뜻일 것이다. 그런데 가만히 생각해 보자. 도시스러움이 지속 가능한가? 촌스러움이 지속 가능한가? 도시스러움은 교만하지만 촌스러움은 교만이 없다. 그렇다고 비굴하지도 않는다. 비굴하지 않기 때문에 고독함을 견딘다. 고독함을 견디기 때문에 백인가도(白刃可蹈), 즉 날이 선 칼날도 밟을 수 있는 힘이 있다. 이것이 농업·농촌이 버티는 힘이고, 농업인의 존엄성이다.

오늘 코로나19 이후 사랑하는 가족과 함께 집밥을 맛있게 먹을 수 있는 것은 쿠팡의 로켓 배송 덕분이 아니라, 그 어느 농업인이 바이러스 감염의 위험에도 불구하고 오늘도 농장에서 일하는 수고로움이 있기 때문이다. 그렇다면 이제 농업·농촌·농업인의 목소리에 귀를 기울여야 한다. 물론 국가도 노력하고 있다. 정치권도 노력하고 있다. 농협도 농업인이 우대받는 세상을 만들기 위해 애쓰고 있다. 이제 조금 다른 관점, 더 많은 관심을 가지고 노력해야 한다. 농업인들이 농촌 공동체 속에서 도전하고, 보람을 찾을 수 있을 때까지 응원을 멈추지 말아야 한다. 정직한 땀이 헛되지 않도록 해 주어야 한다. 마음 편하게 다시 씨 뿌리고 가꾸고 수확하고, 노래하고 춤추고 살고 싶어지고, 존엄한 존재가 되도록 존경하고 사랑해 주어야 한다. 농업인·농업·농촌은 존엄하다.

다시 문재인 대통령의 2020년 농업인의 날 기념사를 인용하고자 한다.

"농촌은 우리의 영원한 고향입니다.

농업은 우리의 생명이며, 농민은 우리의 어머니이고 아버지입니다.

농촌과 농업, 농민을 지키면 그 어떤 어려움도 극복할 수 있습니다.

들판의 씨앗이 자라 곡식이 되고 나무로 크듯이 우리 모두 정성을 다해 농업을 살피면 그만큼 대한민국은 열매를 맺고 성장할 수 있을 것입니다. (중략)

농민이 행복한 세상이 국민이 행복한 세상이며, 밥심이, 코로나 이후 시대, 선도국으로 가는 저력입니다."

참고 문헌

강상욱, 《국내 식품산업의 현황 및 대응 방안》, 2016.

과학기술관계장관회의 자료, 〈미래농업을 위한 과학기술 전략〉, 2019.

과학기술일자리진흥원, 《스마트팜 기술 및 시장동향 보고서》, S&T Market Report, 제69호, 2019.

국회예산정책처, 《공익형 직불제 개편의 주요 쟁점 분석》, 2019.

김경미·문지혜·정순진·이상미, 《한국 치유농업의 현황 및 특성 분석》, 2013.

김대식·다니엘 바이스, 《창조력은 어떻게 인류를 구원하는가》, 중앙books, 2017.

김민규·장예빛·손정훈, 〈치매 친화적 환경으로서 '치매안심마을'에 대한 정책적 고찰〉, 《노인복지연구》, 73(1), 2018, 315~342.

김봉아, 《추억과 흔적 사이를 걷다》, 책넝쿨, 2018.

김연중·강창용·이명기·박지연·박영구·추성민, 《제4차산업혁명 시대의 농업·농촌 대응전략 연구 (1/2차 년도)》, 협동연구 총서 18-52-01, 한국농촌경제연구원, 2018.

김용섭, 《언컨택트》, 퍼블리온, 2020.

김육곤, 《농업가치를 아십니까》, 글나무, 2018.

김재인, 《뉴노멀의 철학》, 동아시아, 2020.

김정섭·이정해, 〈최근 귀농·귀촌 실태와 시사점〉, KREI 농정포커스, 제151호, 2017.

김종철, 《시적인 인간과 생태적 인간》, 3판, 삼인, 2018.

김창호·김용렬, 〈세계경제포럼의 농업부문 주요 이슈와 시사점〉, KREI 현안분석, 제59호, 2019.

김탁환, 《아름다움은 지키는 것이다》, 해냄, 2020.

나승렬, 《세기의 리더들 식량을 말하다》, 지식공간, 2012.

농림축산식품부, 《식품산업 발전을 위한 고품질 국산 농산물 사용제고 방안 마련 용역》, 2020.

농림축산식품부·한국농수산식품유통공사, 《2019년 식품외식산업 주요 통계》, 2019.

______, 《2019년 농림수산식품 수출입동향 및 통계》, 2020.

농협중앙회, 《사회적 농업의 필요성과 농협의 역할》, 2017.

______, 〈2018 유통환경·소비행태 변화와 유통업계 동향〉, CEO FOCUS, 제392호, 2018.

______, 《NH농협 조사연구》, 통권 제1호, 2020 가을호.

______, 〈코로나19發 글로벌 식량위기 우려와 시사점〉, CEO FOCUS, 제423호, 2020.

다비드 르 브르통 저, 문신원 역, 《느리게 걷는 즐거움》, 북라이프, 2016.

루스 디프리스 저, 정서진 역, 《문명과 식량》, 눌와, 2018.
마강래, 《베이비부머가 떠나야 모두가 산다》, 개마고원, 2020.
마상진·정은미·김경인, 《고령화시대 청년 창업농업인 육성체계 개선방안》, 연구보고 R807, 2017.
박명규 등, 《커넥티드 파워》, 포르체, 2019.
사단법인 국민농업포럼, 《미래 유망산업, 농업에 진출하는 기업사례 분석》, 2016.
삼정KPMG 경제연구원, 〈스마트 농업, 다시 그리는 농업의 가치사슬〉, ISSUE MONITOR, 제119호, 2019.
_____, 〈스마트 농업과 변화하는 비즈니스 생태계〉, ISSUE MONITOR, 제125호, 2020.
서구원, 〈내 주요 농산물의 푸드마일리지와 이산화탄소 배출량 분석〉, 《한국대기환경학회지》, 28(6), 2012.
서울대학교 공과대학, 《축적의 시간》, 지식노마드, 2015.
서윤정, 〈한국 스마트 농업의 현황과 주요 과제〉, 《세계농업》, 제185호, 2016.
슬라보예 지젝 저, 강우성 역, 《팬데믹 패닉》, 북하우스 퍼블리셔스, 2020.
알래스테어 캠벨 저, 정지현 역, 《위너스: 운명도 이기는 승자의 조건》, 전략시티, 2016.
얀 다우 판 더르 플르흐 저, 김정섭 역, 《새로운 농민, 세계화시대의 농촌발전》, 한국농정, 2019.
오강선, 《디지털혁명 사용설명서》, 클라우드나인, 2019.
유기선, 《자본의 방식》, 행복우물, 2020.
유영봉, 〈코로나19 위기 이후, 한국 농산업 구조의 대전환과 농정〉, 농협중앙회 133차 지식경영 아카데미 강의 자료, 2020.
유찬희·김태후, 〈2019년 농가경제 실태와 시사점〉, KREI 현안분석, 제78호, 2020.
이민주, 《지금까지 없던 세상》, 쌤앤파커스, 2015.
이민화·KAIST 문술미래전략대학원, 《대한민국 4차 산업혁명》, KCERN, 2017.
이어령, 《생명이 자본이다》, 마로니에북스, 2014.
이정민·우성휘·이명기·박혜진, 〈2019년 농업·농촌 국민의식 조사〉, KREI 농정포커스, 제185호, 2019.
이주량, 〈농업기술의 New Waves, 르네상스는 올까?〉, 《농업농촌의 길 2019 발표자료집》, 2019.
임송수·임지은, 〈사회적 농업: 패러다임 전환〉, KREI 현안분석, 제26호, 2017.
임지아, 〈농업이 첨단 산업으로 도약하고 있다〉, LGER리포트, 2016.
_____, 〈농업의 미래, 애그테크(Agtech) 스타트업〉, LGER리포트, 2017.
자크 아탈리 저, 양영란 역, 《생명경제로의 전환》, 한국경제신문, 2020.
정은미, 《지역경제 활성화를 위한 로컬푸드시스템 구축방안》, 농촌경제연구원, 2011.

채광석·김부영, 〈농지법상 예외적 농지소유 및 이용실태와 개선과제〉, 농촌경제연구원 농정포커스, 제182호, 2019. 9. 2.

최병옥·황의식·에시마 리에·김건우·서영·김석중, 《농수산자조금법 제정에 따른 원예자조금 활성화 방안》, 2012.

최영찬·장익훈, 〈4차 산업혁명시대의 스마트팜〉, 《한국통신학회지(정보와통신)》, 36(3), 2019, 9~16.

최재붕, 《포노사피엔스》, 쌤앤파커스, 2019.

______, 《포노사피엔스코드 CHANGE 9》, 쌤앤파커스, 2020.

최진석, 《탁월한 사유의 시선》, 21세기북스, 2018.

클라우드 슈밥 저, 송경진 역, 《클라우드 슈밥의 제4차 산업혁명》, 새로운현재, 2016.

폴 샤피로 저, 이진구 역, 《클린 미트》, 흐름출판, 2019.

피터 한센 저, 김연진 역, 《뉴 노멀》, 흐름출판, 2014.

한국노동연구원, 《청년인구 농어촌 유입정책의 고용효과》, 2018.

한림공학과학원, 《농업은 과학기술이다》, 2013.

한일IT경영협회·요시카와 료조 편저, KMAC 역, 《제4차 산업혁명》, KMAC, 2016.

현재욱, 《보이지 않는 경제학》, 인물과 사상사, 2018.

황의식·김미복·국승용·최예준, 《한국농업의 미래성장을 위한 농업부문 투자 활성화 방안(1/2차년도)》, KREI 연구보고 R796, 2016.

후쿠오카 마사노부 저, 최성현 역, 《짚 한오라기의 혁명》, 녹색평론사, 2014.

Jarvis, D. I., C. Padoch, and H. D. Cooper 저, 국립농업과학원 편역, 《농업생태계 다양성의 보존과 활용》, 농촌진흥청, 2010.